中島飛行機の
技術と経営

佐藤達男

日本経済評論社

本書は、筆者が立教大学に提出した博士論文『中島飛行機の産業技術史的研究』に若干の加筆・改稿を加えたものである。

i

目　　次

序　章　本書の課題 ……………………………………………… 1

　1．課題の設定 ………………………………………………… 1

　2．先行研究の整理 …………………………………………… 3

　3．本書の構成 ………………………………………………… 12

第1章　戦時期日本の航空機産業の状況 ……………………… 15

　はじめに ……………………………………………………… 15

　1．日本航空機産業の成立と発展 …………………………… 15

　　1.1　陸海軍の政策と民間会社の設立 ………………… 15

　　1.2　戦時期日米航空機産業の生産力比較 …………… 22

　　1.3　中島飛行機の位置づけ …………………………… 28

　2．戦時期陸海軍の生産拡充計画 …………………………… 29

　　2.1　陸軍の拡充計画 …………………………………… 31

　　2.2　海軍の拡充計画 …………………………………… 32

　　2.3　軍需省の生産計画 ………………………………… 33

　3．戦前航空機産業の特質 …………………………………… 34

　　3.1　日本軍の戦略・用兵思想と日本軍機 …………… 34

　　3.2　戦前航空機産業の課題と増産の隘路 …………… 39

　小　括……………………………………………………………… 47

第2章　中島飛行機の沿革と陸海軍 ……………………………… 51

はじめに ……………………………………………………………… 51

1．中島知久平と中島飛行機 ……………………………………… 51

1.1　創業まで ………………………………………………… 52

1.2　創業期（1917年創業から1930年度）………………… 54

1.3　満州事変期 ……………………………………………… 60

1.4　日中戦争期 ……………………………………………… 61

1.5　太平洋戦争期（第1軍需工廠化まで）………………… 62

1.6　第1軍需工廠期 ………………………………………… 66

2．1936年度陸軍原価調査 ………………………………………… 70

2.1　中島飛行機 ……………………………………………… 70

2.2　三菱重工業名古屋製作所 ……………………………… 75

3．第三回行政査察における増産要求と中島飛行機 ………… 77

3.1　第三回行政査察の経過と報告書の骨子 ……………… 77

3.2　中島飛行機の対応と査察後の処理 …………………… 86

3.3　第三回行政査察に対する評価 ………………………… 92

小　括 ………………………………………………………………… 93

第3章　中島飛行機の機体事業 ………………………………… 101

はじめに ……………………………………………………………… 101

1．機体開発状況 …………………………………………………… 101

1.1　模倣期の主要機種 ……………………………………… 104

1.2　満州事変期の主要機種 ………………………………… 106

1.3　日中戦争期の主要機種 ………………………………… 111

目　次　iii

　　1.4　太平洋戦争期の主要機種 …………………………… 113

　　1.5　三菱重工における機体開発 ………………………… 115

　2.　中島機体の性能的位置づけと特徴 ……………………… 117

　　2.1　戦闘機 ………………………………………………… 117

　　2.2　爆撃機 ………………………………………………… 131

　3.　太平洋戦争期の機体生産システム ……………………… 136

　　3.1　日本の航空機生産システムの発展 ………………… 136

　　3.2　中島飛行機の航空機生産システム ………………… 136

　　3.3　三菱重工業の航空機生産システム ………………… 141

　4.　生産能力拡充と生産実績 ………………………………… 142

　　4.1　生産能力拡充状況 …………………………………… 142

　　4.2　生産実績の総括 ……………………………………… 144

　　4.3　製作所別の生産実績 ………………………………… 146

　5.　機体生産能率 ……………………………………………… 150

　　5.1　生産能率の尺度 ……………………………………… 150

　　5.2　生産能率の計算 ……………………………………… 151

　　5.3　計算結果の概要 ……………………………………… 155

　　5.4　計算結果の考察 ……………………………………… 159

　小　括 ………………………………………………………… 163

第4章　中島飛行機の航空エンジン事業 ……………………… 171

　はじめに ……………………………………………………… 171

　1.　エンジン開発状況 ………………………………………… 171

　　1.1　中島飛行機 …………………………………………… 172

　　1.2　三菱重工業 …………………………………………… 177

1.3　中島飛行機と三菱重工業の競合 …………………………… 179

　2．中島エンジンの性能的位置づけ …………………………………… 185

　　2.1　基本性能 …………………………………………………… 185

　　2.2　過給器技術 ………………………………………………… 191

　　2.3　耐久性および信頼性 ……………………………………… 193

　3．中島飛行機のエンジン技術 ………………………………………… 195

　　3.1　エンジン技術者の証言 …………………………………… 195

　　3.2　技術開発の特徴 …………………………………………… 197

　　3.3　設計の特徴 ………………………………………………… 201

　4．エンジン生産体制と生産実績 ……………………………………… 202

　　4.1　エンジン生産体制 ………………………………………… 202

　　4.2　生産力拡大状況と生産実績 ……………………………… 203

　　4.3　エンジン生産能率 ………………………………………… 210

　小　　括 ………………………………………………………………… 213

第5章　中島飛行機の経営 ………………………………………… 219

　はじめに ………………………………………………………………… 219

　1　経営の特徴 …………………………………………………………… 219

　　1.1　閉鎖的経営 ………………………………………………… 219

　　1.2　財閥性 ……………………………………………………… 221

　　1.3　企業風土 …………………………………………………… 223

　2　経営数値の分析 ……………………………………………………… 225

　　2.1　経営規模の拡大と資金調達 ……………………………… 225

　　2.2　収益性 ……………………………………………………… 230

　　2.3　機体およびエンジン価格 ………………………………… 233

小　活……………………………………………………………………234

終　章　中島飛行機の残したもの ………………………………… 239

　　　1．中島飛行機の解体 ………………………………………… 239

　　　2．中島飛行機という存在…………………………………… 247

補　章　航空再開初期の航空機産業 ……………………………… 251

付表1-1　中島飛行機の開発・生産機種（模倣期）……………… 260, 261

付表1-2　中島飛行機の開発・生産機種（満州事変期）………… 262, 263

付表1-3　中島飛行機の開発・生産機種（日中戦争期）………… 264, 265

付表1-4　中島飛行機の開発・生産機種（太平洋戦争期）……… 266, 267

付表2-1　三菱重工業の開発・生産機種（模倣期）……………… 268, 269

付表2-2　三菱重工業の開発・生産機種（満州事変期）………… 270, 271

付表2-3　三菱重工業の開発・生産機種（日中戦争期）………… 272, 273

付表2-4　三菱重工業の開発・生産機種（太平洋戦争期）……… 274, 275

付表3-1　戦時期陸軍戦闘機、偵察機の機体諸元・性能 ……… 276

付表3-2　戦時期海軍戦闘機、偵察機の主要諸元・性能 ……… 277

付表3-3　戦時期陸軍攻撃機、爆撃機の主要諸元・性能 ……… 278

付表3-4　戦時期海軍攻撃機、爆撃機の主要諸元・性能 ……… 279

付表4-1　戦時期アメリカ軍戦闘機の主要諸元・性能 ………… 280

付表4-2　戦時期アメリカ軍攻撃機、爆撃機の主要諸元・性能 ……… 281

付表5　中島飛行機のエンジン開発………………………………… 282, 283

付表6　三菱重工業のエンジン開発………………………………… 284, 285

付表7　戦時期中島飛行機および三菱重工業の

　　　　エンジン主要諸元・性能……………………………… 286, 287

付表 8　戦時期アメリカのエンジン主要諸元・性能 …………………………… 288, 289

参考文献一覧 ……………………………………………………………………… 291

　論　　文 ………………………………………………………………………… 291

　単行本 …………………………………………………………………………… 298

　資　　料 ………………………………………………………………………… 304

　雑誌記事 ………………………………………………………………………… 307

あとがき …………………………………………………………………………… 309

序　章　本書の課題

1．課題の設定

　太平洋戦争は総力戦であったが、「航空機の戦い」、より正確には「航空機の消耗戦」でもあった。航空機開発力と生産力が大戦の帰趨を決めたといえる。日本は1941年12月から1945年8月までの期間に約6万5千機（1941年1月以降では約7万機）の航空機を生産したが、太平洋戦争中に5万4千機を損耗した。内訳は、戦闘による損失が3万機、フェリー中の損失が4千機、訓練中の損失が1万機、その他の原因による損失が1万機であった。開戦時の航空戦力は7,500機で、敗戦時の残存航空機は18,500機であった（USSBS［1946］p. 30）。損失率は75% に達する。これは練習機などを含む数値であるので、戦闘用航空機に限ればこの数値はもっと高くなるであろう。1941-1945年のアメリカの航空機生産機数は約30万機、ソ連は約14万機、イギリスは約11万機、ドイツは約10万機であった。日本の航空機生産数は世界第5位であった。日米の生産機数比は4.3分の1である。開戦時の日米国力差がほぼ10分の1であったことを考えると、日本は航空機生産数では相当に頑張ったといえる。

　戦時期[1]の軍需動員計画は、航空戦の重要性が明確になるにつれ、航空機増産が中心となっていった。最重要産業として航空機産業に注力した結果、欧米で航空機産業が勃興した1900年代初めには技術後進国であった日本が、太平洋戦争期には曲がりなりにも世界第5位の航空機生産を達成するまでになったのである。増産を担ったのは中島飛行機、三菱重工業をはじめとする民間航空機製造会社であった。本書の課題は、戦時期に急膨張して日本最大の航空機製

造会社となった中島飛行機の沿革と陸海軍との関係、機体およびエンジンの開発、生産の実態および経営数値などを分析することにより、戦時期の日本航空機産業の一端を明らかにすることである。

なぜ、中島飛行機を研究の対象とするのか。まず、中島飛行機は大企業の一部門から分離した三菱重工業、川崎航空機などと異なり、個人企業として出発したにもかかわらず、短期間で日本最大の航空機製造会社となったことである。次に、戦時期には世界的水準の機体およびエンジンを開発し、且つその生産力は戦争末期の1945年には日本の戦闘用航空機の50％弱を生産するほど巨大であったことである。さらに、中島知久平は、航空機生産の民営化を唱えて中島飛行機を創業したが、志とは異なり、1945年4月には国策で民有国営化（第一軍需工廠）されざるを得なかったことである。このような中島飛行機の実態を分析することにより、戦時期日本の航空機産業の世界における位置、抱えていた課題の一端を明らかにできるものと考える。

中島飛行機は1917年、海軍大尉であった中島知久平が個人企業として設立した日本初の民間航空機製造会社であった。中島知久平は、欧米に比して遅れている日本の航空機産業は、官営のままではいよいよ遅れてしまう、民営の航空機産業を確立して、国防に貢献しなければならないと考え、海軍を退役し、中島飛行機を設立したのである。中島知久平の創業精神は、「経営の根本義はよい品を造るにある」、「ソロバンより品質、ソロバンは後でついてくる」というもので、同社は「技術優先」の会社であった。中島飛行機は、特に太平洋戦争期の航空機増産で急成長した。終戦時には機体組立工場4、エンジン製作工場4、研究工場2、機関銃装載工場1、分工場は121、全雇用数は225,000人（1945年2月）を超える、日本最大の航空機製造会社となった。しかし、その寿命は敗戦までのわずか28年間であった。日本の軍需工業の崩壊とともに、中島飛行機もその使命を終えたのである。

日本の航空機産業に関する研究史を概観すると、航空機製造会社が戦時期に開発した機体およびエンジンそのものの、兵器としての具体的な性能への関心が薄いようである。こうした問題意識から、本書では中島飛行機の沿革と経営

面を論ずるだけではなく、技術的な面にまで踏み込んだ分析を試みる。具体的には、中島飛行機が開発した機体およびエンジンの性能を、三菱重工業およびアメリカ軍のそれらと比較することで、中島飛行機の航空機技術水準の位置づけを行う。多量生産における機体、エンジンの生産能率についても実績データを用いて、三菱重工業の生産能率と比較し評価する。ある企業の価値、成し得たことは、あくまでも企業が存在した同時代における相対的なものとして評価すべきものと考えるからである。三菱重工業は、三菱財閥の一部門として分離、独立した大企業で、当初から組織がしっかりした会社であって、個人企業として出発した中島飛行機と好対照であった。企業の成り立ちの相違が企業の行動、対応にどのように影響したか、比較対象として好適であると考えられる。

2．先行研究の整理

太平洋戦争およびその敗戦に至る日本航空機産業の興隆と崩壊に関わる研究はすでに多数なされている。まず戦後比較的早く出された『アメリカ戦略爆撃調査団報告』United States Strategic Bombing Survey Reports（USSBS [1947]）[2] および J. B. コーヘン［1950a］、同［1950b］が比較的豊富な基礎データを提供している。これらは日本の戦争経済の生産力的限界を技術水準、関連諸産業間のバランス・生産の隘路、産業立地戦略に即して指摘すると同時に、戦略爆撃や地下工場を含む工場疎開などの影響を検証したものである。占領軍の権力で集められた航空機生産に関する一連の調査データは、その後の研究のベースとなっている。USSBS は安藤［1950］が初めて紹介している。

日本側の公刊資料として、本書に関連する主なものを公刊年順に挙げると、最も早くは『昭和産業史』第 1 巻第 3 編第 7 章が戦前航空機工業について、旧陸海軍との関係、航空機の生産および生産力の推移、世界水準から見た航空機工業に分けて論じている（東洋経済新報社編［1950］）。旧日本海軍航空関係者が技術面を主体にまとめた『航空技術の全貌』（岡村ほか編［1953a］、同［1953b］）は「旧海軍航空に関する技術の全貌を明らかにし、過ぎにし日本航

空技術界の長短を子細に分析検討して反省の資料とする一方、……重産業としての航空工業の進歩を築くための参考とすべく企図」されたものである。内容は機体から、艤装、エンジン、プロペラ、航空兵装、航空機材料、航空燃料と多岐にわたり、資料的価値は高い。林克也は『日本軍事技術史』で、明治から太平洋戦争敗戦までの日本の軍事技術を日本独占資本主義との関わりで論じる中で、日本航空機工業の沿革と特質の分析および生産分析を行った（林 [1957]）。林は、日本の航空機工業は、「80有余年にわたる工業の発展の、半封建的な遺物にシワ寄せをすることによって急速に成長し、この体制の中で膨大な戦時利得を作り出し」、「他の部門に見られない高度の研究機関、設備を有し、多額の国費を消耗し」たが、「軍事的膨張と戦争の危険の一大支柱となり、その破壊性の規模を拡大深化させ、そして国民生活の崩壊を必然的にした重要因子の一つであった」と、若干イデオロギー色のある否定的評価を下している。防衛研修所戦史研究室による公刊戦史資料である一連の『戦史叢書』シリーズ（防衛研修所 [1975]、同 [1976]、同 [1979]）は陸海軍側からの航空機増産対策の要求、増産計画の立案、航空機開発政策などを明らかにした。通商産業省による『商工政策史』は産業政策史的観点から、航空機産業の勃興から敗戦までを分析している（通商産業省編 [1976]、同 [1985]）。『日本航空学術史 [1910-1945]』は大戦中の民間および軍関係技術者が研究、設計、整備技術面から航空技術史をまとめたものである（日本航空学術史編集委員会編 [1990]）。1947年末には一部を除いて原稿として完成したものの、財政的事情から出版が遅れたものである。

　次に研究論文についてである。安藤良雄は、「最近明らかにされた資料を中心に」旧日本陸海軍の兵器工業の一端をまとめるとして、旧陸海軍の行政上の体系、兵器の種類、兵器生産における官民比率を分析した（安藤 [1951]）。さらに、安藤 [1955] では、1943年3月に制定された行政査察規定に基づいて1943年10月に実施された、航空機関系工場に対する第三回行政査察に関する査察使藤原銀次郎の報告書を初めて紹介した[3]。第三回行政査察の約1年後、澁谷隆太郎海軍中将（戦争末期の海軍艦政本部長）が軍需省航空兵器総局の要望

によって航空機関系工場の観察と指導を行い、その経過を1944年8月25日から11月13日まで4回にわたって航空兵器総局長官室において講演した、その要旨も紹介している。ともに、日本における航空機工業のみならず、日本工業全般の実態、特にその脆弱性、生産力の低位、そして戦争末期の退廃が如実に示されており、労働関係における封建制も明らかであるとしている。行政査察報告については、軍部ファシズムと藤原式の資本家イデオロギーそのものの産物といえ、日本の航空機工業、否日本の軍事工業、ひいては日本の工業の構造を端的に露呈させている点で非常に興味ある資料であり、日本の戦時経済の指導原理、特に軍部、官僚のイデオロギーもまた端的な形で示していると評価している。査察が実施された1943年後半は、日本の崩壊が決定的になろうとしていた時期で、「絶対国防圏の設定」を内容とする「今後採ルベキ戦闘指導大綱」の「御前会議決定」（1943年9月30日）と、「国内情勢強化」をかかげた「現情勢下ニ於ケル国政運営要領」（1943年9月21日閣議決定）と照応しつつ行われ、査察報告書が軍需省の設置、軍需会社法の制定、女子を含めた勤労動員の徹底的強化、企業整備強化などの措置と結びついている点で査察報告書の意義は極めて重要であると、安藤は指摘している。さらに、澁谷中将の講演については、技術的な問題が中心で且つ「指導」が主目的であるため行政査察に比し地味であるが、それだけに航空機工業の実態をより詳細に描いている。しかし、査察の際に指摘された点で改まった点は見あたらないようであると指摘している。これは、行政査察の限界を示すものといえる[4]。なお安藤は、査察報告書および澁谷中将講演要旨の双方で中島飛行機が攻撃の対象となっているのは注目に値すると付記している[5]。

　戦前航空機産業に関する研究はこのあと20年近くの空白があり、活発になるのは1970年代の終わりからである。この間に前出のUSSBS、美濃部洋次文書などが公開されている。疋田康行は、第一次大戦以降の日本航空機工業の資本蓄積過程を検討し、航空機工業独占と国家権力の癒着の進展過程を明らかにした（疋田[1977]）。疋田の結論は、第1に「日本航空機工業は、第一次大戦後の日本資本主義の危機の中で総力戦体制構築という「政治的必要」から発足し、

発展させられたため、初発から国家特に軍との結合が市場の確保と技術蓄積の援助という形で存在していた」[6]、「戦時体制への移行とともに資本はその循環運動の中に国家をより深く取り込み、まず設備投資資金の、次に「運動資金」の、最後に国有工場の借用にまで、癒着を含めた」。第2に、航空機工業独占には、資金調達面から見て、自己資本依存型と借入金依存型の2類型があったが、戦時急拡大期に、国家資本依存の方向に類型が解消していくというものである[7]。最後に総合財閥と航空機工業の関わりについて、造船業を一つの基盤とする三菱は直接的に、商業部門が一つの核である三井は間接的に、冶金業を拠点とする住友は素材部門から航空機工業に関わったが[8]、これは日本型金融資本の第一次大戦期以降の重化学工業化への一種の「分業的参入」を示していないかと正田は指摘している[9]。

戦時経済研究をリードしている山崎志郎には、戦時期航空機産業および関連工業の増産政策、動員体制について一連の研究がある。山崎［1990］は、太平洋戦争下の軍需動員においてその中軸部門であった航空機関連産業の中でも主として機械工業を中心に、しかもあらゆる動員方策が集中的に実施された1943年度以降について、その生産構造と増産対策、集中配当政策を検討した。山崎［1991a］は、山崎［1990］と直接的連続性を持った論文であり、1943年半ばにいたって、他の軍需・軍需関連部門の大幅な縮減の上に航空機非常増産計画が立案される経緯、航空機工業の現況、関連資材・機械・労働力などの集中措置を検討し、航空機非常増産への動員体制を検討した。関連して、中島飛行機武蔵野製作所の生産構造も分析した。山崎［1991b］は、従来の研究においては、太平洋戦争期後半に実施された特定軍需物資に対する重点施策、統制方式について、生産・配給実態も含め多くを明らかにしていないとした上で、特に重点産業とされた航空機産業において軍需省航空総局＝航空工業会を軸に展開した動員の構造と、そこに至る経緯を検討し、「航空機非常増産体制」の構造を明らかにした。山崎［1995］は、1937年以来重要政策課題となった生産力拡充計画と、航空機を中心に軍需動員計画の展開を追って、戦時統制経済下の工業動員のメカニズムを検討した。山崎［2011］は、総まとめといえるもので、戦

時経済動員体制の成立・展開、金融市場統制と組織化、生産力拡充計画の策定と展開、軍需工業動員体制、航空機工業の動員体制、総動員体制と統制団体、中小民需産業の再編など、網羅的に分析がなされている。

植田浩史は、1937年7月に起こった蘆溝橋事件以降の戦時経済体制のもとで、機械金属工業を中心に下請・協力工業の実態を、発注側、受注側の動きと下請・協力工業の統制を進めた政策的対応の二つの側面から検討した。分析の対象は、①商工省や軍需省を中心とした下請・協力工業に関する政策、②下請・協力関係の実態、③個々の発注工場、下請工場側が戦時期という、変化が激しく、経済統制が強まっていく中で何を考え、どういった行動をとろうとしたか、ということである。

戦時期日本の航空機機体生産に関しては、それを「半流れ生産方式」であるとする山本潔の研究がある（山本［1992］）。山本は日本における航空機生産方式の発展を概観し、「日本の航空機生産においては最も大規模でかつ進んだ生産方式を採っていた」中島飛行機の機体工場を中心とし、二大メーカーの一つである三菱重工業も参照しつつ、日本の航空機生産システムの実態を米独との比較で考察した。山本の結論は、「半流れ作業」であった日本の航空機生産のタクト・タイム[10]がドイツに比してが著しく長いこと、しかもそのタクト・タイムが動揺的であること、「製造能率」がアメリカ、ドイツに比して「はるかに劣って」いたことである。さらに、これらは労働者の能率の良し悪しを示すものではなく、日本の「半流れ作業方式」と、国際水準の「流れ作業方式」という生産方式との質的な格差を明示するもので、「大量生産方式の何たるかを理解しえなかった帝国陸海軍首脳、画餅的生産計画に終止した軍需省当局、「タクト式」生産システムに付き奏上する重工業経営者、納期と品質を守り得ない中小企業群など、日本資本主義の政治・経済機構の限界の、凝縮された表現に他ならなかった」と指摘している。これに対して和田一夫は、「前進作業方式」や「分割（組立）方式」などを中心に、戦時期航空機工業の意義を積極的に評価し、戦後の生産システム形成に寄与したとしている（和田［2009］）。

次に、本書の主題である中島飛行機に関する先行研究である。中島飛行機の

経営史料は、中島一族の閉鎖的出資と軍の機密保持の関係から一切非公開であり、敗戦後人目に触れることなくほぼすべてが消滅したと考えられる。戦前の財閥研究では中島飛行機はまだ対象外であった。準戦時体制期における中島飛行機は、まだ目立つ存在ではなく、急膨張のため注目を集めたのは、戦時体制期からであったからである。「中島財閥」の記述が登場するのは戦後、東洋経済新報［1945］が最初である。中島飛行機研究においては貴重な資料で、持株会社整理委員会の中島飛行機に関する記述は、ほぼこれを踏襲している（持株会社整理委員会［1951a］140-146、203-204頁）。

　中島飛行機に関する研究の初出は高橋泰隆によるものである。高橋は、日中戦争期までの中島飛行機を考察の対象に、中島飛行機は「新興財閥」としての特徴を備えていたと論じた（高橋［1883］）。次いで麻島昭一による研究がある（麻島［1985a］）。麻島は、戦時体制期に急成長する「中島コンツェルン」に焦点を合わせ、「中島コンツェルン」の構造、性格、役割の検討、そして特に財務的側面の分析を課題とした。麻島は「中島コンツェルン」と称する企業集団の性格として、①中島一族による閉鎖的出資関係にあったこと、②参加企業に対して特別な統轄組織はなく、人的支配に依存していたこと、③軍需のみに依存し、何らかの利益抑制策により利益増大→利益蓄積の道を閉ざされ、軍需により高収益をあげる他の大企業とは対照的に低収益会社となったこと、④閉鎖的出資関係のために、極端な借入金依存会社となったこと、などを指摘している。「中島コンツェルン」についての麻島の結論は、航空機産業における親子関係、協力関係を含む企業集団に過ぎないというものである。麻島［1985b］は、同［1985a］に引き続き太平洋戦争末期の中島飛行機の構造を分析したものである。結論としてまず、中島飛行機は1945年4月に国営化されるが、中島がその経営体質上国営化されやすい条件を備えていたことが指摘されている。閉鎖的出資、同族経営、軍依存、日本興業銀行（興銀）依存などが、軍需会社としての急成長をもたらし、そのことが国営化に転化したと。第2に敗戦直前の中島飛行機が総資産36億円、従業員25万人であったことをあげ、三菱重工業、住友金属と並んで日本最大級の企業規模であったこと、戦争末期の

空襲による生産低下に抗して各製作所は大投資を継続し、協力工場を含めその事業場は関東から東北、東海、関西にまで拡がったが、その量的、地域的拡大が戦時体制期のほんの数年間に実現したことを中島の特徴としている。そして最後に、中島飛行機は巨大な中島飛行機1社と、中小規模の僅かな「同族会社」および多数の「関係会社」群からなる企業集団であると、改めて結論している。

　高橋泰隆の、中島飛行機に関する研究成果には見るべきものがある。先に挙げた高橋［1983］に続く高橋［1988］では、中島飛行機がどのような会社であったのか、その全体像を明らかにし、それを日本近代史あるいは日本資本主義発達史の中に位置づけしようとした。考察の対象は、①中島飛行機の成立過程、軍人としての中島知久平、中島飛行機の経営実態および特徴、②戦時日本の航空機生産の計画と実態、および中島飛行機の位置、③中島飛行機の生産管理および労務の実態、④中島飛行機の主要工場の生産・管理、空襲と疎開、敗戦後の動向などである。高橋の問題意識の第1は、戦前と戦後の工業水準について強調される断絶への異論である。高橋は、今時大戦期のある部分は戦後段階の直接の前提であり萌芽であり準備であったとする。さらに、機械による加工と組立の航空機産業は直接に戦後段階に連続するものと高橋は論ずる。論拠とするのが、戦時下における重工業、なかんずく船舶、航空機の「驚異の」増産達成である。航空機生産第一主義に基づき、資材、資金、労働力を航空機生産に集中したことがその理由の一つであるが、事態を混乱させないためには人と物のスムーズな流れが不可欠で、近代的組織、近代的管理が導入されなければならなかった、と高橋は強調している。この点を立証するため、高橋［1988］の3分の1近くの分量を費やして「中島飛行機の管理」を論じている。第2に中島飛行機を新興財閥と呼ぶべきか否かである。日本における財閥論や新興財閥論の議論を受けた場合、中島飛行機は、新興コンツェルンか、企業グループかの議論は中島飛行機研究において避けて通れない論点の一つである。高橋の結論は、参加会社を他の財閥の如く戦略的に統合したり、統轄したりしていないのみならず、中島本社はそのための組織を準備していなかった。中島飛行機は財閥を志向したが、急速な生産力拡大の要請によりそれを断念し、巨大な航空

機専門メーカーとなった。それは未完成の財閥であったし、新興の企業グルー
ブであった、というもので、麻島 [1985b] の結論とほぼ同様のものとなり、
高橋 [1983] の結論を若干修正しているといえる。最後に、高橋は戦後中島飛
行機を母体として設立された富士重工業に触れ、中島時代に導入された大量生
産技術や科学的管理の試みは人物とともに富士重工業に継承されたとしている。
筆者は、戦前と戦後の連続性という観点から、戦前の航空機産業の「小型・軽
量」設計技術が戦後の自動車開発に生かされたと、富士重工業の軽自動車スバ
ル360を例にして論じた（佐藤 [2012]）。

　高橋 [2003a] は、第 2 次大戦末期から戦後にかけての中島飛行機の諸相を
明らかにしようとしたもので、第 1 軍需工廠への移管、超大型爆撃機「富嶽」
の開発に対する中島知久平の思い入れと挫折、戦後の中島飛行機の解体と戦後
賠償を論じている。高橋にはほかに中島関係者の証言を集めた高橋 [1999]、
戦後の中島家と富士重工業の関係を論じた高橋 [2011] および中島知久平の評
伝（高橋 [2003]）がある。

　佐々木聡は、企業経営システムの一環としての生産システム合理化のアプ
ローチについての戦前・戦後の日本における連続面と非連続面について、国際
比較史的視点から考察を進める基礎を固めることを目的に、第 2 次大戦期の中
島飛行機武蔵野製作所（エンジン工場）にみる生産過程への経営資源の投入、
その流れの合理的調整の試み、およびその成果を検証した（佐々木 [1992]）。
まず内部生産システムの効率化として、武蔵野製作所はコンベヤー・システム
の導入による生産ラインの大幅な革新を行って生産効率の追求をはかった。経
営資源が枯渇化していく環境下で生産規模を急拡大させたことに伴う質の低下
を補完するための人的資源の資質向上の努力も指摘している。協力工場への外
注という外部生産システムへの依存構造では、政府が意図したような一元的な
従属関係というよりは、多元的な発・受注関係に基づく弾力的且つ緩やかな連
携を保った階層構造をなしていた。戦時期の産業統制政策では、一般に限られ
た経営資源の「量」を如何に配分するかに重点が置かれた。これに対して企業
側では経営資源の中でも特に人的資源の「質」の向上の可能性を重視して、生

産効率の維持・向上に努めた。そのため、管理の対象となる労働者からの情報収集に努めたことは、戦前・戦中・戦後の生産システム合理化の際にみられる連続的側面の一つになり得る要素として注目すべきであると指摘している。武蔵野製作所に関しては、前出の山崎［1991a］、同［2011］が生産構造を分析し、第三回行政査察における中島飛行機の状況も分析している。

　大河内暁男は戦間・戦中期における日本技術の水準と特徴をイギリスとの対比で検出することを目的として、中島飛行機とロールス・ロイスのエンジン事業を対象とした研究を行った（大河内［1993］）。大河内が中島飛行機とロールス・ロイスを選んだ理由は、両社が技術的により高度な戦闘機用エンジンを開発目標としていたからである。結論として、中島飛行機、ロールス・ロイスともそれぞれ日英の機械工業における最も高度な技術水準を持つ企業であったが、技術開発の思想と方法、生産体制では大きな相違があった。ロールス・ロイスは技術開発の対象を絞り込み、「発達型の技術開発」を行ったのに対し、後発企業の中島飛行機は次から次へと新しい機種を開発して、機種変更の都度性能を段階的に引き上げるという方法を採った。このため量産に適した生産技術は容易に作り出せなかった。中島飛行機の技術開発姿勢の腰が定まらなかったのか、陸海軍の要求に即応して振り回された結果なのかは判然としない。ロールス・ロイスの場合は技術的信念を持ち、現場技術を熟知した、企業の論理を堂々と主張する経営者がいた。中島飛行機は優れた設計技術者集団と巨大な工場と膨大なマンパワーを要していた。しかしこれを企業組織として技術と企業の論理を踏まえて運営する、いわば要の人物はいたのか、あるいはそうした人物が活躍できる状況はあったのであろうか、と疑問を呈している[11]。

　以上に、戦時期の日本航空機産業および中島飛行に関する研究史を概観してきたが、従来の研究では航空機製造会社が開発した製品そのものへの関心が薄く、且つ企業間比較という視点が乏しいと思われる。こうした問題意識から筆者は佐藤［1913］で、中島飛行機のエンジン開発史、設計の特徴、性能、生産効率を三菱重工業およびアメリカ企業と比較することで、中島飛行機のエンジン事業の特質を論じた。さらに、機体事業に関する研究が欠落しているという

ことから、佐藤［2015］で中島飛行機の機体事業に焦点を当て、第三回行政査察における航空機増産要求と関連づけて太平洋戦争期における中島飛行機の機体生産体制と生産実績および生産能率を三菱重工業との関連で評価した。本書は、両論文を採り入れつつ、さらに範囲を広げて中島飛行機を三菱重工業[12]との関連で論ずるものである。

3．本書の構成

本書の構成は以下の通りである。

第1章では、戦時期日本とアメリカの航空機産業を比較し、生産力、生産機種の相違を論じたのちに、陸海軍の生産力拡充要求について述べる。最後に日本の航空機産業がかかえていた課題を示すことで、中島飛行機が置かれていた状況を把握する。

第2章では、まず中島知久平と中島飛行機の関わりに重点を置きつつ、中島飛行機の沿革を論ずる。次いで、1936年度の陸軍原価監査および1943年の第三回行政査察資料などにより、陸海軍の中島飛行機に対する見方、評価をまとめる。

第3章では、中島飛行機の機体事業に関して、機体開発状況、機体性能、設計上の特徴を三菱重工業およびアメリカ企業との比較で論ずる。さらに、機体生産体制、生産実績、生産能率を三菱重工業との対比で論じる。

第4章では、中島飛行機のエンジン事業に関して第3章と同様に、エンジン開発状況、エンジン性能、設計上の特徴を三菱重工業およびアメリカ企業との比較で論ずる。さらに、エンジン生産体制、生産実績、生産能率を三菱重工業との対比で論ずる。

第5章では、中島飛行機の経営の特徴および経営数値を分析することで、中島飛行機が抱えていた経営管理上の課題を浮き彫りにする。

終章では、まず終戦後の中島飛行機の解体・整理過程を論じ、財閥企業三菱重工業との取り組み姿勢との差を示す。最後に、本書を通して明らかになった

序　章　本書の課題　13

中島飛行機の実態から、中島飛行機という存在がどのように総括できるかを示す。

　補章では、戦後の航空再開後約10年間の航空機産業の動向を、中島飛行機を継承した富士重工業の航空機事業を主体にまとめる。

　注
　1）　本書では「戦時期」を日中戦争勃発の1937年から1945年の敗戦までとする。
　2）　United States Strategic Bombing Survey Reports（USSBS）Pacific War（アメリカ戦略爆撃団報告「太平洋戦争」）は、1946年7月以降にまとめられた。全般要約（3巻）、民間方面研究（11巻）、戦争経済研究（46巻）、軍事方面研究（48巻）の4大部門に分かれ、合計108巻に上る厖大な歴史的文献である。第53巻を正木千冬が翻訳した『日本戦争経済の崩壊：戦略爆撃の日本戦争経済に及ぼせる諸効果』が1950年に刊行されている。これが USSBS 報告を最初に日本に紹介したものと考えられる。この時点では多くは非公開扱いであったが、1973年までに機密扱いが順次解除された。富永謙吾編［1975］は、USSBS 報告書の内、第1巻『太平洋戦争総合報告書』、第15巻『日本の航空機工業』および第43巻『日本の軍需工業』などの主要部分を翻訳収録している。英文テキストは1992年に日本図書センターから刊行されている。本書では、原則として英文テキストを使用した。航空自衛隊幹部学校による全訳がある。
　3）　報告書は、東京大学総合図書館所蔵『美濃部洋次文書』（国策研究会旧蔵）［1990］に収められ、マイクロフィルムで入手可能である。美濃部洋次文書は、戦前商工官僚として活躍した美濃部洋次が収集し、のち、国策研究会を主催していた矢次一夫に託した約8千点に及ぶ戦時の政治経済政策に関する貴重なコレクションで、東京大学総合図書館が一括購入したものである。
　4）　行政査察は1943年5月、鉄鋼を対象とする第1回から、1945年6月、決戦対策を対象とする第13回まで実施された。古川由美子は、第1回（鉄鋼）、第3回（航空機）、第8回（食糧）を取り上げ、戦局の変化との関連、増進促進要因、制約要因の展開を論じている（古川［1998］）。
　5）　第2章3．2節を参照。
　6）　アメリカの航空機産業は民間機を主体に発展したため、当初から航空機市場獲得を巡っての企業間競争があった。ほぼ100％が軍用機であった日本との大きな相違である。第1章1．2節参照。太平洋戦争期までのアメリカの航空機産業に関する研究は、宇野［1973a］、同［1973b］、西川［1993］、同［1997］、同［2000］、同

［2003］および掘［1979］、同［1980］が参考になる。

7） 1945年の自己資本比率は三菱ですら20％を割り、中島は2％程度になってしまったと。しかし、中島の借入金のほとんどが政府の命令融資であったのに対して、三菱の場合は三菱銀行という財閥内からの融資であったという大きな相違がある。

8） 三菱財閥は三菱重工業、三井財閥は三井物産と中島飛行機の一手販売契約、住友財閥は住友金属工業である。

9） ほかに重工業資本の蓄積過程を分析した論文として、三菱重工業を対象とした御園［1989］がある。

10） 組立線上の各ステーションにおける作業時間。完成した機体がライン・オフしていく時間間隔でもある。

11） 前田裕子は類似の問題について、三菱重工業のエンジン生産をアメリカ企業と対比することで論じている（前田［2001］）。前田は三菱重工業のエンジン事業のキーマンとして深尾淳二（名古屋発動機製作所所長、のち常務取締役）をあげている。

12） 戦時期の三菱重工業に関する研究は、前掲前田［2001］のほか、大石［2010］、岡崎［2008］、笠井［2000］、同［2001］、藤田［2014］、三島ほか［1987］がある。

第1章　戦時期日本の航空機産業の状況

はじめに

　本章の課題は、戦時期に中島飛行機が置かれていた状況を明らかにすること
にある。そのため、まず戦前日本航空機産業の成立と発展状況、陸海軍との関
係を概観し、戦時期における航空機生産力および生産機種を主たる交戦国であ
るアメリカと比較するとともに、中島飛行機が日本航空機産業で占めていた位
置を明らかにする。次いで、戦時期の陸海軍による航空機生産拡充計画を概観
する。最後に、日本航空機産業の特質として、陸海軍の戦略・用兵思想が航空
機開発に与えた影響、航空機増産の隘路を論ずる。

1．日本航空機産業の成立と発展

1．1　陸海軍の政策と民間会社の設立

　日本の産業革命は1880年代中頃に始まり、イギリスより100年以上遅れて機
械文明が入ってきた。比較的新しい産業である航空機は、1903年のライト兄弟
の動力初飛行を契機として欧米では航空機会社が続々と設立され、航空機の開
発、生産に乗り出すことになる（図1-1）。

　1920年までに設立された航空機製造会社を国別に列挙すると、まず当時の航
空先進国フランスではファルマン Farman Aviation Works（1908年設立、以
下設立年を示す）、ニューポール Nieuport（1909）、スパッド SPAD（1910）、

図1-1 航空機製造会社の設立

	1905	1910	1915	1920	1925	1930	1935	1945
フランス		▲ Farman Aviation Works (1908) ▲ Nieuport (1909*) ▲ SPAD (1910) ▲ Morane-Saulnier (1911) ▲ Breguet Aviation (1911)						
イギリス		▲ Short Brothers (1908) ▲ Handley Page (1909) ▲ Bristol Aeroplane (1910) ▲ Avro (1910) ▲ Armstrong Whitworth Aircraft (1912) ▲ Supermarine (1913) ▲ Blackburn Aircraft (1914)	▲ Gloster Aircraft Company (1917) ▲ Hawker Aircraft (1920) ▲ de Havilland Aircraft Company (1920)					
ドイツ		▲ Albatros (1910) ▲ Fokker (1912) ▲ Dornier (1914) ▲ Junkers (1915)	● Heinkel (1922) ● Focke-Wulf (1923) ▲ Messerschmitt (1923)					
アメリカ		▲ Wright Companyl (1909) ▲ Curtiss Aeroplane Company (1910) ▲ Glenn L. Martin Company (1912) ▲ Lockheed (1912) ▲ Boeing (1916) ▲ Curtiss Aeroplane & Motor Company ▲ Vought (1917) ▲ Douglas (1921)	▲ Consolidated (1923) (→1943 Convair) ▲ NorthAmerican (1928) ▲ Grumman (1929) ▲ Curtiss-Wright (1929) ▲ Seversky (1931) (→1942 Republic) ▲ Bell Aircraft (1935) ▲ Vultee Aircraft (1939) ▲ Northrop (1939)					
日本		▲中島飛行機 (1917) ▲川崎造船所飛行機部 (1918*) (→1937川崎航空機) ▲川西機械製作所 (1919) (→1928川西航空機) ▲三菱内燃機 (1919*) (→1928三菱航空機) ▲愛知時計電機 (1920*) (→1943愛知航空機) ▲東京瓦斯電気 (1920*) (→1939日立航空機) ▲九州飛行機 (1922) ▲石川島飛行機製作所 (1924) (→1936立川飛行機)	▲日本飛行機 (1935) ▲大刀洗飛行機 (1937) ▲日本国際航空 (1937) ▲昭和飛行機 (1938) ▲富士飛行機 (1939)					

出所：欧米各社の設立年は筆者調べによる。日本各社の設立年、独立年は通商産業省編 [1976] 312-314、433-434頁および筆者調べによる。（年号）の後ろの*は新規事業として参入を示す。

モラン・ソルニエ Morane-Saulier (1911)、ブレゲー Breguet Aviation (1911)、イギリスではショート・ブラザーズ Short Brothers (1908)、ハンドレ・ページ Handley Page (1909)、ブリストル Bristol Aeroplane (1910)、アブロ Avro (1910)、アームストロング Armstrong Whitworth Aircraft (1912)、スーパーマリン Supermarine (1913)、ブラックバーン Blackburn Aircraft (1914)、グロスター Gloster Aircraft Company (1917)、ドイツではアルバトロス Albatros (1910)、フォッカー Fokker (1912)、ドルニエ Dornier (1914)、ユンカース Junkers (1915)、アメリカではライト Wright Company (1909)、カーティス Curtiss Aeroplane Company (1910)、グレン・マーティン Glenn Martin Company (1912)、ロッキード Lockheed (1912)、ボーイング Boeing (1916)、カーティス Curtiss Aeroplane & Motor Company (1916)、ヴォート Vought (1917) がある。日本にも民間旅客機でなじみの深かったダグラス Douglas は1921年の設立である。

　航空機用エンジン製造会社はどうか（図1-2）。まずフランスではグノーム

第1章　戦時機日本の航空機産業の状況　17

図1-2　航空エンジン製造会社の設立

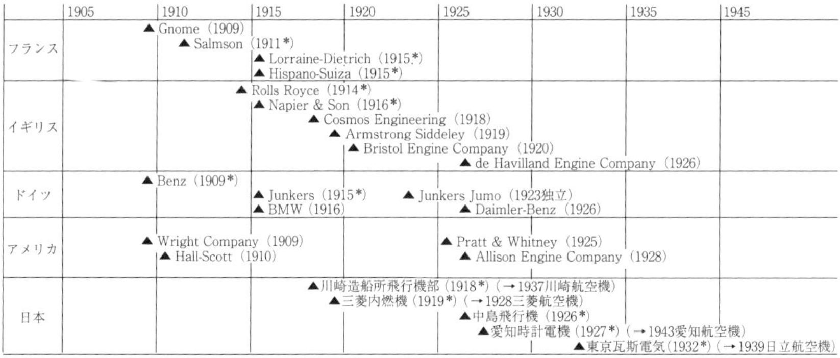

	1905	1910	1915	1920	1925	1930	1935	1945
フランス		▲ Gnome（1909） ▲ Salmson（1911*） ▲ Lorraine-Dietrich（1915*） ▲ Hispano-Suiza（1915*）						
イギリス		▲ Rolls Royce（1914*） ▲ Napier & Son（1916*） ▲ Cosmos Engineering（1918） ▲ Armstrong Siddeley（1919） ▲ Bristol Engine Company（1920） ▲ de Havilland Engine Company（1926）						
ドイツ		▲ Benz（1909*）	▲ Junkers（1915*）　▲ Junkers Jumo（1923独立） ▲ BMW（1916）　　▲ Daimler-Benz（1926）					
アメリカ		▲ Wright Company（1909） ▲ Hall-Scott（1910）	▲ Pratt & Whitney（1925） ▲ Allison Engine Company（1928）					
日本			▲ 川崎造船所飛行機部（1918*）（→1937川崎航空機） ▲ 三菱内燃機（1919*）（→1928三菱航空機） ▲ 中島飛行機（1926*） ▲ 愛知時計電機（1927*）（→1943愛知航空機） ▲ 東京瓦斯電気（1932*）（→1939日立航空機）					

出所：欧米各社の設立年は筆者調べによる。日本各社の設立年、独立年は通商産業省編［1976］312-314、433-434
　　頁および筆者調べによる。（年号）の後ろの*は新規事業として参入を示す。

Gnome（1909）、サルムソン Salmson（1911*）、ローレン Loraine-Dietrich
（1915*）、イスパノ・スイザ Hispano-Suiza（1915*）、イギリスではロール
ス・ロイス Rolls-Royce（1914*）、ネイピア Napier & Son（1916*）、コスモ
ス Cosmos Engineering（1918）、アームストロング・シドレー Armstrong
Siddeley（1919）、ブリストル Bristol Engine Company（1920）、ドイツではベ
ンツ Benz（1909*）、ユンカース Junkers（1915*）、BMW（1916）、アメリ
カではライト Wright Company（1909）、ホールスコット Hall-Scott（1910）
がある。Wright Company は1919年に Wright Aeronautical となり、第二次大
戦中のアメリカ2大航空エンジン・メーカーの一つとなる。もう一つはプラッ
ト・アンドホィットニー Pratt & Whitney（1925）で、Wright Aeronautical
を辞職した Frederick Rentschler が設立したものである。

　欧米で航空機製造会社が設立され始めた1910年代の日本の機械工業は未だ後
進国レベルであり、特にさまざまな産業分野が支えて初めて成り立つ総合工業
である航空機産業は機械文明の100年の蓄積の差というハンディを最初から背
負うことになった。

　技術後進国が新しい工業を興そうとする場合に取る過程は通常3期に分ける
ことができる。まず製品を完全輸入しその取扱に習熟するのが第1期（輸入期）、

製品のライセンスと製造設備を輸入し、且つ技術者を招聘して設計、製作法を学ぶのが第2期（模倣期）、最後に自らの技術で国土、国情にあった製品を開発、生産するのが第3期（自立期）である。日本の航空機産業も同様の過程で自主開発技術を涵養してきた。林克也は、第1期（輸入期）は1910年から1915年の5年間、第2期（模倣期）は1916年から1931年の15年間、第3期（自立期）は1932年から1945年の13年間と区分している（林［1957］255頁）[1]。通商産業省［1976］、428頁は満州事変の1931年以降を自立期としており、航空機技術は一般に戦争によって急成長することを考慮すると、筆者も1931年以降を自立期とするのが適切と考える。さらに細かくは1936年までを満州事変期、以降1937年から1940年までを日中戦争期、1941年から1945年までを太平洋戦争期という区分で考えたい。

　第1期（輸入期）は、1910年12月19日に代々木練兵場で徳川好敏大尉がフランスのアンリ・ファルマン機、日野熊蔵大尉がドイツのハンス・グラーデ機で国内初飛行に成功したことから始まる。1911年4月に陸軍が臨時軍用気球研究会を設置、所沢に初の飛行場を開設した。海軍は1912年6月に海軍技術研究委員会を設置した。1914年7月28日開戦の第一次世界大戦では、9月に陸軍からモーリス・ファルマン複葉機とニューポールNG単葉機、海軍からファルマン複葉水上機が参戦した（日本航空協会［1981］12頁）。この時期はすべてが陸海軍によりなされた。1915年には東京大学に航空学講座が開設され、12月には陸軍航空大隊が設立された。

　大正末期から、陸軍は民間会社に機体、エンジンの設計、製作を委ねる方針をとり、航空本部は行政、発注、および審査の機関となり、修理のみは補給部に残した。海軍も機体、エンジン生産の重点を民間会社に移したが、陸軍と異なり、自らも研究、製作の設備を保有する方針をとり、修理は陸軍と同様、全面的に海軍部内で行った。政策的には、①機体およびエンジンの試作は2社以上に競争的に行わせることを原則とする、②製造は民間会社に指定割り当てる、③修理は陸海軍工廠で担当することとなった。しかし、エンジンの試作についてははじめから、2社以上に競争させるという原則は守られなかった。エンジ

第1章　戦時機日本の航空機産業の状況　19

表1-1　航空機製造各社と軍の系列

会社名	機体製造		エンジン製造		設立または航空機部門への進出年
	陸軍	海軍	陸軍	海軍	
三菱重工業	○	○	○	○	1916神戸造船所内内燃機課、1920三菱内燃機、1928三菱航空機、1934三菱重工業
中島飛行機	○	○	○	○	1917
川崎航空機	○		○		1918川崎造船所飛行機部、1937川崎航空機
川西航空機		○			1919川西機械製作所、1928川西航空機
愛知航空機		○		○	1920愛知時計電機、1943愛知航空機
日立航空機		○	○	○	1920東京瓦斯電気、1939日立航空機
立川飛行機	○				1924石川島飛行機製作所、1936立川飛行機
九州飛行機		○			1935渡部鉄工所、1943九州航空機
日本飛行機		○			1935
石川島航空工業				○	1936東京石川島造船所、1941石川島航空工業
大刀洗飛行機	○				1937
日本国際航空工業	○		○		1937日本航空工業
昭和飛行機		○			1938
富士飛行機		○			1939

注：網掛けは、大企業の一部門として航空機分野に進出した会社である。
出所：林［1957］259頁の第42表、通商産業省［1976］428頁の第130表から筆者作成。設立・進出年は筆者調べ。

ンの開発は長期間を要し、また細かい経験の累積によって各社はそれぞれの分野で専門化したため、同形式、同サイズのエンジンを２社に競争試作させることは、実情に即さなかったためであった（東洋経済新報社［1950］594-604頁）。

　日本で民間航空機製造会社が設立されたのは第２期（模倣期）に入ってからで、欧米からほぼ10年遅れで航空機産業がスタートしたということになる。表１-１に戦前日本の航空機製造会社14社の一覧を示す。機体とエンジン双方を製造したのは６社、機体のみを製造したのが７社、エンジンのみ製造したのが１社である。欧米では、航空機体とエンジンの両方を製造した会社は珍しい。当時の日本では工業の裾野が狭く、航空機製造という高度の機械工業に対応できる会社が限られていたことによるものと考えられる。

　模倣期の民間会社には設立形態に２種類あり、一つは個人企業で自ら設計、製作するばかりでなく、操縦も行うという形態、他は軍が民間企業育成の方針を打ち出した頃から進出してきた大企業の兼営部門である。表１-１では大企

業の兼営部門で進出した会社を網掛けで示した。

「自ら作って自ら飛ぶ」個人企業には、1918年伊藤音次郎が津田沼海岸に設立した「伊藤飛行機研究所」と、同年千葉市に設立した「白戸練習所」がある。1917年10月に岸太一は「赤羽飛行機製作所」を設立し、機体、エンジンの製作に取り組んだが、1922年には閉鎖され、いずれも量産という点では失敗に終わった（通商産業省編［1976］311頁）。したがって、表には含まれていない。個人企業でその後主要な航空機製造会社に事業拡大できたのは、本書の対象である1917年設立の中島飛行機（設立当時の名称は飛行機研究所、その後中島飛行機製作所と改称）および1919年設立の川西航空機（設立時の名称は川西機械製作所）2）である。

大企業の兼営部門で航空機に進出した企業は、まず三菱合資会社である。1916年、三菱合資会社は神戸造船所内に内燃機課を設置、自動車と航空機の研究を開始した。次いで1918年、川崎造船所が飛行機部を設置した。1920年には愛知時計電機および東京瓦斯電気が航空機部門に進出した。1924年には石川島造船所の出資で石川島飛行機製作所が設立された。これら7社が大正年間（1912-1926）の設立である。

第3期（自立期）に入り、航空機製造事業法が公布されたのは1938年3月30日で、8月30日に施行された。満州事変後に航空機会社の新設計画が続出し、資材、労働力、資金等の面で競合を来たし、統制を加える必要が生じたためであった。航空機事業を許可制として、基幹となる企業には適切な保護助成の策を講じてその設備の拡張と生産の増大を図るものである。航空機製造事業法施行の前後に新たな会社が設立されるとともに、大企業の兼営部門も独立している。航空機製造事業法の効果といえるであろう（通商産業省［1976］432-433頁）。新たに設立されたのは日本飛行機（1935年設立）、九州飛行機（1935）、石川島航空工業（1936）、大刀洗飛行機（1937）、日本航空工業（1937、のち日本国際航空工業）、昭和飛行機（1938）、富士飛行機（1939）の7社である。大企業の兼営部門では三菱が早くに1920年三菱内燃機製造を設立、1928年三菱航空機と改称、1934年には三菱造船と合併し三菱重工業が設立されている。1937年に川

崎造船所から川崎航空機が独立した。1939年に東京瓦斯電気から日立航空機、1943年愛知時計電機から愛知航空機が独立した。1936年には石川島飛行機製作所が立川飛行機と改称した。

　日本の航空機産業の特徴の一つに、陸海軍による系列化と陸海軍の対立がある。表1-1には航空機製造会社の軍の系列も示した。海軍は技術第一主義で技術の向上を図り、自らも航空機開発を行ったが、陸軍は研究、設計、試作、生産のすべてを民間に依存し、軍自体は審査と補給に力を入れ、その思想には根本的な差があり、取得した技術を相互に交流することも好まなかった（通商産業省［1976］427頁）。こうしたことから、陸海軍はそれぞれに民間会社を抱え込んで育成を図ったのである。抱え込みは、工場建物、機械設備、組立施設、労働者にまで及んだ。軍の対立のみならず、国産技術が確立されるまで各社ばらばらにフランス、イギリス、ドイツなどの技術を導入したことと、競争試作が行われたため一層各社間の技術交流の道は閉ざされていた（通商産業省［1976］427頁）。

　対立を解消し、航空機生産計画を一元化することを目的に1943年11月には軍需省が発足したが目的は達成できず、対立は敗戦まで続いた。こうした対立による無駄と時間の浪費の例として、ダイムラー・ベンツ製液冷エンジン DB601の国産化を挙げておく。DB601は愛知航空機が海軍用に1937年、川崎航空機が陸軍用に1939年、別個にライセンスを購入したが[3]、両社とも国産化には相当の困難を伴った。しかし、相互には全く技術的連絡が取れていない状態であった。1943年7月に至って、ようやく両社の技術協力が行われ始めた（通商産業省編［1976］430頁）。

　陸軍専用会社は、川崎航空機（機体、エンジン）、立川飛行機（機体）、日本国際航空（機体、エンジン）、大刀洗飛行機（機体）であった。海軍専用会社は、川西航空機（機体）、愛知航空機（機体、エンジン）、九州飛行機（機体）、日本飛行機（機体）、石川島航空工業（エンジン）、昭和飛行機（機体）、富士飛行機（機体）であった。例外は日立航空機で、機体は海軍用であったが、エンジンは陸軍用、海軍用の双方を製造した。さらに、二大航空機製造会社であっ

た中島飛行機と三菱重工業は、陸海軍双方の機体、エンジンを生産したが、両社とも原則として別の工場で陸海軍の需要に応じていた。

1.2 戦時期日米航空機産業の生産力比較

戦時期1937年から1945年の日米航空機生産実績を比較したのが表1-2である。主要な戦争相手国であるアメリカと比較することで、日本の航空機産業の特質がみえてくる。

まず上段には総生産数の推移を示す。日本の民間機生産数は不明であるが、最大の航空機製造会社であった中島飛行機の創業以来の民間機生産総数が僅か131機であった（富士重工業［1984］52頁）ことを考慮すれば、日本全体としても、ほぼ無視してよい生産数であったと思われる[4]。戦時期の日本には、民間機を必要とする市場がなかったのである。一方、アメリカの民間機生産は1940年までは軍用機生産数を上回っており、1939年には総生産数5,856機の内63%が民間機であった。このことは、アメリカの航空機産業が民間機を主体に発展してきたことを示しているが、1942年から1944年は、軍用機生産に集中して民間機の生産数は零となった。しかし、ここでは日米の軍用機の生産機数と機種構成について考察したい。

日中戦争開始の1937年、日本の生産機数は1,511機、1938年は3,201機、1939年は4,467機、2年で約3倍の増産である。対米戦争の準備に入ったと考えられる1940年は4,768機と生産機数は停滞した。アメリカは1937年949機、1938年1,800機、1939年2,195機で、この年まで日本が軍用機生産数ではアメリカの1.6倍から2倍であった。1940年にはアメリカでも軍用機の増産が始まり、6,019機と前年の約3倍の生産数となり、日米比は0.79と日本を逆転した。以降、日米航空機生産力の差は開く一方となるが、1940年を1.0とした生産機数比を表1-2のデータから図1-3に示した。日本は日米開戦の年である1941年には5,088機（1.06）、1942年8,861機（1.86）、1943年16,695機（3.50）、1944年28,180機（5.54）、1945年は8月までで11,066機（2.17）であった。アメリカは1941年19,433機（3.23）、1942年47,836機（7.95）、1943年85,898機（14.27）、

表1-2 戦時期日米航空機生産機数の比較

総生産機数

暦 年		1937	1938	1939	1940	1941	1942	1943	1944	1945
日本*1	軍用機	1,511	3,201	4,467	4,768	5,088	8,861	16,693	28,180	11,066
	民間機									
	合 計	1,511	3,201	4,467	4,768	5,088	8,861	16,695	28,180	11,066
米国*2	軍用機	949	1,800	2,195	6,019	19,433	47,836	85,898	96,318	47,714
	民間機	2,824	1,823	3,661	6,785	6,844	0	0	0	2,047
	合 計	3,773	3,623	5,856	12,804	26,277	47,836	85,898	96,318	49,761
日本／米国生産数比（軍用）		2	2	2	1	0	0	0	0	0

機種別生産機数

暦 年		1937	1938	1939	1940	1941	1942	1943	1944	1945
日本*1	爆撃機					1,461	2,433	4,189	5,100	1,934
	戦闘機					1,080	2,935	7,147	13,811	5,474
	偵察機					639	967	2,070	2,147	855
	練習機					1,489	2,171	2,871	6,147	2,523
	その他					419	355	416	975	280
	合 計	1,511	3,201	4,467	4,768	3,627	6,428	12,504	23,080	9,132
米国*3	爆撃機				1,248	4,642	13,879	29,812	35,176	
	重爆撃機				61	319	2,618	9,615	16,334	
	中爆撃機				951	3,250	7,265	10,367	10,060	
	軽爆撃機				236	1,073	3,996	9,830	8,782	
	戦闘機				1,637	4,417	10,353	24,289	38,970	
	大型輸送機				179	271	1,350	3,443	6,792	
	その他（推定）				2,955	10,103	22,254	28,354	15,380	
	合 計				6,019	19,433	47,836	85,898	96,318	

注：空欄は不明である。日本の1945年は8月までである。
出所：＊1 USSBS［1947a］pp. 155, 167。＊2 *Aviation Facts and Figures*［1956］pp. 6-7 および *Aviation Week*, February 25, 1952。1941-1945年合計はコーヘン［1950］304頁に同様データがあるが、数値が若干異なる。＊3 西川純子［2008］表3-4による。ただし、西川では練習機その他の機数が不明であるので、合計生産機数から筆者が推定した。

1944年96,318機（16.00）、1945年47,714機（7.93）であった。アメリカは日米開戦の1941年には生産数を一挙に前年の3倍としたのに対し、日本の生産は1.06倍と停滞し、3倍を超えたのは1943年になってからであった。同時期にはアメリカは14倍となっている。戦時生産のピークは1944年で、日本は1940年の5.5倍を生産したが、アメリカは16倍であった。この年、日米生産機数比は前

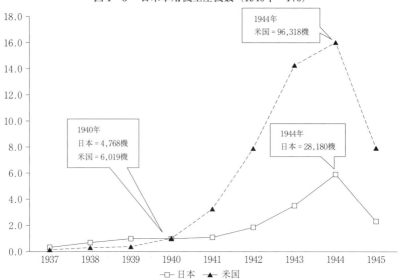

図1-3 日米軍用機生産機数（1940年＝1.0）

年の0.19から改善し0.29であった。1941-1945年の生産数合計では日本が69,888機に対しアメリカは297,199機と日本の約4.3倍の機数を生産した。軍用機生産数の推移は、日米の国力差が如実に現れた結果といえようが、日本軍部が開戦当初の好調な戦果に自信過剰となり、航空機増産への真剣な取り組みが遅れたこと、アメリカは1940年5月16日のルーズベルト大統領の年間5万機の航空機生産要求を契機に大増産に踏み切ったこと（宇野［1973b］3頁）を示している。

日米の生産機種比率にも特徴がある。表1-2の下段には1941-1945の日本軍機の機種別生産機数を示した。日本軍機は、爆撃機、戦闘機、偵察機、練習機、その他（飛行艇、輸送機、グライダー、自殺機を含む）と区分されている。この内、爆撃機（攻撃機を含む）、戦闘機、偵察機が戦闘用航空機である[5]。アメリカ軍機は1940-1944年のデータであるが、爆撃機、戦闘機、大型輸送機、その他と日本とは若干区分が異なっている。爆撃機はさらに重爆撃機（4発爆撃機 B17, B24, B29）、中爆撃機（双発爆撃機 A20, B25, B26）、軽爆撃機に分

図1-4　日米生産機数構成比

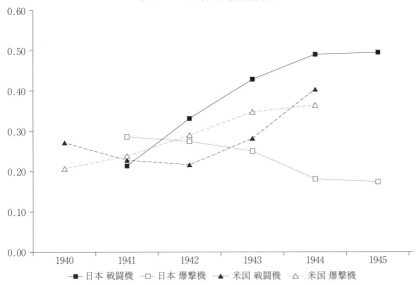

類されている。

　日本軍の戦闘機生産比率は1941年の21%から1942年33%、1943年43%、1944年43%、1945年49%と年々増加し、最終的には約半数が戦闘機になった。爆撃機生産比率は1941年29%、1942年27%、1943年25%、1944年、1945年は18%と減少している。戦局が防御戦になるにしたがって、戦闘機の比率が増加し、爆撃機の比率が低下しているのである。爆撃機は通常2台以上のエンジンを搭載している大型機（日本の場合はほとんど2台）であるので、大型機の生産比率が低下したといえる。

　アメリカ軍の戦闘機生産比率は1940年27%、1941年23%、1942年22%。1943年28%、1944年41%で、1944年を除き生産機数の4分の1前後である。爆撃機は、1940年21%、1941年24%、1942年28%、1943年34%、1944年37%と年々比率が増加している。この内、日本では実用化できなかった、エンジンを4台搭載した重爆撃機が1944年には全生産機数の16%を占めている。こうした機種構成の差は、1941-1945年に総生産機数では日本は日米比約4分の1の軍用機

表１－３ 昭和期航空機製造各社の生産実績

機体・各社生産機数（%）－全機種

製造者	1926～1940年 計	1941年	1942年	1943年	1944年	1945年	1941-1945 計
中島飛行機	4,109 (25.0)	785 (15.4)	2,215 (25.0)	4,646 (27.8)	7,896 (28.0)	4,019 (36.3)	19,561 (28.0)
三菱重工業	5,152 (31.4)	1,397 (27.5)	2,241 (25.3)	3,546 (21.2)	4,176 (14.8)	1,153 (10.4)	12,513 (17.7)
川崎航空機	3,444 (21.0)	733 (14.4)	1,034 (11.7)	1,984 (11.9)	3,665 (13.0)	827 (7.5)	8,243 (11.8)
立川飛行機 (1)	1,549 (9.4)	1,048 (20.6)	1,224 (13.8)	1,289 (7.7)	2,189 (7.8)	895 (8.1)	6,645 (9.5)
愛知航空機 (1)		255 (5.0)	377 (4.3)	997 (6.0)	1,496 (5.3)	502 (4.5)	3,627 (5.2)
日本飛行機		209 (4.1)	329 (3.7)	725 (4.3)	1,222 (4.3)	397 (3.6)	2,882 (4.1)
九州飛行機	1,235 (7.5)	166 (3.3)	278 (3.1)	697 (4.2)	1,124 (4.0)	355 (3.2)	2,620 (3.7)
満州飛行機		60 (1.2)	300 (3.4)	525 (3.1)	1,021 (3.6)	292 (2.6)	2,198 (3.1)
日本国際航空工業 (2)		95 (1.9)	163 (1.8)	340 (2.0)	1,429 (5.1)	107 (1.0)	2,134 (3.1)
川西航空機 (3)	927 (5.6)	71 (1.4)	97 (1.1)	235 (1.4)	1,060 (3.8)	531 (4.8)	1,994 (2.9)
日立航空機		139 (2.7)	205 (2.3)	405 (2.4)	833 (3.0)	201 (1.8)	1,783 (2.6)
大刀洗航空機					300 (1.1)	920 (8.3)	1,220 (1.7)
富士飛行機			23 (0.3)	230 (1.4)	506 (1.8)	112 (1.0)	871 (1.2)
昭和飛行機	2 (0.0)	22 (0.4)	87 (1.0)	62 (0.4)	286 (1.0)	159 (1.4)	616 (0.9)
東京飛行機					33 (0.1)	225 (2.0)	258 (0.4)
三井航空山					2 (0.0)	15 (0.1)	17 (0.0)
松下航空工業						4 (0.0)	4 (0.0)
海軍航空廠		43 (0.9)	111 (1.3)	648 (3.9)	639 (2.3)	259 (2.3)	1,700 (2.4)
陸軍航空廠		65 (1.3)	177 (2.0)	366 (2.2)	303 (1.1)	93 (0.8)	1,004 (1.4)
合　計	16,418 (100.0)	5,088 (100.0)	8,861 (100.0)	16,695 (100.0)	28,180 (100.0)	11,066 (100.0)	69,890 (100.0)

機体・各社生産機数（%）－戦闘機、爆撃機、偵察機（戦闘用航空機）

製造者	1926～1940年 計	1941年	1942年	1943年	1944年	1945年	1941-1945 計
中島飛行機	— —	736 (23.1)	2,203 (34.8)	4,646 (34.7)	7,896 (37.5)	3,915 (47.4)	19,396 (37.1)
三菱重工業	— —	1,317 (41.4)	2,179 (34.4)	3,388 (25.3)	4,005 (19.0)	1,150 (13.9)	12,039 (23.0)
川崎航空機	— —	605 (19.0)	753 (11.9)	1,920 (14.3)	3,665 (17.4)	827 (10.0)	7,770 (14.9)
愛知航空機 (1)	— —	255 (8.0)	366 (5.8)	992 (7.4)	1,496 (7.1)	502 (6.1)	3,611 (6.9)
立川飛行機 (1)	— —	0 (0.0)	70 (1.1)	614 (4.6)	1,689 (8.0)	757 (9.2)	3,130 (6.0)
川西航空機	— —	10 (0.3)	7 (0.1)	145 (1.1)	951 (4.5)	516 (6.2)	1,629 (3.1)
九州飛行機	— —	87 (2.7)	177 (2.8)	479 (3.6)	569 (2.7)	195 (2.4)	1,507 (2.9)

エンジン・各社生産台数（％）

	1926～1940年 計		1941年		1942年		1943年		1944年		1945年		1941-1945 計	
満州飛行機	—	—	60	(1.9)	300	(4.7)	370	(2.8)	61	(0.3)	7	(0.1)	798	(1.5)
日本飛行機	—	—	0	(0.0)	0	(0.0)	0	(0.0)	18	(0.1)	41	(0.5)	59	(0.1)
日本国際航空工業 (2)	—	—	2	(0.1)	2	(0.1)	10	(0.1)	0	(0.0)	0	(0.0)	14	(0.0)
	—	—												
海軍航空廠	—	—	43	(1.4)	101	(1.6)	476	(3.6)	405	(1.9)	259	(3.1)	1,284	(2.5)
陸軍航空廠	—	—	65	(2.0)	177	(2.8)	366	(2.7)	303	(1.4)	93	(1.1)	1,004	(1.9)
合　計			3,180	(100.0)	6,335	(100.0)	13,406	(100.0)	21,058	(100.0)	8,262	(100.0)	52,241	(100.0)

エンジン・各社生産台数（％）

製造者	1926～1940年 計		1941年		1942年		1943年		1944年		1945年		1941-1945 計	
三菱重工業	20,401	(62.6)	4,589	(37.8)	6,645	(39.1)	9,708	(34.1)	17,524	(37.7)	3,068	(24.8)	41,534	(35.6)
中島飛行機	12,059	(37.0)	3,990	(32.8)	4,897	(28.8)	9,556	(33.5)	14,014	(30.1)	3,983	(32.2)	36,440	(31.3)
日立航空機 (3)			1,837	(15.2)	2,645	(15.6)	3,530	(12.4)	4,469	(9.6)	1,090	(8.8)	13,571	(11.7)
川崎航空機			911	(7.5)	1,372	(8.1)	2,449	(8.6)	4,255	(9.1)	1,237	(10.0)	10,224	(8.8)
石川島航空工業 (4)			1	(0.0)	29	(0.2)	390	(1.4)	1,155	(2.5)	711	(5.8)	2,286	(2.0)
満州飛行機 (1)			220	(1.8)	448	(2.6)	735	(2.6)	551	(1.2)	214	(1.7)	2,168	(1.9)
愛知航空機 (1)			134	(1.1)	198	(1.2)	444	(1.6)	733	(1.6)	274	(2.2)	1,783	(1.5)
日産自動車	150	(0.5)							911	(2.0)	722	(5.8)	1,633	(1.4)
日本国際航空工業 (2)							51	(0.2)	558	(2.0)	228	(1.8)	837	(0.7)
豊田自動車									42	(0.1)	118	(1.0)	160	(0.1)
海軍航空廠			325	(2.7)	490	(2.9)	1,231	(4.3)	1,847	(4.0)	559	(4.5)	4,452	(3.8)
陸軍航空廠			144	(1.2)	275	(1.6)	397	(1.4)	467	(1.0)	156	(1.3)	1,439	(1.2)
合　計	32,610	(100.0)	12,151	100	16,999	(100.0)	28,491	(100.0)	46,526	(100.0)	12,360	(100.0)	116,527	(100.0)

注：(1) 1943年以前、愛知時計電機；(2) 1941年以前、日本航空工業；(3) 1939年以前、東京瓦斯電気工業；(4) 1941年以前、東京石川島造船所。
出所：1926-1940年は、林 [1957] 259頁の第42表、1941-1945年は USSBS [1947a] pp. 156-157から筆者作成。

を生産したが、生産重量では10分の1にしか達しなかったことに現れている（戸部他［1984］303頁）。

1.3 中島飛行機の位置づけ

日本の航空機製造各社の航空機体、エンジン生産実績を示すのが表1-3である。上段は全機種を含んだ機体生産数、中段は戦闘用航空機に限っての生産機数である。下段はエンジンの生産台数である。この表から、戦時期日本航空機産業において、中島飛行機が占めていた位置を考察する。

(1) 機体生産

太平洋戦争期の航空機生産数を対象として考察する。日本の航空機産業は69,890機を生産したが、中島飛行機、三菱重工業、川崎航空機、立川飛行機、愛知航空機の5社で全生産数の72%を生産、戦闘用航空機（戦闘機、爆撃機、偵察機）に限れば中島飛行機、三菱重工業、川崎航空機の3社で75%という寡占状態であった。他の会社は練習機か他社からの転換生産がほとんどであった。中島飛行機は1941年には三菱重工業より生産機数が少なかったが、1942年にはほぼ同数を生産し、1943年以降は逆転して日本最大の機体生産会社となった。1944年には三菱重工業のほぼ2倍、1945年には3.5倍の機数を生産した。終戦の1945年になると中島飛行機の生産シェアは全機種では36%、戦闘用航空機では実に47.4%とほぼ半数を生産したことになる。

1945年には中島飛行機の月産平均機数は502機で1944年の76%に低下したが、同時期に三菱重工業は41%にまで低下した。生産実績第3位の川崎航空機は34%、第4位の立川飛行機は61%に低下している[6]。これは戦争末期において中島飛行機の生産の落ち込みが他社に比較して小さかったことを示している。

(2) エンジン生産

航空機の性能を決める最大の要素は、航空機に搭載されるエンジンである。エンジンは当然のことながら、軽量・小型で大出力、高信頼性、低燃費である

ことが要求される。エンジンはまた、精密機械加工技術の極致ともいうべき精密工業製品である。エンジンの冷却方式には空冷と液冷[7] があるが、日本およびアメリカ（特に海軍）では、冷却用の冷媒が不要でまた構造が単純で重量軽減に有利である空冷エンジンの使用頻度が高く、その多くが冷却用流入空気にシリンダを効率的にさらすことのできる星型エンジンであった。液冷エンジンは、前面面積が小さく、シリンダの均一的な冷却が容易であるが、空冷エンジンに比べて長大なクランク・シャフトの鍛造、精密機械加工などが必要で、戦時期日本の材料、工作機械技術では大量生産は困難であった。

　エンジンは高度な機械加工技術が必要ということから、機体よりも寡占が進んでおり、1941-1945年の生産合計116,527台のうち、三菱重工業が35.6%、中島飛行機が31.3%で全体の67%を生産した。1944年まで、三菱重工業が日本最大のエンジン生産会社で、中島飛行機が2位であったが、1945年には中島飛行機が生産台数で三菱重工業を上回った。3位は日立航空機の11.7%、4位は川崎航空機の8.8%であった。日立航空機が開発、生産したエンジンは主として陸海軍の練習機に搭載された。川崎航空機は生産台数7位の愛知航空機（1.5%）とともに日本で数少ない液冷エンジン・メーカーであった。戦闘用航空機に搭載された液冷エンジンの生産台数は、川崎航空機製が約3,600台、愛知航空機製が約1,700台の合計約5,300台[8] で、1941-1945年の総生産台数116,527台の4.5%に過ぎず、日本の航空エンジン生産は空冷エンジンがほとんどを占めていたことがわかる。

　機体、エンジンとも生産の主体は民間企業で、1941-1945年の実績を見ると、機体では海軍航空廠が2.4%、陸軍航空廠が1.4%、エンジンでは海軍航空廠3.8%、陸軍航空廠1.2%であった。

2．戦時期陸海軍の生産拡充計画

　生産力拡充計画と航空機を中心とする軍需動員計画は、1937年の日中戦争開始以来重要政策課題となった。陸海軍とも日中戦争期から太平洋戦争期にかけ

表1-4 陸海軍の航空機生産拡充目標

(1) 陸軍拡充計画

	時 期		機 体	エンジン
	指示	完了目標		
第1次拡充計画	1937年10月	1938年9月	231	335
第2次拡充計画	1938年6月	1939年3月 1939年9月	330（中島95、三菱40） 450（中島145、三菱55）	472（中島170、三菱75） 780（中島250、三菱100）
第3次拡充計画	1939年6月	1940年3月 1941年3月 1941年9月	375（中島105、三菱75） 510（中島145、三菱100） 566（中島155、三菱108）	375（中島170、三菱170） 不明（中島260、三菱不明） 955（中島280、三菱240）
次期生産力整備計画	1941年9月	1944年3月	川崎航空機分のみ判明。機体は前期計画の目標水準とほぼ同じ、小型機にウェイト、エンジンは前期計画の2倍近い能力を要求。	
1940年度整備計画 1941年動員計画 1942年動員計画 1943年4月 「航空兵器緊急増加整備要領」		 1943年度 1944年度	280（年産3,361） 400（年産4,809） 532（年産6,386） 667（8,000）、その後年産1,280追加。 1,000（12,000）	564（年産6,767） 852（10,230）
軍需省計画	1944年2月 1944年12月	1944年度 1945年度	2,260（年産目標27,120） （上半期内示10,000）	（上半期内示19,889）

(2) 海軍拡充計画

	時 期		機 体	エンジン
	指示	完了目標		
第1次・第2次	1938年11月	1940年3月 1943年3月	252（中島50、三菱75） 442（中島80、三菱130）	475（中島150、三菱150） 900（中島300、三菱300）
修正第2次	1941年2月	1943年3月	451（中島75、三菱137）	900（中島300、三菱300）
第3次	1942年8月	1946年3月	973（中島190、三菱155）	2,382（中島833、三菱1,083）
1943・44年度拡充計画	1943年9月	1943年9月初 1944年10月初 1945年3月末	747（年産8,970） 2,356（年産28,250） 3,114（年産37,200）	1,200（年産14,400） 4,000（年産48,000） 5,420（年産65,000）
軍需省計画	1944年2月 1944年12月	1944年度 1945年度	2,115（年産目標25,380） （上半期内示10,000）	（上半期内示16,353）

出所：山崎［2011］385-412頁から筆者作成。

て3次にわたる生産力拡充計画を立案、示達している。表1-4に日中戦争以降の陸海軍の航空機生産拡充計画を示す。

　次節以降に主として山崎志郎に基づき、航空機産業に対する陸海軍の生産力拡充計画をまとめる（山崎［2011］385-444頁）。

2.1 陸軍の拡充計画

　陸軍であるが、まず1937年10月の軍需動員発動時に、航空本部が1938年9月を完了目標とする短期的な第一次拡充計画を示達している。月産目標は機体231機、エンジン335台であった。本格的な第2次拡充計画は1938年6月に示達され、1939年3月の完了を目標として、機体月産330機（中島飛行機95、三菱重工業40）、エンジン月産472台（中島170、三菱75）、1939年9月の完了を目標として機体月産450機（中島145、三菱55）、エンジン月産780台（中島250、三菱100）とされた。1938年9月には航空機部門の工場管理が実施され、生産・設備計画に関する命令権が付与された。生産実績の不調を受けた1939年6月の第3次拡充計画では、完了目標時期が3期に分かれており、まず1940年3月を目標として機体月産375機（中島105、三菱75）、エンジン月産375台（中島170、三菱170）、1941年3月の目標は、機体月産510機（中島145、三菱100）、エンジン月産合計は不明であるが中島は260台、9月の目標は機体月産566機（中島155、三菱108）、エンジン月産955台（中島280、三菱240）であった。さらに1941年9月には1944年3月を目標とする次期生産力整備計画が出されている。内容は川崎航空機分を除いて不明であるが、機体は前期計画の目標水準と同程度、エンジンは2倍近い能力を要求している。陸軍の拡充目標は一貫して三菱重工業より中島飛行機の方が多く、陸軍は中島の生産力拡充に、より期待していたものと考えられる。

　1940年度整備計画は、前年度並みの3,361機（月産280機）で、これは生産力拡充計画の不調と新機種への改編のためであった。1941年度軍需動員計画でも当初の計画は3,500機（月産292機）で、生産力に見合った計画であった。その後対英米開戦を前提に引き上げられ、機体4,809機（月産400機）、発動機6,767台（月産564台）となった。しかし実績は当初計画程度で、計画と実績の乖離が目立つようになった。

　太平洋戦争開始後の1942年の動員計画は、機体6,386機、発動機10,230台に激増した。1942年10月頃に開始された1943年作戦計画では、航空戦力の拡充を、

他を犠牲にしても絶対的に優先する方針となった。1943年1月15日、陸軍航空本部は生産目標を1943年度8,000機、1944年度10,000機としたが、4月の「航空兵器緊急増加整備要領」では1943年度9,550機、1944年度12,000機を要求することになった。航空機増産の最大の隘路は工作機械の取得で、普通鋼材、高級アルミニウムのほか重要物資についても同様に困難とされた。増産の条件は著しく悪化していたにもかかわらず、計画は上積みされ、1943年度の計画は1,280機が追加され9,280機となった。

2.2　海軍の拡充計画

海軍は、1938年4月から6月にかけて、主要会社に拡充計画を打診した。各社の対応は陸軍の需要との競合や拡充テンポの速さから困難と見る向きが多く、規模の縮小、期間の延長を求めるものが多かった。しかし、工場管理の実施に基づいて1938年11月に航空9社に対する第1次生産力拡充が示達された。これは1943年度までの5カ年計画とし、1942年度末において平時作業年産能力機体5,476機（月産中島80、三菱130）、発動機12,000台（月産中島300、三菱300）、可変節プロペラ8,640本を目標とするものであった。時期は2段階で、第1次拡充は1940年3月まで、試作能力は各社2倍に拡充、航空各社はこの平時能力をもって戦時作業として50％以上の増産も可能となるべく具体的な設備拡充計画を立案することが求められた。しかし、輸入工作機械の為替の手だてが付かず、1939年2月には1年繰り延べ、国産機械への変更を中心に再編された。

第1次拡充計画が未達にもかかわらず、1941年2月に当初拡充目標の後段部分を若干上回る規模の修正第2次拡充計画が示達された。当初は1942年度末であったが、輸入機械の途絶などから「1943年度末完成を目途」に変更された。民間負担が過大ゆえ、一部は3カ年計画の官設民営で実現することになった。深刻な隘路の一つは、労働力の大量確保が必要であることで、1941年8月には陸海軍航空本部管理工場の徴用制が実施された。

太平洋戦争開戦前後から戦時生産体制に切り替えられたが、戦時には1.5倍の生産が可能としていた想定が、到底期待できないことも判明した。開戦後、

航空兵力は消耗し、ミッドウェー海戦後、航空機増産は一層喫緊の課題になった。1942年5月の見通しでは、第1次拡充計画が1942年末に大部分完成、一部は1943年にずれ込みということであった。1942年8月、第2次拡充計画の完了を待たずに、第3次拡充計画を示達した。概ね1日10時間、1カ年324日作業、極力交代制という作業標準での計画であった。1946年3月の完了を目標に、機体月産973機（中島190、三菱255）、エンジン月産2,382台（中島833、三菱1,083）である。第3次拡充計画達成の見通しは、機体は「あらゆる支障を排し……極力目標を達成せしむる」が、発動機の生産能力は1943年度の2倍程度になるが、目標の50％しか達成しないと予測していた。海軍の拡充要求では、陸軍と反対に中島飛行機より三菱重工業に対する方が大きい。両社の陸海軍における位置を示すものといえる。

　1943年、戦局はいよいよ緊迫し、9月末の「絶対国防圏」設定に至るが、海軍航空本部は9月に1943および1944年度海軍航空機生産目標および支援措置を決定した。1943年度機体9,816機、発動機18,530台、1944年度機体30,205機、発動機47,894台という目標であった。航空機に絞ったなりふり構わぬ徹底的な動員が開始されたのである。計画達成には、1,800千人以上の動員が必要とし、女子徴用1,300千人、各種学校の整理で100千人、文科系学校の一時閉鎖で110千人、中等学校最高学年320千人、計1,830千人を供給源として利用せざるを得ないと判断された。

2.3　軍需省の生産計画

　航空機生産の一元化を目標として1943年11月に軍需省が発足した。しかし、陸海軍はすでに大幅な増産要求を決めていたので、1943年秋から1944年2月まで、陸海軍は航空機生産能力の熾烈な争奪を演じた。最終的には、1944年度のアルミニウム生産計画209,400トンを、陸軍101,200トン、海軍108,200トンと配分し、陸軍機27,120機、海軍機25,380機が1944年度軍需省の生産予定となった。1942年度実績の5倍、1943年度実績の2.5倍に相当する機数である。無理を重ねた生産計画は、年度当初から、熟練工不足、資材部品入手困難、輸送力

低下などから破綻。実態との乖離が進んでも、計画が大幅に変えられることはなかった。

　しかも1943年度後半からの急激な増産に伴って、発動機を中心に検査疎漏、材料節約、工数節減などによる粗製濫造が進み、故障の頻発、それによる度重なる規格変更、改修作業など品質管理の不備に伴う問題点も顕著になっていった（山崎［2011］444頁）。組立、部品装備、試運転の各段階で発動機、官給あるいは外注の器材・部品の入手難や、改修作業の頻発の結果、組立工場、整備工場段階で未完成機体が滞留するなど、大量生産体制への本格移行は、作業編成の未熟に加え部品調達、品質管理の面からも強く制約されていた。こうした状況にもかかわらず、航空兵器総局は1945年度上半期分の生産内示として、機体陸海軍とも10,000機、発動機陸軍19,889台、プロペラ陸軍25,500本、海軍21,900本を各社に指示した。

3．戦前航空機産業の特質

3．1　日本軍の戦略・用兵思想と日本軍機

(1) 戦略・用兵思想

　日本軍の戦略・用兵思想について考察する。兵器は軍の要求性能に基づいて設計される。要求性能の基になるのが、軍の戦略・用兵思想である。第二次世界大戦における日本軍の戦略は長期的展望を欠いた、短期決戦志向であったとされる。アメリカとの国力差を考慮すれば、これはやむを得ざる選択ともいえるが[9]、長期戦になったときの展望を日本は持っていなかった。この短期決戦志向の戦略は、戸部良一ほかによれば、「一面で攻撃重視、決戦重視の考え方と結びつき、他方で防御、情報、諜報に関する関心の低さ、兵力補充、補給・兵站軽視となって現れた。海上交通保護の軽視、空母、戦闘機・攻撃機などの兵器体系も防御という点では技術的に見て著しく不備であった」（戸部ほか［1984］277頁）。さらに、日本軍の戦略策定のプロセスについては、「一定の原

理や論理に基づくと言うよりは、多分に情緒や空気が支配する傾向がなきにしもあらずであった。日本軍の戦略策定が状況変化に対応できなかったのは、組織の中に論理的な議論ができる制度と風土がなかったことに大きな原因がある」という評価となる（戸部ほか［1984］283-289頁）。

　現代戦は「技術戦」といわれるが、日本軍では用兵側が強く、技術は従属的地位であった。「技術者は用兵上の意見を具申すべからず」というのが海軍伝統の不文律であり、鉄則であった（岡村ほか［1953a］499頁）。「技術戦」に必要な科学的、論理的思考、実証主義よりは精神要素を極度に重視し、物的戦力の不足を運用の妙と、訓練の精到をもって補うという日本軍の伝統は、深くわが国の基本的国情に基づくものであったといえるが、これが物的戦力を軽視する思想を生み、技術を従属的に取り扱う傾向を助長させたのである（防衛研修所［1975］523頁）。こうした精神主義は、世界的な技術趨勢への適応を妨げる保守性ともなり、戦闘機における軽戦から重戦への転換の遅れ[10]、防御軽視の原因ともなった。

　航空機の防御装備についての取り組みでは、陸海軍で明確な差があった。陸軍機には、太平洋戦争の初期から、防弾タンクおよびパイロットを守る座席背面の防弾装甲の装備がされていた。一方海軍機は、大戦末期を除き、防弾タンクおよび防弾装甲を装備しなかった。この背景について由良富士雄は、陸海軍の航空運用理論の相違によるものと指摘している。由良によれば、「海軍は艦隊決戦を万能視するあまり、作戦機の攻撃能力を極限まで向上させ、その代償として防弾装備を軽視した。その結果、その航空戦力は大東亜戦争の初期の奇襲作戦には効力を発揮し得たが、比較的長期にわたる消耗戦になった戦争中盤以降の航空作戦に堪えられないことになった」。対して陸軍は、「速戦即決を標榜しつつも、一つ一つの航空作戦が比較的長期の消耗戦になることを認識し、防弾装備を作戦機に取り入れた」（由良［2011］111頁）。ただし、これは必ずしも海軍が防弾タンクの技術開発を行わなかったことを意味するものではない。太平洋戦争期には実戦機に装備可能なまでの技術開発が行われていた。防弾タンク装備によるパイロットの安全性向上と、それによる重量増加、結果として

の搭載燃料の減少、航続距離の減少とのトレードオフの結果として防弾装備を
しなかったのである（岡村ほか［1953a］391-411頁)[11]。中口博[12] は、「第二
次世界大戦当時の戦闘機や爆撃機では乗員や燃料タンクの防弾装備が常識にな
っていたが、わが国の機体には全く装備されていなかった。設計者が防弾装備
をするように主張しても、用兵者が反対してその重量を燃料搭載量の増加に回
せと主張すれば、設計者はそれを押して防弾装備を行うことはできなかった。
戦争が激烈になり、わが方の損害が大きくなったのちに防弾装備をする羽目に
なった。国力を上げての消耗戦に対する認識と、戦場での使用という環境に対
する認識が、用兵者側にも設計者側にも欠けていたことによるものと考えられ
る」と指摘している（日本航空学術史編集委員会編［1990］386頁)。

　アメリカ軍の評価はどのようなものであったか。USSBS は、日本軍は開戦
当初の高度に熟練したパイロットの価値および代替要員を訓練することの困難
さを正当に評価せず、結果として航空機の性能を優先して安全性を犠牲にし、
連合軍が整備したような海上に不時着したパイロットの救助システムを全く計
画せず、またパイロットの第一線勤務をローテーションすることの重要性を考
えたこともなかった。さらに、連合軍の航空戦力の潜在力に気づいて拡充を開
始した時でも、少数の熟練パイロットよりも多数のパイロットを養成すること
に全力をあげた。パイロットの質を量の犠牲にしたことは自殺行為で、1942年
末頃までに熟練パイロットの大部分が失われてしまった後は、残ったパイロッ
トは十分な訓練を受けていないものばかりで、連合軍の航空戦力に効果的に対
応するのが不可能になった、と批判している（USSBS［1946］p. 2)。パイロ
ットの訓練を制約した主因は航空燃料の不足であった。USSBS は、日本の訓
練計画では基礎訓練に100時間を規定していたにもかかわらず、1943年以降、
パイロットはせいぜい40時間しか訓練を受けず、さらに即戦作戦訓練は30時間
に制限された。1945年初頭に空中訓練は中止され、パイロットは単に目標地ま
で指導機の後を追って飛行しただけであった。パイロットの帰還はほとんど期
待できなかった、と述べている（奥田・橋本訳編［1986］67頁)[13]。

　この点に関して海軍関係者は、「第1線の消耗に備えて、第2線に十分な戦

力のある飛行機隊を準備しておくことが理想的であった。ところが我が海軍にはこの認識も薄かったが、実情は、平時からこのような所要兵力の最小限度をも保有しておくことができなかった。一人前の搭乗員を養成するのは莫大な費用がかかると共に、人事行政上も幾多の困難があった。せめて予備役でもと考えられるが、我が国の情況ではこれもまた不可能に近かった」と述べている（防衛研修所戦史室［1976］467頁）。わかってはいても、「情況」的にできなかったのである。国力の差といえる。

　陸海軍の戦略・用兵思想が陸海軍機の設計にどのような影響を与えたかを考察しておく。前述の通り用兵側が強く、技術は従属的地位であったこと、および軍用機は軍の仕様書に基づいて設計されることから、設計者は軍の「性能第一」とする指導に従わざるを得なかったのは当然であった。結果として、設計の狙いが飛行性能の向上に偏り、航空機の生産性や整備性に関する配慮が甚だしく不足することになった[14]。軽量化のため機体は繊細なものとなり、工芸的ともいえる加工が必要となって、そのために製造工数が不当に増加し、設備の整わない戦地の部隊での整備を困難にした。中口博は、「設計上のこのような不備には、設計者のみに帰せられない事情があった。すなわち、飛行機の使用者は、当然のことながら、開発時点ないし将来の技術水準で得られるであろう最高の性能を要求し、設計者はできるだけ要求を満足する機体を作るように努力することになる。この間の議論では生産性や整備性への配慮はしばしば二の次の問題になり、機体は繊細で、武人の蛮用に適さないものになった。アメリカの軍用機は、我々から見ると必要以上に頑丈で重いが、性能の低下は出力の一回り大きいエンジンを搭載することで補うという考え方をとっていた。これは蛮用を許すために必要な余裕であったのであろう」と指摘している（日本航空学術史編集委員会編［1990］386頁）[15]。エンジン設計についても同様で、中島飛行機の「誉」に代表されるように、「小型・軽量」で大出力という高性能化を図るために、当時の航空機産業、それを支える裾野産業の実情を無視した無理を重ねた設計となっていた。結果として、量産性、信頼性、耐久性が犠牲になり、整備性も悪いものとなった。

(2) 量産品質と稼働率

　太平洋戦争中期以降になると、「小型・軽量」を第1とした巧緻な、当時の
生産現場の状況では実現困難な設計の結果として、試作段階では到達していた
性能、品質水準が量産では確保できないという問題が明らかになった。主たる
要因は、材料品質の劣化と代用品の使用、精密工作技術の劣化および熟練工不
足に伴う加工・組立技術の劣化によるものといえる。労働者の未熟練を補う治
工具類の整備、標準化の遅れも大きな要因であった。品質低下の具体例として、
中島飛行機が開発した、海軍の艦上偵察機「彩雲」[16] の性能低下と品質低下を
挙げておく。まず飛行性能では、試作機に比べて量産機では水平最大速度が28
ノット (52km/h) 低下した。飛行試験の結果判明した速度低下の内訳は、エ
ンジンおよび排気管の粗製により10ノット程度、主翼の工作不良で6ノット程
度、胴体その他の部分の工作不良で4ノット程度、操縦法の不適切により5ノ
ット程度であった (奥平 [1990] 374頁)。搭載エンジンである「誉」は、公称
値1,700hp/6,000m に対して、実際には1,300hp/6,000m しか出ていないこと
が確認された (野沢編 [1958] 186頁)。量産では、エンジンの保証値を25%
も下回っていたのである。奥平禄郎は「彩雲」について、「戦争の進むにつれ、
あらゆる部面に故障が続出し、潜在していた無理が現れ始めた。整備取扱の上
から言っても、また生産面から言っても、要求性能のうち小型であることが、
直接的間接的にあらゆる困難をもたらした。寸法の制限は整備取扱に不便であ
るばかりでなく、生産技術が生産数量に極度に追われ始めてからは、強度不足、
耐久性の不足という飛行機にとっては根本的に重大な問題を起こしはじめたの
である。「ガタ」の発生、亀裂、折損、漏油などが各部に現れ、殊にエンジン
に至っては致命的にも、その信頼性を全く失ってしまった。過酷な要求性能は
一応満足することができたが、飛行機の稼働状況は極度に低下せざるを得ない
結果となり、総合戦力は悲惨なものとなった」と指摘している (奥平 [1990]
369頁)。まず、小型化という寸法面での制限[17] は製造時の加工および組立、
部隊運用での整備取扱を困難にし、さらに軽量化が加わって、強度・剛性不足、

第1章　戦時機日本の航空機産業の状況　39

耐久性不足となって現れたのである。結果は実戦での稼働率低下であった。こうした欠点は「彩雲」に限られたことではなく、海軍航空技術廠が開発した陸上爆撃機「銀河」についても、搭載した「誉」エンジンの不調に加えて「極度に細くした胴体内に、装備品が密集したため、整備に骨が折れ、また、型鍛造を多く使ったため、かえって生産に支障をきたすなどの結果になった」と指摘されている（野沢編［1959］161頁）。

　日本軍機の稼働率[18]は、戦局の悪化とともに低下した。正確な数字は残されていないが、奥平によれば、海軍機では、「南京渡洋爆撃時代から太平洋戦争の初期にあっては80％以上であったが、次第に機材不良と整備不良が主な原因となり、この比率は低下し、昭和19年頃には50％以下、敗戦当時は20％程度に低下した」（奥平［1990］371頁）。また、栗野誠一は、戦争末期の稼働率は30〜40％程度であったとしている（栗野［1990］411頁）。稼働率の低下は、工場出荷品質の低下、整備員の技量低下、補修部品の不足などがその主な原因であるが、根源的には軍の指導および「小型・軽量」設計思想に起因したものといえる。軍の指導に関しては、「航空兵器の信頼性に対する着意が不十分であった。性能向上に走って設計が巧緻に過ぎたこと、新機種の出現を急いで審査期間を短縮したこと、量産に走ってその品質管理に徹底を欠いたことなどがその要因である」と戦史叢書は総括している（防衛研修所戦史室［1975］524頁）。

　総括すれば、太平洋戦争当時の日本の航空機産業のレベルでは、飛行性能第一の「小型・軽量」と兵器としての頑丈さ、生産性、信頼性、整備性のすべてを同時に満足させることはできなかったのである。

3.2　戦前航空機産業の課題と増産の隘路

(1) 自立、国産化の実態

　自立期に入って以降の国産化の中身はどうであったか。林克也によれば、研究設備、工作機械、工場設計、艤装品（計器、通信機その他）、部品（プロペラ、燃料関係部品）および材料（ただし機体・エンジンの構造材料の一部を除く）はまだ完全に外国依存か原料・部品の輸入ストックで、これがのちに戦争中の

航空機増産の隘路となった（林［1957］255-256頁）。つまり、日本は基礎的な研究に人員と経費をかけず、自立期に入っても外国技術の後追い、模倣から抜け出せなかった。日本は、開戦後は革新的な航空兵器を何一つ実用化できず、航空兵器の性能向上競争に大きく立ち後れたが、その理由は航空技術が本質的には外国技術の模倣であったから、外国との技術交流の道が絶たれ、自主開発を要求されるようになっても、その技術に発展性が乏しかったためであった[19]。陸軍関係者は「基礎科学に力を注がず、安易な外国模倣に依存してきた技術開発の姿勢に問題があったといえる。軍用機の開発にあたっては海外の動向が判断の基準であり、軍は国内に芽生えた新技術に関する構想には冷淡で、これを正当に評価し、適切に培養しようという熱意に欠けていた」と反省している（防衛研修所［1975］524頁）。このような空気のなかでは、自主技術は育ち得なかったのである。アメリカ側の評価はどのようであったか。アメリカ軍は、日本の航空に関する調査研究は、諸外国に比べれば少なくとも1年ないし1年半遅れており、生産への適用はさらに少なくとも1年遅れていた（USSBS［1947a］p. 90）、また日本の航空機エンジンとプロペラの大部分は、日本が戦前に特許を買ったアメリカの設計によるものであったとし[20]、プロペラの設計は、アメリカより5年以上遅れていた、と評価している（USSBS［1947a］p. 100）。

(2) 工作機械

　加工技術については、航空機用エンジンは、シリンダ内面などにミクロン（1/1000ミリ）単位の精密加工精度が必要となる。機体の製作でも、厚板、鍛造、鋳造などの素材から最終形状にするためには機械加工が必要となる。軽量化のためにはできる限り余肉を少なくする必要があるので切削加工量も多くなる。日本では、こうした加工をこなす高性能の工作機械が性能面でも、数の面でも不足していた。1935年初め頃、エンジン工場の設備工作機械の内、高性能・高精度機のほとんどは欧米製であったが、1939年の第二次世界大戦勃発、翌1940年のアメリカの工作機械対日禁輸措置により、輸入は極めて困難になっ

た。陸海軍は、国産化の遅れていた研削盤、歯車切削、研削機、自動盤などに集中的に資金、資材、労働力を投入したが、成果は不十分であった（長尾［1999］93頁)[21]。また、歯車生産に欠かせない歯切り機械は全く国産化できなかった。日本は、工作機械という基礎工業では自立ができていなかったのである。例えば、日本最大級であった中島飛行機武蔵製作所の機械台数は、1944年3月で4,854台であったが、その内1,120台、23％はアメリカ製であった。それ以前、1938年4月の荻窪製作所では、機械台数1,140台の内570台、実に50％がアメリカ製であった。（中川・水谷［1985］105-107頁）。

　国産工作機械の性能について、奥村正二は、「国産工作機械の摺動面の摩耗はアメリカ機械の摩耗の十数年分に匹敵した。精度は1、2ヵ月で急速に低下した。カタログにある最大回転数を出すと機械は振動し、軸受は加熱した。同番数の舶来機が十分耐える重切削において、国産機は振動し換歯車は折損したり曲がったりした。油圧ポンプや電気部品は故障が続出した。材質の不良、加工の不正確、これに起因する耐久力および精度の不足が歴然としていた。……アメリカ製ドリルが楽々と穿つ穴を和製のドリルは数倍の時間を喰い、次から次へと折損していくというような例が多かった」と述べている（奥村［1975］64頁）。『戦史叢書』では、工作機械に万能式が多いため生産能力が低く、取扱に熟練を必要としたこと、フライス盤が不足していたこと、設計が不良で部品を加工困難な形状にしたこと、さらに鋳鍛設備の不備が、能率の悪い機械による直接の切削加工、自由鍛造などの多用を余儀なくしていたことを指摘している（防衛研修所戦史室［1975］385頁）。これらはいずれも生産性を阻害する要因であった。

（3）航空機用材料

　航空機製造には当然のこととして、そのための材料が必要である。エンジン、機体の主たる材料はアルミニウム合金と合金鋼をはじめとする鋼合金であるが、小型・軽量化にはその中でも高強度材料が、さらにエンジン製作には多量の特殊鋼、耐熱鋼が必要となる。日本は資源小国であり、アルミニウムの原料であ

るボーキサイト、鋼材の原料となる良質の鉄鉱石および合金鋼の成分である希少金属（クロム、ニッケル、コバルト、タングステン、バナジウム、チタニウム、モリブデンなど）をほぼ戦前からの備蓄と輸入に頼っていた。戦況が悪化するにつれて、生産の増大に伴い備蓄が減少し、また制空権・制海権の喪失によって輸入が途絶したため、材料の不足、品質の悪化に悩まされることになった。まずアルミニウム合金であるが、陸海軍は1942年に1機当たりの所要量を4.5トンと推定し、1943年には1944年の予定所要量を1機当たり約5.5トンに高めた。実績は1942年6.4トン、1943年5.3トン、1944年3.8トン、1945年2.2トンで1944年中には、航空機工業に対するアルミニウムの割り当ては、最低所要量以下に落ちていた。しかもこれはアルミニウム供給総量の内、航空機工業に向けられた割合が益々大きくなり、1944年は89％、1945年には100％に達したにもかかわらずそうだったのである（コーヘン［1950a］324頁）。また益々多量に再生アルミニウム（屑アルミニウム）が使用され、品質低下、強度低下を招いた。

　鋼材については、高度抗張力を持つ特殊合金鋼製造に必要な合金資材の貯蔵が少なく且つ入手量も十分ではなかった。特殊鋼の生産高は、普通鋼材の生産低下にもかかわらず上昇したが、その質は希少金属の代わりに代用材を使用していたため低下した[22]。その結果、エンジン、着陸装置、エンジン・マウント、端末結合金具の製造に使用する合金鋼の品質が低下するに至った（コーヘン［1950a］326頁）。エンジン性能の低下、着陸装置の不良などによる飛行機の破損、生産能率の低下は、これら鋼の品質低下によるのであった。

（4）自動車産業の活用

　戦前日本の自動車産業も航空機産業と同様に、軍事的要請から国家の保護により発展した。経緯を簡単にまとめると、まず1918年に陸軍省は「軍用自動車補助法」を制定し、製造補助金、購買補助金、維持補助金の支給を始めた。当時はアメリカの影響下にあった日本の自動車産業確立の第一歩であった。しかし、国産自動車は発展せず、東京瓦斯電気工業、石川島造船所、改進社の三社

第1章　戦時機日本の航空機産業の状況　43

が生き残ったのみであった。乗用車の分野ではアメリカのフォードと GM が組立工場を持ち、ほぼ完全に市場を支配していた。この状態は、満州事変以降に変化する。豊田自動織機が国産車生産に乗り出し、鮎川義介が日産自動車を設立した。1936年には「自動車製造事業法」が制定された[23]。この法律は、「国防ノ整備及産業ノ発達」のため「自動車製造事業ノ確立ヲ図ルコト」を目的とするもので、日本企業に対しては許可制をとり、税制面や資金調達面での優遇措置を与えた。さらに、関税引き上げや輸入制限による保護も行うこととされた。豊田と日産がまず許可会社となり、生産が活発化した[24]。しかし、機械工業特に工作機械の未発達、基礎となる関連工業の不足と技術の後れ、原材料工業の不十分という、工業的基礎体力の不足は航空機産業のそれと共通するものであった。必要とされる産業基盤、技術基盤からは自動車工業がまず発展し、次いで航空機工業へというのが一般的な産業発展の順序であるが、日本の場合は航空機産業が軍事的要求から技術的にも生産力的にも世界水準にまで発展したのに対して、自動車産業の生産力はアメリカと比較にならない貧弱なものであった。

　戦時期の日米自動車産業の生産数を表1-5に示した。単年度で見ると、日中戦争勃発の1937年の日本の生産数は約3.6万台、アメリカは約430万台で対アメリカ比は約130分の1、日米開戦の1941年の日本の生産高は約5.4万台、アメリカは約480万台で対アメリカ比は約90分の1、太平洋戦争中の1941年から1945年の5年間合計では日本約16万台、アメリカは同期間に約805万台で対アメリカ比は50分の1である。太平洋戦争中の軍用航空機生産数の日米比は約5分の1であったが、日米の自動車産業の生産力の差は航空機産業の10倍もあったのである。

　さらに、太平洋戦争以前の車種別の生産台数を見ると、日本は圧倒的にトラック・バスの生産台数が多く、乗用車が主体であったアメリカ自動車工業と対照的である。戦前の日本では、乗用車市場が未発達であった。太平洋戦争中に生産数比がそれ以前よりも改善したのは、表1-5にみるとおり、この間にアメリカ自動車産業は乗用車生産を停止し、航空機生産へシフトした結果である。

表1-5　戦時期日米自動車生産台数の比較

暦　年		1937	1938	1939	1940	
日本	乗用車	28,162	23,680	15,986	15,418	
	トラック・バス	7,683	14,031	29,248	42,106	
	合　計	35,845	37,711	45,234	57,524	
米国	乗用車	3,915,889	2,000,985	2,866,796	3,717,385	
	トラック・バス	893,085	488,100	710,496	754,901	
	合　計	4,808,974	2,489,085	3,577,292	4,472,286	
暦　年		1941	1942	1943	1944	1945
日本	乗用車	11,100	8,532	5,519	2,748	864
	トラック・バス	42,867	34,841	24,068	21,498	6,808
	合　計	53,967	43,373	29,587	24,246	7,672
米国	乗用車	3,779,682	222,862	139	610	69,532
	トラック・バス	1,060,820	818,662	699,689	737,524	655,683
	合　計	4,840,502	1,041,524	699,828	738,134	725,215

出所：日本興業銀行編［1950］第1-3表から筆者作成。

　第二次世界大戦中にアメリカは航空機の大増産対策として、技術・設備的に近い自動車産業を活用した。宇野博二は戦時期におけるアメリカ自動車産業による航空機生産について、「自動車工業の航空機、組立部品および部品の生産高は110億ドルを超え、これは自動車工業の軍需生産総額の38.7％に達し、自動車工業はこの時期の航空機生産に大きな貢献をしていた。しかしそれは主として航空機製造業者に供給する下請工場或いは認可工場としてであり、組立部品、部品の供給者としては最大のグループであった。航空機エンジンの生産総数81万2,615台の内45万5,522台、プロペラ生産総数71万3,717個の内25万5,518個を自動車工業は生産していた。これに対し完成機はヘリコプターやグライダーを含めて2万7,000機で（1941-1945年の航空機生産数は297,199機——引用者）、これは部品の数字と関連して考えれば相当の量であった」と述べている（宇野［1973b］8-16頁）。しかし、設計変更を極力せずに同一仕様の車を大量に生産する自動車産業と異なり、生産途中であっても頻繁に設計変更、改良、改造が必要な軍用機、エンジンを大量生産するのはアメリカ自動車産業に

第 1 章　戦時期日本の航空機産業の状況　45

表 1 - 6　航空機工業従事者数

(単位：千人)

		1941年12月	1942年12月	1943年12月	1944年 4 月	1944年12月	1945年 4 月
日本	機体および組立	200	400	600	614	800	831
	エンジンおよびプロペラ	114	233	291	315	410	427
	合　計	314	633	891	929	1,210	1,258
アメリカ		1941年	1942年	1943年	1944年		1945年
	航空機・同部品	347	832	1,346	1,297		788

出所：日本は USSBS［1947a］p. 24の表 2 - 3、米国は宇野［1973b］10頁の表- 6 による。

とっても容易なことではなく、「自動車工業は航空機生産に容易に転換できると思われ過大な要求や期待がなされていたため、失望されいろいろ批判された」（宇野［1973b］ 8 -16頁）。

　日本でも、戦争の激化によって自動車産業は続々と軍需工場への転換を強要された。エンジン・メーカーが航空機エンジンの製作へ、ボディ・メーカーが航空機ではなく、戦車等の製作に転換するというのが典型であった（通商産業省［1976］424頁）。しかし、表 1 - 3 に示したとおり機体の製造（最終組立）に関わった自動車製造会社は皆無で、エンジンは当時の日産自動車、豊田自動車（現在のトヨタ自動車）が生産したが、日産自動車の生産台数は1,633台、豊田自動車の生産台数は160台と、その数は日本全体の生産台数からみると無視できる程度であり、技術的にも簡単な練習機用エンジンであった[25]。以上にみる通り、太平洋戦争期の軍用機、エンジン生産における日米自動車産業の貢献度の差は大変に大きかった。

(5)　戦時労働力

　労働力について述べる。航空機増産のためには労働力の増強が必要なのは当然で、航空機工業従事者数も急増した。表 1 - 6 は日本とアメリカの航空機工業従事者数の推移を示すものである。

　日本は開戦時の314千人から1944年12月には1,210千人と約 4 倍に増加した。ほぼ同時期にアメリカも347千人から1,297千人と3.7倍に増加している。では、

表 1-7 航空機労働者の比率

種　類	比　率
常備工	15-40%
徴用工	20-30%
学生	30-40%
兵士	10-15%

注：1944年半ばの状況である。
出所：USSBS［1947a］p. 26による。

表 1-8 下請依存の状況

（単位：千人）

区　分	1944年2月1日	1945年2月1日
機体	405	574
機体下請	112	122
エンジン	200	267
エンジン下請	34	53
プロペラ	25	35
プロペラ下請	3	5
構成部分製造	170	—
構成部分製造下請	58	308
計	1,005	1,364
家庭工業	90	136
合計	1,095	1,500
（内下請、家庭工業）	297	624

出所：USSBS［1947a］p. 24の表2-4による。

労働力の中身はどうだったか。高橋泰隆によれば、「日本は潤沢な熟練労働力による航空機生産が基本であった。しかし、日中戦争以降は労働事情が「労働飢饉」と呼ばれるまでに急変した。1943年頃は、工具は熟練工、多能工から素人工的な単能工に移り、その大部分は20歳前後の少年工であり、加えて学徒動員の学生や女子勤労挺身隊なる女子労働力の徴用すら存在した。徴兵年齢の引き下げ（20歳から19歳）に加えて、技術者や熟練工の応召が重なり、労働力不足は明白であった」（高橋［1988］135-137頁）。特に、軍部に合理的徴兵免除政策についての配慮が欠けており、技術者や熟練工が、戦争末期まで徴兵除外を認められなかったことは、作業能率の低下と不良品増大の要因となった。表1-7は1944年半ばにおける労働者の内訳である。常用工は僅か15％〜40％しかいなかったのである。熟練工の割合はさらに少なかったものと考えられる[26]。残りは、徴用工、学生、兵士であった。

また日本航空機工業は多数の下請企業に頼っていた。表1-8に示す通り、1944年2月時点で航空機工業従事労働者の約30％、1945年2月では実に40％が下請企業あるいはさらに零細な家庭工業で働いていたのである。これら下請企

業は技術、設備、労働者の質とも航空機製造会社に比べて劣っていたのは当然
であった。

小　括

　日本の航空機産業では、欧米より約10年遅れて民間会社が設立された。大正
年間から昭和期に日本の航空機製造会社は14社を数えた。中島飛行機は、1917
年に個人企業として設立され、日中戦争以降、特に太平洋戦争に入ってから急
拡大し、日本第1位の航空機体メーカー、第2位のエンジン・メーカーとなっ
た。航空機製造各社は陸海軍の対立のため、中島飛行機と三菱重工業を除いて
陸軍機用と海軍機用に分かれていた。

　日米の軍用航空機生産力は、日中戦争期は拮抗していたが、太平洋戦争に入
ってからは国力の差が明確になり、1941-1945年の生産数合計では日本が69,890
機に対しアメリカは297,199機と日本の約4.3倍の機数を生産した。機種構成で
も日米では差があり、太平洋戦争が進むにつれて日本は防御戦を強いられて戦
闘機の比率が増加したのに対して、アメリカは戦略爆撃用の大型爆撃機の比率
が増加した。その結果、生産重量比ではアメリカが日本の10倍となった。

　日本陸海軍は、戦時期に入って以降、航空機の生産力拡充計画を何度も立案、
改訂し、航空機産業を最重点産業として物動計画の中心とした。しかし、計画
は熟練工不足、資材や部品の入手困難、輸送力低下などから破綻していった。

　太平洋戦争における日本軍の戦略は短期決戦志向であった。この志向は攻撃
重視、決戦重視の考え方と結びつき、防御、情報、諜報に対する関心の低さ、
兵力補充、補給・兵站軽視となった。日本軍機も同様に、防御を軽視する日本
軍の用兵思想から「飛行」性能第一主義で、軽量化を徹底した。軽量化には、
小型化するのが最も有効で、「小型・軽量」が日本軍機の特徴となった。高性
能エンジンの開発が欧米より遅れていたことも、小型・軽量化によって性能を
達成しようとする設計上の動機となった。このため、日本軍機は兵器としては、
頑丈さに欠け、且つ生産性、信頼性、整備性に問題を抱え、戦場での稼働率が

低下することになった。

　自立期に入っても、日本の航空機産業は外国への依存から完全に抜け出したとはいえず、諸外国に比べて1年半以上の遅れがあった。国産工作機械の質的、量的不足、輸入途絶による高強度材料の不足、徴兵による熟練労働者の不足も航空機増産の隘路となった。アメリカに比べて弱小であった日本の自動車産業は、航空機増産に多大の貢献をすることもなかった。

　注
1）　東洋経済新報社［1950］594-595頁もほぼ同様の区分としている。
2）　1918年5月、中島知久平と川西清兵衛は提携して「中島飛行機製作所」を「日本飛行機製作所」に改称したが、翌年11月末に決別し、川西は「川西機械製作所」を設立した。現在の新明和工業の前身である。
3）　ダイムラー・ベンツは同一エンジンで、ライセンス料を日本から二重に入手できたのである。
4）　東洋経済新報社では、「試作機、民間機および昭和元年以前の陸海軍機を合わせても全生産数の2、3％にも達しないであろう」としている（東洋経済新報社［1950］609頁）。
5）　日本陸軍は機種を、爆撃機、戦闘機、襲撃機、偵察機、輸送機、練習機、運搬機と区分していた。日本海軍の機種名は陸軍機に比べて細かく、アルファベットを最初に付けて機種を区分していた。A：艦上戦闘機、B：艦上攻撃機、C：艦上偵察機、D：艦上爆撃機、E：水上偵察機、F：水上観測機、G：陸上攻撃機、H：飛行艇、J：陸上戦闘機、K：練習機、L：輸送機、M：特殊機、P：陸上爆撃機、Q：哨戒機、R：陸上偵察機、S：夜間戦闘機である。
6）　1945年は8ヵ月として月産機数に換算した。
7）　航空機エンジンでは、純粋な水ではなく、冷却水に凍結防止用のジエチレングリコールを混入したことから、液冷という用語が使用された。
8）　日本航空学術史編集委員会編［1990］、附録第3表から筆者が計算した。林克也は、第一線実用機に装備された液冷エンジン（倒立V型12気筒）台数を5,285台、空冷星型（14気筒～18気筒）87,684台としている（林［1957］260頁）。
9）　1940年のアメリカのGNPは日本の10倍、1941年には12.7倍に拡大した。
10）　「軽戦」、「重戦」については、第3章2.1節を参照。
11）　96式陸攻の燃料タンクにゴム板による防弾対策を施した場合、自重5,150kgに対して300kgの重量増加となる。1937年9月、この重量増加分の搭載燃料あるい

は搭載爆弾を減ずることは、作戦上許容できないこととなった（岡本ほか［1953a］397頁）。96式陸攻の最大爆弾搭載量は800kgである。

12）　戦時中、第一海軍技術廠飛行機部設計係。戦後、東京大学教授。

13）　本書は USSBS［1947i］*Oil in Japan's War* の邦訳で、戦時期における日本の石油事情を知るのに好適な資料である。日本が太平洋戦争に突き進んだ最後の引き金になったのは石油の輸入停止であったし、日本軍の戦術を制約したのも石油の不足であったといえる。

14）　軍用機は「性能第一」であることが当然である。ここでいう「性能」とは、飛行性能のみではなく、攻撃、防御、整備、補給、信頼性、運用も含めた兵器システムとしての「システム性能」であるべきだが、日本軍機の性能第一主義は「飛行性能第一主義」であったといえる。相対的に出力の劣るエンジンを使用して飛行性能要求を達成するための手法が徹底した「小型・軽量」化であった。

15）　同様の趣旨は、別の海軍技術者も述べている。「アメリカ軍機は軍用機として計画的に防御およびこれに要する重量および性能低下を考慮に入れて、正攻法で戦う飛行機を計画していた」（岡村ほか［1953a］404頁）。

16）　「彩雲」は太平洋戦争開始後に中島飛行機が開発した艦上偵察機である。1944年6月から実戦に投入された。中島飛行機が開発した「誉」エンジンを搭載し、日本最速といわれた。生産機数は398機である。

17）　「彩雲」設計者の内藤子生は、「（高速化を達成するため）面積縮小を第一義とし、胴体正面面積を天山の約4分の3の1.35m²に押さえた。木型審査で着艦視界の問題があったとき、機体の降下姿勢を精密に推算して胴体の側面（前方の）を削って解決し、風防の高さを増大せず、1.35m²を堅持した」と述べている（内藤［1993］3‐6頁）。「天山」は、ほぼ同時期に中島飛行機が開発した艦上攻撃機である。

18）　保有機数と実際戦力となり得る機数の比。

19）　アメリカ政府は日華事変1年目の1938年7月頃から公式に航空機部品関連を中心に日本に対する輸出を規制する措置をとっている。さらに、1939年7月26日には日米通商航海条約の破棄がアメリカから通告され、1940年1月26日には失効した。太平洋戦争中は、日本は主として同盟国であるドイツからの技術資料入手に頼ることになる。

20）　戦前に、中島飛行機はアメリカのエンジン・メーカーである Pratt & Whitney 社および Wright Aeronautical 社（1929年以降は Curtiss Wright 社の一部門）から、三菱重工業は Pratt & Whitney 社からライセンスを購入している。両社のエンジンはこれらアメリカの技術を参考としているのは確かである。プロペラでは、世界的に普及したアメリカ Hamilton Standard 社の油圧式可変ピッチ・プロペラの

ライセンスを住友金属工業が購入し、零戦、1式戦闘機隼など主力機に装備された。日本では、可変ピッチ・プロペラの独自開発はできなかった。

21) 航空機エンジン生産における工作機械については、長尾［1999］、同［2000ａ］、同［2000ｂ］が参考になる。

22) 代用鋼の開発に関しては、吉田［1992］が参考になる。

23) 「航空機製造事業法」より2年の先行である。同法の真の狙いは、「産業の発展を期するため」ではなく、「国防の整備」と充実にあったという指摘がある（通商産業省［1976］423頁）。

24) この部分の記述は野口（［2010］5頁）を参考にした。明治期から太平洋戦争に至る日本の自動車産業の沿革と歴史的体質については、日本興業銀行編［1950］が参考になる。

25) 日産自動車は、陸軍航空本部から1942年12月、自動車生産の余剰力で航空機エンジンの生産を要請された。生産機種はハ-47（直列4気筒、100馬力）であった。豊田自動車は、1943年9月に「企業整備」による合併会社中央紡績を吸収合併し、これを使って航空機エンジンを生産した。生産機種はハ-13甲2（空冷星型9気筒、500馬力）であった（通商産業省［1976］425頁）。

26) 中島飛行機武蔵野製作所（エンジン製作）の熟練工の割合は5％であった（荒川［2001］49頁）。

第2章　中島飛行機の沿革と陸海軍

はじめに

　本章の課題は、中島飛行機の沿革と陸海軍側からみた中島飛行機の評価を明らかにすることにある。最初に、中島飛行機が個人企業として創業後、日本最大の航空機製造会社となり、第1軍需工廠に移行するまでの沿革をまとめる。次いで、1936年度の陸軍原価監査資料および第三回行政査察資料などによって、陸海軍の中島飛行機に対する評価を分析し、中島飛行機の抱えていた課題を明らかにする。

1．中島知久平と中島飛行機

　中島飛行機は、海軍を大尉で退官した中島知久平[1]が1917年12月に創設し、戦時期の航空機大増産の波に乗って急拡大した会社であった。中島知久平は1930年には代議士になり、中島飛行機の役員からは退いたが、株式の過半数を所有し、敗戦による中島飛行機の解体に至るまで、実質的なオーナーであった。したがって、中島知久平を抜きにしては中島飛行機を語ることはできない。表2-1には中島飛行機の工場、製作所の開設と量的な規模拡大の状況を示した。以下では、中島知久平の足跡と思想を軸に据えて中島飛行機の沿革を概観する。機体およびエンジンの開発状況、生産の詳細については、第3章以降に記述する。

1.1 創業まで

中島知久平は1884年1月11日、群馬県新田郡尾島にて出生した。1903年12月21日、第15期生として海軍機関学校に入校した。入校試験の成績は合格40名中21番であった。1906年4月25日に機関学校を卒業、卒業時の成績は3番であった。1908年1月16日、海軍少尉に任官した。中島知久平が飛行機の研究に身を入れるようになったのは、この頃のことであった。1909年4月1日、戦艦「薩摩」乗り組みとなった。同年10月11日、海軍中尉に任官、12月1日には駆逐艦「巻雲」に乗り組むこととなった。1910年3月1日、駆逐艦「生駒」乗り組みとなるが、この間飛行機に関する勉強を続け、新知識を豊富に蓄えた。「生駒」は1910年5月、日英博覧会に合わせてイギリスを親善訪問した。中島知久平はこのイギリス派遣を利用して約40日間、当時航空先進国であったフランス航空界を視察している。同年12月1日、第9艇隊乗り組み機関長となった。この頃「近い将来に飛行機から魚形水雷を投下して、軍艦を撃沈する時代が来る」と予言したとされている。当時は「馬鹿なこと」とかえりみられることはなかった[2]。

1911年5月9日、巡洋艦「出雲」に乗り組み、同年7月16日には海軍大学の選科学生として、飛行機に関する研究（1年間）を命ぜられた。これは中島知久平の希望によるものであった。同年8月5日、臨時軍用気球研究会御用掛を命ぜられた。同年12月には海軍大尉となった。1912年6月26日に「海軍航空技術委員会」が設置され、委員となった。6月30日には海軍大学校を好成績で卒業した。7月3日～12月25日まで飛行機の製作と整備技術見学のため、アメリカ出張を命じられた。アメリカ出張中に飛行士免状を取得した。日本人で2番目である。

1913年5月19日、横須賀鎮守府海軍工廠造兵部部員兼海軍航空術研究委員会委員、1914年1月21日、造兵監督官に任命された。同年1月24日にフランス出張を命ぜられた。海軍からフランスへ発注した飛行機および発動機の製作を監督するとともにフランス航空界の視察を兼ねたものであった。出張前に、意見

書「大正 3 年度予算配分に関する希望」を海軍航空術研究会委員長山内四郎中佐に提出している。渡部一秀によれば、この要望書で中島知久平は、「さしあたっての研究は、魚雷発射用飛行機と、機雷投下用飛行機を作るための準備的研究に力を注ぐことが必要である」とし、その論拠として「魚雷や機雷または爆弾を携行できる飛行機が完成され、大挙して海戦に参加できる様になれば、「金剛」級の弩級戦艦に対しても致命的打撃を与えることが可能となる。「金剛」級の軍艦 8 隻よりなる一艦隊をつくる金があれば、現在あるような飛行機なら、8 万機を保有することができよう。（中略）貧乏な日本の国防方針は、大艦巨砲主義や陸上の砲数と兵数とに重きを置く富国的戦策を捨て、ある程度の資力を集中して、しかも大きな戦力に化することの可能な航空軍力重点主義に改め、そのために、我が国情の要求する魚雷発射用飛行機と、機雷または爆弾投下用の飛行機を考案し、その降下を極限に発揮させる努力を重ねる必要がある」と述べている（渡部［1955］128-129頁）。4 半世紀以上ののちの太平洋戦争の様相を言い当てた卓見であるが、当時の海軍上層部は大艦巨砲主義であったから、意見が受け入れられる余地はなかった。

　フランス滞在中の1914年 7 月28日、第一次世界大戦が勃発し、中島知久平は予定を切り上げ 9 月 4 日に帰国し、造兵監督官のまま飛行機工場に出張、飛行機の製作に協力するとともに、新型機の設計を行った。12月26日、造兵監督官を解かれ、再び造兵部員を命ぜられ、飛行機工場長となった。翌年 1 月21日、検査官を兼務することになった。7 月にはファルマン式飛行機改造型、中島式複葉トラクター機、1916年 1 月に偵察機 2 機種、4 月に複葉双発水上機、6 月末には自式トラクター機の改造機と、短期間に矢継ぎ早に飛行機を製作した。1916年は中島知久平が海軍在籍中最も活躍した時期であったが、渡部は、8 月から 9 月頃に海軍を辞める決心をしたものと想定している（渡部［1955］148-149頁）[3]。海軍機関学校を優秀な成績で卒業し、将来は海軍中将までの昇進がほぼ約束されていた中島知久平が、何故海軍を辞める決心をしたのか。これについても、渡部は、①製作した双発水上機の飛行を誰も引き受けてくれず、気を腐らせた、②意見が上層部に入れられないから、③国軍の将来を憂慮した、

という理由が考えられるものの、最大の理由は中島知久平が、「官業の非能率
は故あることで、救い難いものであるから、航空機の製造は制約を受けること
の少ない民間でやるべきである、しかもその方が発達を図るのに都合が好い」
と悟ったからであると述べている（渡部［1955］150-158頁）。軍人として国家
に奉公するよりも、民間航空機工業を興して、国の防衛に貢献することを選ん
だのである。後述の「退職の辞」からみて、妥当な見解であろう。

　中島飛行機関係者がまとめた『中島財閥について』は、創業以降の中島飛行
機の沿革を４期に分けて記述している（富士産業［1948］）[4]。第１期は1917年
の創業から1930年度まで、第２期は1931年の株式会社化から国家管理が強化さ
れる1939年度まで、第３期は1940年度から1944年度まで、第４期は1945年４月
１日の軍需工廠化から敗戦までである。しかし本書では、第１章で述べた日本
の航空機産業の発展過程と対応させて、創業期、満州事変期、日中戦争期、太
平洋戦争期に分け、太平洋戦争期はさらに第１軍需工廠に至るまでと第１軍需
工廠化以降に分けて、中島飛行機の沿革を辿ることとする。

1.2　創業期（1917年創業から1930年度）

　まず創業期である。中島飛行機は1917年12月に機体工場として太田工場を開
設、1924年にはエンジン事業に新規参入することとして東京工場の建設に着手、
1925年11月に完成した。中島飛行機はこの14年間に陸軍機800機、海軍機582機、
民間機31機を生産した。エンジンの生産は1926年からで276台を生産した。

　創業の経緯である。中島知久平は1917年３月、病気療養を理由に長期欠勤届
を出し、郷里の群馬県新田郡尾島町字押切（現在の太田市押切町）に帰った。
５月には休職願を出し、尾島町の農家の養蚕小屋を借りて飛行機製作所開設準
備に着手、夏頃には飛行機の製図を開始した。満33歳であった。有為な人材と
いうことで、中島知久平の辞職はなかなか認められなかったが、６月１日付で
待命が認められ、12月１日付で予備役に編入となった。ここで中島知久平の軍
人としての人生は終わったことになる。直ちに「退職の辞」を諸先輩、友人に
送付した。中島飛行機の実質的な設立趣意書ともいえるものである。その趣旨

を下記に要約する（富士重工業［1984］3頁）。

1．各国が自国の利害のために盟約、条約を破る例があることは欧州大戦で
も実証されている。国家は国防を完全にしておかなければならないが、そ
れも富力のある国が有利であることは当たり前であり、貧小な国が富力戦
策をとることは危険である。

2．しかるに、富力に乏しいわが国は、強大な富力を有する欧米諸国と巨艦
主義で競っており、これでは勝敗の結果は明らかであり、経済的に破綻す
る。速やかに方針を改め、戦艦より経済的で威力が大となるであろう航空
機を発展させて、国家を安泰にすべきである。

3．その航空機についても、わが国は欧米に比べて非常に後れを取っている。
主たる原因は官営の一語に尽きる。航空機の製造計画が初年度では議決さ
れても、翌年度で初めて実施されるような政府事業では、進歩の著しい世
界の航空機工業には追いついていけない。議会の承認を要する官営では年
1回の改善しかできないが、民営なら12回できる。欧米の航空機工業がも
っぱら民営にゆだねられているのは、こうした理由による。

4．民営航空機工業の確立は国家最大の急務であるとともに、国民の急務で
ある。自分は官を辞し、民営航空機工業の発展に最善の努力を払う覚悟で
あるが、国を守るという目標は、海軍に在ったときと少しも変わるところ
はないので、従前と変わらぬご指導をお願いしたい。

1917年12月21日、飛行機研究所を群馬県新田郡太田町47（旧太田町博物館）
に移転した。創業資金は神戸の肥料問屋石川茂兵衛から出資を受けた。2万円
といわれる。飛行場は、尾島町と埼玉県大里郡男沼村にかかる利根川河川敷22
万1千坪の官有地を、帝国飛行協会と交渉し、同協会の名義で出願、1918年末
に専用使用の許可を得た。創業時のメンバーは、中島知久平のほか、実弟の中
島門吉、奥井定次郎、佐久間一郎、佐々木源蔵、石川輝次、栗原甚五の6人で
あった。太平洋戦争終結まで勤続したのは栗原、佐久間、佐々木の3名であっ
た。栗原、佐久間の両名はのちに中島飛行機の重役となった。

中島知久平はまず、陸軍用のトラクター式複葉機の製作に取り組んだ。「最

表 2 - 1　中島飛行機の沿革

年度	資本金*1（千円）	製作所・工場設置状況*2（稼働時期）	機体生産数*3				エンジン生産数*3	生産高*4（千円）	雇用者数*5
			陸軍	海軍	民間	計			
1917		・太田工場					0		9
1918	750		0	0	6	6	0		約300
1919			32	0	2	34	0		
1920			68	31	17	116	0		
1921			55	75	1	131	0		
1922			67	100	1	168	0		
1923			64	108	0	172	0		
1924			71	76	0	147	0		
1925		・東京工場	69	55	0	124	0		
1926			49	24	0	73	12		約630
1927			40	25	0	65	36		
1928			87	24	1	112	60		
1929			93	36	1	130	72		
1930			105	28	2	135	96		
1931	6,000		92	36	7	135	120	6,612	
1932	→		169	56	13	238	240	13,543	
1933	9,000	・太田新工場	127	38	14	179	360	19,854	
1934	12,000	・呑竜工場（旧太田工場）	63	32	10	105	420	21,328	5,100
1935	→		116	24	6	146	480	26,772	
1936	→		87	236	12	335	540	24,656	7,500
1937	20,000	・太田製作所（旧太田工場） ・東京製作所（旧東京工場）	117	241	5	363	780	36,249	18,500
1938	50,000	・武蔵野製作所・田無鋳鍛工場	420	553	14	987	1,548	74,646	32,700
1939	→	・前橋工場（太田分工場） ・中島航空金属（旧田無鋳鍛工場）	673	489	15	1,177	2,538	118,840	

第2章　中島飛行機の沿革と陸海軍　57

年		主な事項							
1940	→	・小泉製作所	728	349	4	1,081	3,144	167,728	
1941	→	・太田飛行場完成 ・多摩製作所	744	341	0	1,085	3,926	206,516	50,290
1942	→	・半田製作所 ・伊勢崎第一工場（小泉分工場）	1,412	1,376	0	2,788	4,889	384,011	98,760
1943	→	・大宮製作所 ・武蔵製作所（武蔵野、多摩統合） ・田沼工場（太田分工場） ・荻窪製作所（旧東京製作所） ・四日市工場（多摩分工場）	2,658	3,027	0	5,685	9,558	726,648	121,655
1944	→	・宇都宮製作所 ・大谷製作所 ・黒沢尻製作所 ・三鷹研究所 ・三島製作所 ・浜松製作所	3,613	4,330	0	7,943	13,926	1,397,602	199,050
1945	→	（第一軍需工廠）	826	1,449	0	2,275	3,981		202,286
合計			12,645	13,159	131	25,935	46,726		

注：1945年度は8月までである。

出所：*1 富士重工業 [1984] 470-474頁による。*2 同、会社系統図による。*3 同、52頁表19による。*4 1931-1934年生産高は日満財政経済研究会 [1936] 15-16頁、1935年以降は麻島 [1985] 6頁の第3表による。12月決算である。空欄は不明である。*5 富士重工業 [1984] および USSBS [1947c] p. 8 ほかから筆者作成。1941-1945年は7月のデータである。空欄は不明である。

初に陸軍機を選んだのは、陸軍少将井上幾太郎の理解と助言もあって、当面ま
ず中島式一型機を完成させ、その性能を陸軍に認めてもらい、継続的な受注を
得ようとしたため」であった（富士重工業［1984］4頁）。井上幾太郎少将[5]
との関係について渡部は、「中島飛行機の事業の基礎は、井上幾太郎の好意と
助力によって築かれたと言っても過言ではない」と述べている（渡部［1955］
194頁）。

　1918年4月、中島飛行機製作所と改称した。5月、川西清兵衛（日本毛織（株）
社長）と提携し、合資会社日本飛行機製作所と改称、本社を東京市日本橋区日
本毛織東京支店内に設置した。資本金は75万円であった。中島に投資していた
石川家が事業の失敗から財産整理をしなければならなくなり、航空機産業の将
来を見越した川西清兵衛が投資したのである。8月以降、製作した機体1型1
号機、2号機、3号機、4号機と連続して墜落大破し[6]、3型5号機に至って
やっと12月に試験飛行に成功した。改良した4型6号機は大成功で、1919年4
月にはその陸軍仕様機中島式5型20機を初受注した。この機体は民間工場製最
初の陸軍制式機で、初の日本人設計の量産機でもあった。当時の価格で、エン
ジンを除いて1機1万1千円もするこの機体で中島の事業は軌道に乗った。

　しかし川西との提携は長く続かず、1919年11月30日、川西と決別することに
なった[7]。決別の理由を総括すれば両者の事業観の相違ということになるが、
ここでは騒動に際して中島知久平が述べたとされる言葉を記す。

　「経営の根本義は、良い品を造るにある。経営の才など必要としない。いか
にソロバンをはじくことに妙をえても、製品が粗悪では工場は潰れてしまう。
これはあらゆる製造業に通ずる鉄則であるが、分けても航空機製造業者にとり
ては、最も大切なことであると言わなければならない。常によい飛行機を造る
ことに営々とし、性能の優れたものを生産しておりさえすれば営利を無視して
も、自然に大を為すようになる。即ち、所長の使命は、良い飛行機を造ること
をもって第一義とすべきで、そうすることが、又繁栄への道へも通ずるのだ。
とにかく僕はよい飛行機を造ることが自分の転職と心得ているのだから、断じ
て所長の地位を譲るわけにはいかない」、「ソロバンより品質だ、ソロバンは後

でついてくる」（渡部［1955］146-147頁）。この考えはその後の中島飛行機の経営指針となったものである。

　川西との決別後、12月26日には再び名称を中島飛行機製作所と改称し、中島知久平は社長に就任した。さらに、井上幾多郎少将の仲介で三井物産との提携が成立した[8]。三井物産との提携は、「中島飛行機の発展を保障した。物産は、欧米の航空機会社と代理店契約を結び、その製品の製作権を中島に斡旋した。これによって、重要競争手段たる製作権購入の便宜が図られ、その独占が物産の代理契約で強化された。また、物産は海軍出身の中島を陸軍に結びつける媒介ともなった。その他、技術情報の入手や、日本では生産し得ない発動機、材料、部品、工作機械などの輸入の点でも物産の役割は大きかった」のである（疋田［1997］669頁）。

　1920年4月、中島式5型についての品質問題が発生し、5月に徳川好敏少佐（のち少将）による査察が行われた。これを契機に検査官が常駐することになった。

　中島知久平は、1921年3月30日に航空局と帝国飛行協会から「航空機の設計ならびに製作の功労者」として表彰された[9]。同年5月、3番目の弟乙未平をフランスに長期出張させた。目的はフランスの航空技術の導入、資材、航空機の輸入、欧州航空界の情報入手であった。乙未平の滞フランスは6年間に及んだ。「外国から学ぶ」ことに関しての中島知久平の言葉は、「現在、わが国の航空技術は10年以上も遅れてしまっている。彼等に追いつくことすら、そんなに生やさしいことではない。追い越すなんて考えるのは、追いついてからの話だ、まず彼等から学べ」というものであった（富士重工業［1984］8頁）。

　1922年3月、中島知久平は中島商事株式会社（資本金2百万円）を設立、社長となり、喜代一を専務取締役とした。中島飛行機に対して材料その他の需品を供給する目的で設立したものである。1923年4月には個人的な事務所として、中島事務所を設けた。

1.3 満州事変期

1931年9月18日に満州事変が勃発、1937年7月7日には盧溝橋事件が発生して、日中戦争に拡大し、日本はいわゆる「昭和の15年戦争」に突入した。

1930年2月20日、中島知久平は、急逝した武藤金吉代議士の後継として衆議院選挙に群馬一区から立候補、最高位で当選した。政治家としての人生の始まりである。46歳であった。中島知久平は何ゆえ政治家になったのか、渡部一英によれば、中島知久平は、「海軍の戦策を大艦巨砲主義から航空兵力中心主義に改めさせることが念願で、そのために有力な政治家となろうとした」のである（渡部［1955］241頁）。中島飛行機の実務面は以降、中島喜代一以下の兄弟が担うことになる。中島知久平は、新人時代から政友会で重要な位置を占めることになった。1931年12月13日、犬養内閣の商工政務次官に就任した。1931年以降、「国政研究会」（1931-1940年）および「国家経済研究所」（1932-1943年）を設立して学者を招致し、国内外の政治経済状況を調査研究させた。1933年3月には政友会総務委員に就任、翌1934年3月27日、政友会顧問に就任した。1936年5月28日政友会総務6人制の一員となった。1937年2月28日、政友会4人総務代行委員となった。同年4月30日、総選挙で4度目の最高位当選を果たした。6月4日には近衛内閣の鉄道大臣に就任。1939年4月30日、政友会第8代総裁に就任と、矢継ぎ早の出世である。

この間、中島飛行機は1931年12月15日には合資会社から株式会社に改め中島飛行機株式会社と改称した。払込資本金は600万円である。次弟の中島喜代一が取締役社長に就任、常務取締役中島乙未平、取締役に中島門吉、玉置美之助、佐々木革次、中村祐真、浜田雄彦、監査役栗原甚五、佐久間一郎であった（富士重工業［1984］25頁）。中島知久平は株式の過半数を支配するも、役員にはならなかった。飛行機研究所創立以来14年で中島知久平は中島飛行機の経営陣からは退き、中島飛行機が存続した28年間の、その後の14年間は、次弟の喜代一以下が経営を切り盛りしたのである。代議士になってからは、中島知久平はほとんど会社に顔を出さず、中島喜代一社長が采配をふるっていた。中島一族

の会合というものは、これといってなかったが、時々寄って相談はしていたという証言がある[10]。

払込資本金は1933年に900万円、1934年9月に1,200万円となった。工場では、1934年10月に太田工場の大拡張を行った。1931年度の機体生産は135機、エンジン生産は120台、生産高は660万円であった。1936年度の機体生産は335機、エンジン生産は540台、生産高は2,465万円であった。5年間で、機体生産数は2.5倍、エンジン生産数は4.5倍、生産高は3.7倍であった。

1.4　日中戦争期

1937年3月には資本金を2,000万円に増加し、さらに1938年11月には5,000万円とした。1937年7月には、太田工場を太田製作所、東京工場を東京製作所と改称し、その拡張に着手した。さらに、武蔵野製作所の新設に着手した。1938年2月には東京製作所の分工場として田無鋳鍛工場を新設することになり、同年5月には武蔵野製作所が竣工した。1940年4月には海軍機向けの小泉製作所の一部が完成した。

政府による産業統制は、日中戦争勃発2ヵ月後の1937年9月交付・施行のいわゆる戦時統制3法によって本格化した[11]。同年10月には、資源局と企画庁を統合して、国家総動員計画の専掌官庁である企画院が設置された。1938年4月1日には国家総動員法が公布され、同年8月1日には航空機製造事業法が施行された。太田、東京、武蔵野各製作所および田無鋳鍛工場が陸軍管理工場に指定され、次いで海軍管理工場に指定された。同月には海軍航空本部長より生産力拡充命令を受けた。1939年3月、太田製作所の分工場として前橋工場を新設し、同年11月には田無鋳鍛工場を資本金1千万円の中島航空金属株式会社として、社長に中島喜代一が就任した。「かくて、航空機会社としての基礎が一応形成せられ、次の驚異的膨張の時期を俟つことになった」のである（富士産業［1948]）。

1937年度の機体生産は363機、エンジン生産は780台、生産高は36百万円、1940年度の機体生産は1,081機、エンジン生産は3,144台、生産高は168百万円

であった。機体生産数で3.0倍、エンジン生産数で4.0倍、生産高で4.6倍の伸びであった。

1.5 太平洋戦争期（第1軍需工廠化まで）

　この間の工場増設は、機体工場として1942年半田製作所、1944年宇都宮各製作所、発動機工場として1941年多摩製作所、1943年大宮製作所、1944年浜松製作所、1945年大谷製作所（地下工場）があり、研究所および試作工場として1945年黒沢尻製作所、三鷹研究所、兵器工場として1945年三島製作所の開設があった。1941年2月には太田飛行場が完成している。その他各製作所附属の工場および独立の工場が数多く建設され、または他会社より借用された。1943年10月には武蔵野製作所と多摩製作所を合併して武蔵製作所と称した。『中島財閥に就いて』はいう。「昭和15年（1940）以降、国家命令によって、続々と新工場が建設された。これは普通の経済的発展の意味では到底考えられない事態であって、生産力拡充以外の一切の経済法則を無視した嵐の如き躍進であった。もちろん自己資本の本源的蓄積による企業能力の拡大というが如きノーマルな言葉では到底この目的は実現せられるものではなく、命令融資による湯水の如き資本注入によるものであって、反面5千万円という株式資本はその意味を著しく減退した。昭和20年（1945）には借入資本が26億円にも達した」（富士産業［1948］129頁）。

　1943年10月に「軍需会社法」が公布、11月には軍需省が新設され、中島飛行機は1944年1月には軍需会社に指定された[12]。1941年度の機体生産数は1,085機、エンジン生産数は3,926台、生産高は206百万円であったのが、1944年度には機体7,943機、エンジン13,926台、生産高は1,398百万円、わずか3年で機体生産7.3倍、エンジン生産4.4倍、売上高6.8倍と正に急膨張であった。1944年度末の総人員は22万人を超えるまでになった。こうした増産に必要な資金は、中島飛行機の自己資本によるものではなく、ほぼすべてが政府の日本興業銀行（興銀）を介した命令融資によるもので、中島飛行機の急膨張は政府・陸海軍の意志によるものであったといえる。また、1920年以来の三井物産との代理店契約

第 2 章　中島飛行機の沿革と陸海軍　63

は17年以上も続いたが、1937年 4 月陸軍機に対する一手販売契約が解約され、
海軍機についても1940年 7 月に解約された。何れも軍の要求によるものであっ
た（渡部［1955］221頁)[13]。陸海軍は、中島飛行機の取引高の急増による販売
手数料の高騰を嫌ったものと考えられる。この解約により、三井物産に依存し
ていた金融は、通常の銀行取引に移行せざるを得ず、命令融資に加えて興銀借
り入れの急速な増大を招くことになった。

　中島兄弟は事業の急拡大について、どのように考えていたのか。中島飛行機
が戦後改称した富士産業の社長野村清臣は、中島飛行機社長であった中島喜代
一から聞いた話であるとして、「中島としては実は試作工場として終始したか
ったのだ。 2 千万円の会社になった時に（1937年 3 月――引用者）、それでも
いいのだ。そこで、試作機に全力を注いで、いい機ができたならばそれを軍
工廠なりそのほかの飛行機工場に譲って大量生産はその方でやっていくという
様な考えで進んだのであります。ところが日支事変その他戦争の拡大につれま
して、どうしてもそれじゃ行かなくなって、兄弟嫌々ながら引きずられて今日
の大きなことになった」と[14]、中島飛行機の急拡大は中島兄弟の本意ではなか
ったことを示唆している。

　この間、中島知久平が直接関わったのがアメリカ本土爆撃を目標とした 6 発
爆撃機「Ｚ機」（のち「富嶽」と命名）の計画[15] である（表 2 - 2 参照）。中島
飛行機が中島知久平の会社であり、中島知久平が国益志向で、会社の利益を度
外視した行動をすることを象徴する計画で、1942年11月に基本計画を策定、
1943年 1 月29日に社内幹部・技術陣に構想を説明して自主開発に着手させたも
のである。当時中島知久平は、衆議院議員で翼賛政治体制協議会の 7 人の顧問
の一人であった。

　開戦当初は戦争の行方を楽観視していた中島知久平であるが、1942年 6 月の
ミッドウェー海戦敗北以降の戦局劣勢にいち早く危機感を抱き、戦局を挽回す
るには直接米本土を爆撃できる大型爆撃機を開発、大量投入すべきであるとい
う構想に至ったのである。5,000馬力エンジン 6 台を搭載し[16]、爆弾を10トン
搭載（過荷で20トン）、全備重量がアメリカ軍の戦略爆撃機Ｂ29の2.6倍、160

表2-2 Z機「富嶽」関連年表

	Z機「富嶽」	戦局等
1942年6月5日		ミッドウェー海戦（戦局の転機）
1942年8月7日		米軍、ガダルカナル島上陸（米軍の反撃開始）
1942年9月21日		米国ボーイング B-29初飛行
1942年11月1日	中島知久平、6発爆撃機Z機の基礎計画を策定	
1943年1月29日	中島知久平、幹部・技術陣に「Z機」構想を説明、自主開発に着手	
1943年2月1日		日本軍、ガダルカナル島撤退開始
1943年8月8日	1943年8月、中島知久平「必勝戦策」を上梓、政府・軍当局に配布、「Z機」計画の促進を図る。	
1943年9月14日		第三回行政査察開始（～10月上旬）
1943年9月21日		閣議、国内態勢強化方策要綱決定（航空機最優先・食糧自給態勢確立）
1943年11月1日		軍需省設置
1944年2月25日		決戦非常措置要綱決定
1944年4月	中島知久平を委員長とする「試製富嶽委員会」発足。	
1944年7月18日		東条内閣総辞職
1944年8月頃	「富嶽」計画、事実上の中止	
1944年11月24日		東京初空襲、中島飛行機武蔵製作所
1945年4月28日	「富嶽ノ製作ハ製作ニ中止シ研究問題トシテ残ス」『大本営機密戦争日誌』	

出所：富士重工業 [1984]、前間 [1991]、碇 [2002] より筆者作成。

トンに達する超大型機であり（中島飛行機大田製作所［1943]）、4 発爆撃機すら実用化できなかった当時の日本の技術・国力では凡そ実現困難な計画であった。守勢に追われ、戦闘機重視に傾いていた軍部には否定的な意見が多かったが（前間［1991]481-486頁）、中島知久平は東条首相にまで自身の執筆した『必勝戦策』を持ち込み、1944年 4 月には「試製富嶽委員会」の設置にまでこぎ着けた。『必勝戦策』の要旨は下記の如くであった（富士重工業［1948] 45頁）。

(1)　日米の軍需生産力の差は著しく、生産力で勝敗を決するような現在の戦策では、到底、日本に勝ち目はない。

(2)　アメリカ軍の第一線戦力を無力化するには、米本土の生産力の根源を壊滅する以外に有効な手段はない。これにより、アメリカ国民に精神的・物質的打撃を与え、戦争意欲を消滅させることもできる。

(3)　戦勝への道は、戦闘機の追跡を許さぬ優速をもって、米本土攻撃可能な大型の 6 発重爆撃機の開発とその大量投入以外にはない。

(4)　最も重要なことは、この「必勝戦策」の即時断行である。本機とアメリカの B-29、B-36の実戦配備[17]のいずれが早いかによって、両国の運命は決まる。

しかし、「富嶽」の計画は戦局の悪化で1944年 8 月には事実上中止となった。技術的には固より、1943年初めには構想が固まっていたにもかかわらず、着手が余りに遅すぎたともいえる。時期は不詳であるが、軍部の反対をおして、Ｚ機自主開発を進めるについて会社の重役から出された危惧に対して中島知久平は、次のような言葉で重役一同を訓戒したという。

「中島飛行機は金儲けのために在るのではない。国家のために立っているのだ。軍のワカラズ屋どもがなんといおうとも、国が危機に直面しているとき、安閑としてその国難を傍観していることができるか。この中島飛行機は、創立の趣旨を鑑みて、刻々に迫りつつある国家の危機を打開するために最も役に立つ飛行機をつくって奉公しなければならないのだ。そうするのがわが社の使命であると心得なければならない。そのために、会社が大損をしてもかまわぬ。今後軍部の者がなんといっても問題にせず、ドシドシ仕事を進め

てもらいたい」（渡部［1997］403-404頁）[18]。

　愛国者中島知久平の面目がよく現れている発言である。国際情勢、技術動向に詳しい中島知久平が何故、当時の技術、国内情勢から見て実現性の乏しい「富嶽」の計画にここまで執着したか、諸説あるものの中島知久平自身の語ったものはなく、定説はない（前間［1991］564-578頁）。

1.6　第1軍需工廠期

　航空機工業の国営化は、1945年3月2日に「航空機事業の国営に関する件」が閣議に付議され、決定した。1945年4月1日、政府は軍需工廠官制を公布、同日、中島飛行機に対し使用令書、借用令書を伝達、第1軍需工廠が正式に発足した（富士重工業［1984］48頁）。中島飛行機の生産設備一切を政府において借り上げ、事業を国営に移管したのである。「民有国営化」である[19]。社長中島喜代一は第一軍需工廠長官に任命され、他の役員もその地位を去り、あらためて勅任官に任命された。製作所長は製造廠長と呼ばれた。一般従業員は正式な官吏とはならなかった。第一軍需工廠の存続中は、中島飛行機はその生産設備一切を第一軍需工廠に貸与し、それを管理するという仕事しか持たなくなったので、役員数を減ずるとともに臨時役員を選任した。ここで中島知久平が初めて中島飛行機の社長に就任した。

　国営への移管に先立ち1944年暮れ頃、中島飛行機は当局から非公式に「航空機の増産対策如何」と聴取された[20]。中島飛行機の主張は、①工場内における軍人色の一掃、②会社の社長・工場長に経営に関する一切の権限を持たせる、③熟練工具の召集免除と応集者の即時召集解除というものであった（富士重工業［1983］47頁）。中島飛行機側の見立ては、これが当局の感情を刺激し、国営化への決意を一歩前進させることになったというものである（牛山［1948］38頁）。創業精神である「民営」に拘った合理的で、正直な意見であったが、軍の反感を招き、睨まれることになったのである。中島知久平は、国営化には反対であった。中島喜代一が第一軍需工廠長官に任命された背景には、中島飛行機の国有化は航空兵器総局長の遠藤三郎中将[21]が、国営化に反対していた

中島知久平と交渉し了解してもらったが、その際「初代軍需工廠長官には弟の中島喜代一を当ててほしい」と条件を付けられた経緯がある。「もう20年近くも航空機事業でご奉公したものを、いっぺんに首切ってしまうということは人情のないしわざで、これでは航空産業界の士気を阻喪させるから、ぜひこれをやってくれ」と。陸海軍の方針は、有力な将官を長官にして軍隊式にやるところにあったので、これを了承した遠藤中将は批判されたが、次長に退役中将（有川中将）を当てることで決着したという経緯がある（安藤編［1966a］306頁）。

　何ゆえ中島飛行機が最初に国営化されたのか。中島飛行機が国営化されやすい経営体質を備えていたことが指摘できる。「閉鎖的出資、同族経営、軍依存、興銀一行に依存などが軍需会社としての急成長をもたらし、そのことが国営化の要因に転化した」のである（麻島［1985b］54頁）。1945年7月には川西航空機が第2軍需工廠となったが、三菱重工業は国営化されなかった。その理由は、「三菱はコンツェルンであり総合財閥であるから、そこから航空機部門だけを分離できなかった」のである（高橋［1988］112頁）。直接三菱重工業と交渉した遠藤中将は三菱本社社長岩崎小弥太から、「あなたはまだ実業界のことをご存じない。三菱コンツェルンの実力をご存じないのだ。私は航空第一主義には同意です。全力をあげて協力しているのですよ。ですから、三菱コンツェルンの持っている優秀な人間、持っておるあらゆる資材をあげて航空にやっているのです。それを三菱コンツェルンから航空部門だけ切り離したら全く無力になります」と反対されている（安藤編［1966a］306頁）。

　国営化（take over）の背景について USSBS では、「士気を高揚させ、空襲によって被った経済的損失を企業から国家が肩代わりするためであった」としている（USSBS［1947c］p. 6）。また、山崎志郎は、「42年秋の構想では、「計画生産の確保」のため企業管理を強化するための処置であった。しかし、実施時点では、空爆による施設の破壊、大規模な工場疎開が不可避の状況になっており、借入金への過剰依存などから最も財務体質が弱い2社（中島飛行機および川西航空機——引用者）に対する戦後処置も念頭に置いたリスク軽減措置と

なった。同時に政府による役員任免権掌握、生産責任の負荷などの側面も有しており、事例的には役員の総退陣、経営権の他社への移管など強権発動のケースも見られた点に留意しておかねばならない」と指摘している（山崎［2011］34-35頁）。

高橋泰隆は、中島飛行機の設備一切が国に借り上げられ、第1軍需工廠となったことで、中島飛行機時代には一致していた所有と経営が分離され、企業形態の近代化が進んだと指摘している（高橋［2003a］63頁）。しかし経営がプロの経営者ではなく、経営には素人である軍官僚に委ねられたという点からは近代化が進んだといえるかは若干疑問である。

中島飛行機側からみると、「かくの如く急速に膨張し、且つその生産が国家需要にのみ直結している企業の体は、特に戦時中においては民間会社として経営するより直接の国営企業として運営する方がよりよくその目的に適するものと考えられた。その結果、第一軍需工廠への移管ということが行われた。しかしこれは外面的な変化であって、これによって内容においてはなんら多きな変化は起こらなかった」（富士産業［1948］129頁）。表2-3は第1軍需工廠の職制である。本部役員は技術部長の中島乙未平を除き陸海軍軍人が各二人であるが、実務を担う製造廠長はすべて中島飛行機からの横滑りである。中島知久平は、航空機の開発、生産の迅速化、効率化を目標に官営を排し、民営化を旗印にして創業したが、最後は戦時における航空機大増産という国家目標達成のため、国営化されるという皮肉な結果となったといえる。

発足時の第1軍需工廠は、製作所12、工場数102、敷地面積1,070万坪、建物面積70万4千坪、機械台数3万1千台、就業人員25万名という超マンモス企業であった。発足したものの、増産は遅々として進まず、逆に減産を余儀なくされていった（富士重工業［1983］48-49頁）。使用の対象は、土地78,262千円、機械装置221,516千円、建物190,492千円、特許権7千円、構築物13,859千円、計504,140千円であった（高橋［2003］52頁）。

第1軍需工廠の存続は終戦までのわずか4ヵ月半であった。機体生産は2,275機、エンジン生産は3,981台であった。1945年8月終戦時は機体4製作所、

表2-3　第1軍需工場の職制および工場（終戦時）

| 長官 | 中島喜代一 | 生産責任者 |
| 次官 | 有川鷹一 | 陸軍中将 |

本部	総務部長	山本昇・陸軍主計中将
	機体部長	石井常次郎・海軍中将
	資材部長	兼・石井常次郎・海軍中将
	発動機部長	猿谷吉太郎・陸軍中将
	技術部長	中島乙未平
	経理部長	平井博・海軍主計中将

製造廠	製造廠名	製造廠長	所在地	工場数（概数）
機体				
1	太田	大和田繁次郎	群馬県太田町	14
2	小泉	吉田孝雄	群馬県大泉町	19
3	半田	三竹忍	愛知県半田市	25
4	宇都宮	栗原甚吾	栃木県宇都宮市	7
エンジン				
11	武蔵	佐久間一郎	東京都武蔵町	6
12	大宮	沢守源重郎	埼玉県大宮市	11
13	浜松	正田太平	静岡県浜松市	11
14	大谷	長沢雄次	栃木県城山町	1
エンジン部品				
23	荻窪	沼津武志	東京都荻窪町	4
機関銃				
24	三島	石黒広助	静岡県三島町	4
研究				
21	黒沢尻	小山悌	岩手県黒沢尻町	9
22	三鷹	関根隆一郎	東京都三鷹町	4
			合　計	115
銑鉄	八戸		青森県八戸市	1
中島金属工業	田無		東京都田無町	2
中島金属工業	知立		愛知県知立町	2
中島金属工業	天竜		静岡県浜松市（旧天竜市）	1

出所：USSBS［1947c］p. 5, 表4、富士重工業［1984］48頁および高橋［2003a］51頁から筆者作成。

エンジン4製作所、エンジン部品1製作所、機関銃1製作所、研究2製作所の12製作所で工場数は合計115の体制であった。USSBS ではほかに銑鉄1工場、中島金属の5工場を挙げている（表2-3）。従業員数は200,542人であった（USSBS［1947a］pp. 160, 164）。1945年8月15日終戦、26日には第1軍需省が廃止された。以降、中島飛行機は解体の過程にはいるが、これについては終章

に譲る。

2. 1936年度陸軍原価調査

中島飛行機の1936年度（この時期は11月決算）の財務、価格の状況は、陸軍省の『密大日記』に記された原価調査報告[22]により細部が判明するとともに、陸軍が当時の中島飛行機の財務状況、会計処理をどのように評価していたかがわかる。中島飛行機創業以来19年を経過した、日中戦争開始直前、中島飛行機の急拡大が始まる以前のことである。当時の中島飛行機の体質を理解するため、ここでは原価調査報告をもとに、当時の状況を詳しく整理しておく。三菱重工業名古屋航空機製作所についても同様の調査報告があり[23]、これについてもまとめる。引用は現代仮名遣いに改め、句読点は筆者が補ってある[24]。

2.1 中島飛行機

(1) 財務関係事項

報告の第1は、「財務関係事項」である。まず冒頭から「当社の財務の内容および整理に就いては、従来の弊風を暫時改善し幾分明朗なる決算を実施することを得るに至りたるも、さらに一歩を進め会計機構の改善損益決算および原価会計の内容を正純ならしめ真の株式会社の体系を保有せしむること必要なり」と、従来の会計処理が明朗でなかったことを述べている。次いで1.「資本の系統および移動について」で、富士合名会社の解散に伴う株式の移動状況を表2-4の通り示している[25]。

2. は「資産の内容」である。この時点での中島飛行機は、機体生産の太田工場とエンジン生産の東京工場を有していた。まず、「本店勘定は太田工場に置くも、なんら実質的に資本の統制をなしあらさるため、太田工場は資本金僅かに220万円に過ぎざるも東京工場より約642万円の負債を借入れあるが如き変態は是正する必要あるのみならず、利益の重複を避けしむるためこれが改善はきわめて必要なり」と、勘定システムの欠陥を指摘している。「会社全体の比

第2章　中島飛行機の沿革と陸海軍　71

表2-4　中島飛行機の株主構成（公表）(1931-1937)

株主名	1936.9月富士合名会社解散まで		富士合名会社解散後	
	株　数	構成比	株　数	構成比
富士合名会社	128,900	53.71	—	—
中島知久平	27,500	11.46	91,950	38.31
中島商事㈱	52,000	21.67	52,000	21.67
中島喜代一	10,000	4.17	33,400	13.92
中島門吉	8,000	3.33	27,236	11.35
中島乙未平	8,000	3.33	27,236	11.35
中島忠平	4,000	1.67	6,578	2.74
中島一族計	238,400	99.33	238,400	99.33
その他	1,600	0.67	1,600	0.67
合　計	240,000	100.00	240,000	100.00

出所：「報告書、中島飛行機1936」JACAR（アジア歴史資料センター）Ref. C010047
22500、昭和14年「密大日記」第14冊（防衛省防衛研究所）。

率は株主資本78%、社外負債22%に当たり良好なる状態なり、即ち株主資本約
二千万円社外負債約540万円、差し引き純粋の自己資本は約1,460万円を有す、
資本の回転率は前期と同様払込資本に対し約二回転」であった。

　次いで、資産構成であるが、「固定資産34%、流動資産64%、また資産の固
定比率は46%、流動比率30%、に当り共に釣り合い関係良好なり」と評価して
いる。銀行預金は574万円で、定期預金450万円、当座預金124万円である。設
備拡張の時期に際会して、増資を俟つことなく着々増設をなしつつある現況に
鑑み、本預金の運用に就いては特に注意を要し、「増資に就いては12年度8百
万円、13年度1千万円の増資計画しあるも、彼の日特に於けるか如く現在の積
立金、繰越金などにより資本金に振り替えるが如き、名義上の増資は排撃する
と共に、増資金の経済的使用に就いては施設を能率的ならしむる如く注意を加
えつつあり」と記述している。

　3．「従業員および設備の移動」であるが、従業員数は太田工場3,738名、東
京工場2,147名、直接工と間接工の比率は、太田7割対3割、東京は8割対2
割である。設備投資は、太田約50万円、東京約110万円、合計約160万円である。

　4．は「損益関係」である。東京工場は約294万9千円の利益、太田工場は

約284千円の欠損、差引2,664千円の純益で、払込資本に対する収益率は22%、収入に対しては11%であり、「利益が莫大である」としている[26]。さらに、「減価鎖却費、研究費、税金、材料部品の廃却費などにおいて経費的支出として原価に賦課しある状況に鑑み、真の利益は実に前記の倍額以上を算するに至るべく、民主官従の我航空工業の統制を要するや必然の状況なり」と、経費的支出の原価性に疑問を呈し、後出の「第2価格関係事項6.経費関係」で穏当でないものを指摘するとしている。

5.「利益金処分」ではまず、1936年度の利益約2,664千円と前期繰越金1,408千円は年5分の配当金60万円以外は全部内部留保だが、これはすでに設備拡張資金に充当されており、増資せずに利益から容易に施設を拡張できる現況は、如何に利益が莫大であるかが察知でき、利益統制が必要であると、ここでも利益過大を指摘している。

利益の社内留保については、「設備拡張時代においては当然なるも、なお飛行機会社は毎年二百万円以上の研究費を要する現況に鑑み、利益の一部は研究基金に繰入れ研究費は官の補償に期待することなく之が基金を以て支弁せしむる如く会社を指導すること必要なり」と述べた後で、「技術研究基金に就いては、三菱重工業は昭和11年度上期末において260万円を有し住友金属工業においては昭和11年3月末現在において170万円を有しある現況見るも、中島飛行機の過去放漫なる経営は実に国家的道徳観念の欠如も又甚だしきものと言うべし」と中島飛行機を批判している。「調査報告」では中島の「技術研究基金」の具体的な金額には言及していないが、1936年11月の資本内訳表では積立金3,913千円が計上され、内訳は法定積立金277千円、別途積立金230千円、設備拡張金3,406千円となっている。「技術研究基金」の項目はないが、別途積立金がそれに該当すると考えれば、三菱重工業に比し僅少であるといえる[27]。

6.「固定資産の減価鎖却」では、減価鎖却額約100万円、鎖却率は前年度の17%より低下するも13%、耐久年数が短すぎ、3割は延長できる。高率の鎖却は機密積立金の因となるので、厳に監視する必要がある、と指摘している。

7.は「研究費の使用状況」である。太田工場は約114万円、東京工場は約

139万円、合計253万円を計上しているが、その内約93万円は利益で「カバー」すべきものかあるいは過半の鎖却であると指摘している。「太田工場の試作機および材料および器具の整理は試作実費契約の関係上その半額以上は官において補償せらるべく、また「ノースロップ」の如きは海軍に売買契約成立しあるに不拘経費として二重搾取を許してあるが如き、又外国書籍代の如き公私混同甚だしきものなり。東京工場においても見本購入発動機およびノースロップ図面代などを一挙に鎖却せんとするが如き暴挙も甚だしというべし」。ここでも原価計上の仕方を糾弾している。中島知久平は、「技術者の望む外国技術を購入し、技術の水準向上に努めた」とされるが（富士重工業 [1984] 8頁）、指摘されているように、費用を原価に計上するのであれば、支出のハードルは低かったものと思われる。

　最後に8.「所見」では3項目が指摘されている。まず、(1) 本社勘定は太田の工場会計内にあるが、名義上のみで整理の簿表がなく、本社経費と工場経費が混済され決算が明瞭ではなくなり、真の工場原価が不純となる。三井物産との関係を絶縁し[28]、名実ともに強力な会計部を設置し、本社と工場から支出する経費の区分を明瞭にし資本の運用を適切にするよう改善を研究中であるとしている。(2) として、太田工場は常に欠損であるのに、東京工場は莫大な利益を上げている。エンジンの原価監査はなお一層徹底的に実施しなければならない。最後にまとめであるが、(3)「（中島飛行機の）会計整理は上司の指導監督により漸次良好に向かいつつあるも尚不完全たるを免れざるは工場経営上の一大欠陥なり、之れ同族会社の通有性として重役の専制横暴および監査役の無為無能に帰する所大なるも、彼らの会社の計算に対する認識の欠乏甚だしきものあるは遺憾とするところなり、須く増資の機会に人的および物的要素を充実し堅実なる会社ならしむる如く指導すること緊要なり」と厳しく指摘している。

(2) 価格関係事項

　第2は「価格関係事項」である。

　1.「契約価格と生産価格の関係」では、機体、エンジンとも相当の利益[29]

を収めている、特にエンジンでは甚だしいので、詳細調査を実施すると。原価調査表が別紙に記されている。

2.「受注に対する航空本部の地位」では、今年度の航空本部関係の受注額は太田工場約460万円（全体比率32%）、東京工場約330万円（全体比率24%）で、前年比各約100万円減少した。一方海軍は各100万円増加した。

3.「原価構成比率の一般」では、材料費40%、工賃11%、間接費49%であるが、東京工場の間接費は太田工場に比し高率であるので、「間接費の緊縮については後述すべきもその内容を精査し経済的に使用せしむる如く注意を加えつつあり」と。

4.「材料費関係」では、材料および部品損廃費の過剰計上が問題とされている。損廃費には「棚卸の減損および評価損或いは仕掛品などの整理を包含しあり、之などを間接費の一種として賦課するは、製造工程に付随して普通に生ずるものなるにおいてその生産の犠牲として当然間接費支弁となし得るも、材料の管理適切ならさるため異常的に多額の損廃を生ずるときは、すでにこれらは間接費能力を有せさることとなるを以て、斯かる損失は会社の負担として利益に賦課すべきものなり。従って少なくも材料損廃費の二分の一以上は間接費査定上減少せしむるを適当とす」。

5.「工費関係」でも、問題が指摘されている。賃金制度は、実働工賃を補償する請負工賃であるが、工賃の指定が的確でないため、いたずらに職工の賃銀を増加させ、職工に「親方日の丸」の観念を植え付け、作業能率の向上は別としてできる限り利益を搾取しようとする一種の競争心をもって過剰利得を満喫している現状は寒心に堪えないと。さらに、「之がため根本的に賃銀制度の改革を要するも、労働争議を警戒し極めて微温的に漸次請負工賃を低下しあるも、なお日給と実収との差は左の如く10割以上に及ぶものあるを以て、工賃決定においては軍部（監督官）の承認を得せしむる如く改善する要あるのみならず、10割以上の工賃は会社の負担とし利益より控除せしむるを必要とす」[30]としている。

6.「経費関係」では、原価鎖却と実質的に重複する資本的支出が多いと指

摘し、例として「間接材料費に棚卸の評価損約26万4千円を含むが如き、或いは間接工賃に直接工たる検査工賃約8万円を含むが如き、或いは工場維持費および器具雑品費と称して営繕に関する費用および器具の更新に要する費用を包含する」ことを挙げ、前出の固定資産の償却額および材料損廃費など、新年度の間接費配賦率決定上はいずれも削減を要すると述べている。一般間接費は、「会社の経営上両工場を合算し約535万3千円となるも之また、接待費、雑費、諸課税、研究費などにおいて前述せし如く相当査定を要するものあり、左の如く約330万円程度にて経営維持可能なるももものと認む」と結論している。

7．「下請工場の利用額」は、「太田工場は整備器材の機械加工部品大部を占め、東京工場においては僅かに社内製品の一部に過ぎず、而して下請加工部品は親工場において平均一割以上の利益を加算するを以て、なるべく下請工場に直接注文するを有利とす」と。

8．「試作機の実費調査」では、「キ27」（97式戦闘機）は請負金額内で完成見込みであるが、「キ19」（試作重爆撃機）は請負金額を優に突破するものと判定している。

最後に9．「所見」であるが、1936年度における工場間接費は約594万円、一般間接費は約535万円、合計約1,129万円となり、生産総額約2,300万円の50%に達し過多であると判定したのち、「間接費の緊縮は生産費低下の重点なるを以て、爾後之が使用計画を立案せしめ、資本的支出と経費的支出の混淆を避けしむると共に、利益に賦課すべき経費の限度を指示し監督を厳重になす如く研究中なり」と結論している。

2.2　三菱重工業名古屋製作所

三菱重工業名古屋製作所の報告については、最後の「所見」の要点のみ以下にまとめる。

・まず、「当所は豊富な財力と完備した経営組織によって運営され、最近経済界の好況に乗じて逐期業績の進展を示しているが、その経営実態を子細に点検すると、経費および労働能率の発揮などについて、やや監督指導の

表2-5　中島飛行機および三菱重工業名古屋航空機製作所の売上および利益率

（単位：千円、％）

	中島飛行機 1935年12月-1936年11月			三菱重工業名古屋航空機製作所 第38期（1936年1月-6月）			
	太田工場（機体）	東京工場（エンジン）	合　計	機体および部品	エンジンおよび部品	その他	合　計
売上高	11,469	14,187	25,656	9,663	5,614	516	15,793
製品原価	10,420	10,913	21,333	8,986	5,037	474	14,497
販管費	112	169	281				
売上利益	937	3,105	4,042	677	577	42	1,296
売上利益率	8.17	21.89	15.75	7.01	10.28	8.14	8.21
雑収入	182	169	351				
営業費	1,403	325	1,728				
当期利益	-284	2,949	2,665				

注：三菱重工業名古屋製作所は半年分である。
出所：「中島飛行機株式会社」JACAR（アジア歴史資料センター）Ref. C01004722500、陸軍省大日記、昭和14年「密大日記」第14冊（陸軍省-密大日記 s-14-14-8）および「三菱重工業名古屋航空機製作所」JACAR（アジア歴史資料センター）Ref. C01004722600、陸軍省大日記、昭和14年「密大日記」第14冊（陸軍省-密大日記 S-14-14-8）から筆者が作成。

余地があるので、国軍の経済的要求と我国現下の情勢に鑑みて、細心の注意を加えつつある」。

・「当期の成績向上は、資本特に株主資本の減少に拘わらず、取引高が増加し、能率が著しく向上した結果である」。

・「当期の取引利益率は前期に比し若干低下したが、株主資本に対する収益率は元より、収益額も相当の増加したのは、取引総額の増加によるものである」。

・「経費中、固定資産が45％を占めている実情であるので、取引高は原価従って収益決定上重大要素である。利益統制上特に考慮すべきである」。

・「なお、当期における取引高の増加が、前期同様繰り越し工事の減少に起因するものが多いのは、注意を要する」。

総括すれば、三菱重工業名古屋製作所は、ほぼ妥当な運営が行われているとの評価である。中島飛行機に対する厳しい批判、指摘との落差の大きさに驚く程である。それだけ中島飛行機の経理処理、原価処理が杜撰であったともいえ

る。

　表2-5に報告書から筆者が整理した中島飛行機、三菱重工業名古屋製作所の1936年の売上および利益率を示す。三菱重工業は半年分であるので、売上合計を2倍すればほぼ年間売上となると考えられるので、三菱重工業の航空機事業の売上規模は1936年時点では若干中島飛行機より大きかったことになる。売上利益率では、両社ともエンジン部門の利益率が高いが、中島飛行機のエンジン部門は三菱重工業の2倍となっている。原価監査で指摘されるのは当然ともいえる。全体でみても、中島飛行機の方が三菱重工業の2倍近い利益率である。1936年段階では中島飛行機は、財務諸表は健全で、「儲けている会社」であった。しかし、原価計上の内容に不適切なものがあったこと、利益から技術開発費の計上が少なかったこと、技術開発費をすべて原価に計上して認められるならば、自腹は痛まなかった、ということを指摘しておかねばならない。

3．第三回行政査察における増産要求と中島飛行機

3.1　第三回行政査察の経過と報告書の骨子

（1）経過

　第三回行政査察は、1943年3月に制定された行政査察規定に基づき、航空機緊急増産対策として1943年9月中旬より10月上旬にかけて航空機関系工場に対して実施されたものである。査察団の観察工場は、二大企業である中島飛行機、三菱重工業の各工場並びに住友金属、古河電工、大同製鋼、日本特殊鋼、日本鍛工、東京鍛工などの重要素材工場、岡本工業、中島航空金属、大宮航空工業などの部品および下請け工場などであった。内閣顧問藤原銀次郎が「査察使」で、「査察使随員」および「附」として29名、加えて28名の補佐官という大規模な査察である。1943年10月末に藤原査察使より東条首相宛報告が提出されている[31]。さらに、12月5日には事務処理の報告がなされている[32]。

　1943年は時あたかも戦局が悪化し、2月ガダルカナル島から撤退、5月アッ

ツ島守備隊全滅、7月キスカ島から撤退、11月タラワ、マキン両島守備隊全滅、軍需生産は意の如く進まず、戦争指導部は局面打開に焦燥しつつある状況であった。査察の実施された1943年度の下半期は、陸海軍が航空機生産能力の熾烈な争奪戦を演じ、軍需省が1944年度の生産目標として1942年度実績の5倍、1943年度実績の2.5倍に相当する生産計画を立てた重要な時期であり、査察結果は以降の国策に深い関係がある。

査察は9月14日の陸海軍随員からの説明、質疑から開始されたが、中島飛行機、三菱重工業に関する査察日程は以下の如くであった[33]。9月15日、三菱重工業、中島飛行機より説明を聴取、質疑。同22日、三菱重工業名古屋航空機製作所査察、午後道徳、南郊各転用工場現場査察。同23日、三菱重工業名古屋発動機製作所、金属工業所査察。同24日、午前岡本工業（下請工場）、三菱発動機大曽根工場査察。10月1日、別班をもって三菱発動機静岡工場（陸軍関係）建設状況査察。同3日、午前中島飛行機太田、午後小泉各製作所査察。同4日、午前、中島飛行機尾島、前橋両工場査察、午後、大宮航空工業（下請工場）査察。同5日、午前中島飛行機武蔵野、午後多摩両製作所査察。同6日午前、中島航空金属田無製造所、三鷹研究所査察。すべての査察を終えて、10月9日、10日、13日には随員打ち合わせが行われた。

(2) 昭和19年度航空機増産の目途

前掲『報告書』の本文[34]は、「第一　昭和19年度航空機増産の目途」および「第二　一般的所見」の二部に分かれている。当時の航空機産業の置かれた状況をよく現していると考えられるので、内容を詳しく見ていくものとする。

まず「第一　昭和19年度航空機増産の目途」[35]であるが、最初に「今回ノ行政査察実施ニ當リテハ主要材料タルアルミニウム、特殊鋼等ノ配当ガ昭和18年度ノ夫々1倍半及2倍トナルモノト想定シ、昭和19年度航空機増産ノ目標ヲ18年度ノ2倍半トシテ、各般ノ事項ニ付其ノ打開対策ノ工夫ヲ行ウコトトシタリ（但シ以上ノ目標中2倍ハ金属製、残リハ木製トシテ検討スルコトトシタリ）依テ査察ヲ行ウ各特殊鋼工場、軽金属工場、航空機機体工場及発動機工場ノ昭

和19年度陸海軍合計所要量ヲ陸海軍随員の手許ニ於テコノ標準ニ依リ仮ニ算定シ、之ヲ目標トシテ三菱、中島、住友、古河、日本特殊鋼、大同製鋼當関係工場ノ検討ヲ開始シタリ」と目的と経過を述べている。

これに対して、ほとんどの工場は、最初はあるいはほとんど不可能となし、あるいは国力に堪えざる膨大な機械、労力、資材が必要であるとして、目標達成は極めて困難と認められるものがあった。その計画内容を検討してみると、直ちに設備を増加しても昭和19年度で現在の5倍、6倍あるいはそれ以上の能力を保有しなければ、到底目標達成ができないとして、これを基に実施の能否を判断しまたは所要機械数を計算したものであった。

しかし、各社の現状は能率が十分と認めがたいものが多かったので、本使（藤原）としては直ちにその能率向上を図る必要があると信じて、国情を説いて万般の工夫をするよう求めた。各工場は、再三再四熟慮し数字を見直した結果、現状に対して若干の隘路補正を行うことで、数割乃至十割の能率向上を図るという回答をした。これによって、昭和19年度初めから相当規模の増産を行うことができるので、同年度末に能力を5、6倍あるいはそれ以上となるとして計算した機械その他の所要量を削減することが可能となった。

今後の生産実施については、増設計画は昭和19年度に生産を挙げうるものに全力を集中し、陸海軍の生産を総合的に勘案して、一元的立場から最も有利な生産を行い、遊休施設を徹底的に利用するなどの方法で工夫して計画させ、その結果各工場とも想定目標に対し生産可能であると確言し、且つ所要機械、資材などを大幅に節約できることを明らかにした。

以上から、「今回ノ査察工場ノ範囲ニ於テハ後述スル部品歩留ノ向上、屑ノ回収ノ徹底ニ依リ材料ノ供給増加方策ヲ併セテ行フコトニ依リ初期ノ2倍半増産[36]ハ概ネ可能ナリトノ判決ニ到達シタリ」と結論している。

しかしながら、本査察で各社に熱心な工夫を求めて削減した機械、建設資材などは、総合すれば膨大な数字になるのはやむを得ないところで、例えば工作機械は三菱、中島の機体、発動機に関する所要量のみでも3万台以上となり、さらにその他の飛行機工場、搭載品工場に必要なものを加えると全国で十数万

台となると算定される。これを昭和18年度全国機械工場生産算定高5万台と対比すると、膨大な数字であることはもちろんで、且つ機械工業の最高水準である航空機関系工場では、この所要量の中に未だ国産化不十分な高級機械が多数含まれることはやむを得ないことである。

　最後に政府への要望が述べられている。「政府ニ於カレテハ特別ノ決心ヲ以テ航空機生産最優先主義ニ徹底セラレ、陸海軍ハ元ヨリ関係各般ノ生産計画ニ再検討ヲ加ヘラレ、且又現在設備ノ全国的動員ヲ行ハルルト共ニ後述ノ如キ能率増進ニ着目セラレ両々相俟ツテ始メテ此ノ初期ノ目的ノ達成ヲ来シ得ルモノナリト信ズルモノニシテ、速ヤカニ之等ノ点ニ対シ徹底的ノ施策ヲ行ハルルコトヲ熱望スル次第ナリ」と。

(3) 一般的所見

　次に「第二　一般的所見」[37] では、まず「今般ノ行政査察ニ於イテ沁々感ジタルハ、先以テ現在ノ飛行機工業会社或ハ事業主ハ、一般ニ設備拡張病ニ罹リタル如ク見ユル点ナリ」と述べている。陸海軍から航空機増産を命じられれば、直ちに設備の割愛、機械または労務者の増加を要請し、今日どの工場も設備が一般に頗る立派で、その敷地も必要以上に広大である。しかも、その立派な割に生産能率は不良である。これは設備拡張に没頭して能率増進を多く顧みず、拡張増設が能率の増進を図るよりも早道だと考えているためである。

　自由主義経済では事業家は資金調達のためには資本家に低頭百万遍し、これに高利を払い、その上株主配当をするため苦心惨憺するのに、今日の航空機事業家は資金調達も資材労務の取得も政府の力で比較的容易なため、この際拡張しなければ損だと考え、拡張に努める気風が多分にある。中島飛行機の如きは益々その露骨な例であって、堅実そのものと思われた日本特殊鋼の如きさえ、査察によって能率よりも拡張に重きを置く方向であるのを看取した。大同も同様である。

　この所見では、中島飛行機が「拡張しなければ損」という気風の露骨な例とされているが、工場拡張は国家命令にしたがって行われたものであることを指

摘しておかねばならない。したがって、必要な資金は政府の命令融資という形で、十分に供給されたのである。先に引用した中島喜代一社長の「中島としては実は試作工場として終始したかったのだ。……試作機に全力を注いで、いい機ができたならばそれを軍工廠なりそのほかの飛行機工場に譲って大量生産はその方でやっていくという様な考えで進んだのであります。ところが日支事変その他戦争の拡大につれまして、どうしてもそれじゃ行かなくなって、兄弟嫌々ながら引きずられて今日の大きなことになった」という証言[38] からは、中島兄弟が積極的に事業拡大を狙ったというよりは、軍の拡大要求に対応せざるを得なかった結果ではないかと考えられるのである。

　一般的所見は、続いて生産能率向上策について述べている。

　しかし、このように立派な設備を持つようになったことは、一面から見れば一種の準備積み立てを今日に残したのと同様で、今後の増産にこれを十分に利用して国家の目的達成に役立つ結果となることを思えば、この増設が必ずしも無益であったとは断ずることはできず、急速発展途上のやむを得ざるものと考えてよいのではないか。

　では、現在の設備でどの程度の増産が可能であるか、各方面から熱心な研究を聴取したが、結論として、3倍～5倍の増産は必ずしも不可能ではない。工員数は各工場とも相当あるが、藤原の見るところ指導監督に欠けているので、現工員から優秀者を選別するか、他の平和産業から適当な技能者を求めるか、あるいは可能ならば陸海軍の工廠から援助を求めて、これらを指導監督者として10人、20人に一人ずつ配置し監督させるよう機構を整備し、能率増進の意味をもって作業量を定め、成績を上げたものには収入増加などの制度を設け、また重労働を要する作業には、それに十分堪える健康な工員を集めて優遇し、3直にして同一機械で3倍の能率を出させ、軽労働には体力が比較的弱い男工員および女工員を集めて1直作業を効率的に行い、順次これを2直に移すように、仕事の難易により2直、3直とするよう、手際よくこれを実行すれば2倍増産の如きはそれほど困難ではない。

　次いで、経営者、政府、陸海軍の指導との関連である。

会社の社長、重役などの首脳者は国家の現状を相当に認識しているものの十分ではなく、中堅以下の末梢には頗る徹底していないのは事実である。したがって、工場の上下一般に時局の重大性を徹底認識させ、精神方面から一層増産を促せば多大な効果があるはずで、これで２倍に達すればさらに強化して３倍とすることも可能と考える。ただ、そこまで持って行くには障碍になるものがあり、航空機生産会社または事業者は一律に統制されて自由に手腕を振るうことができず、一方で増産を求められている現状である。本使は固より統制経済に反対するものでなく、大戦に勝ち抜くためには統制経済にするほかないことを知っているが、今急速に航空機の２倍３倍の増産目的を達成するには、現在の統制の埒内では到底不可能である。したがって、航空機増産に限っては統制に一部特例を設けて障害を取り除き、増産に必要な若干の資材は何を置いても供給しなければならない。例えばもし、陸海軍で可能なものは進んでこれを融通し、その他工業会社などにある設備で稼働中のものであっても航空機増産のためには迅速に犠牲とすることを躊躇してはならない。この決心があれば、差し当たり必要な程度の資材は調達できる。

　今日の如き時代には、軍需産業は国家に頼って放漫経営に流れる弊害があり、平和産業が最も苦しんでいるときであるから、軍需産業は今少し経営に注意しなければならない。しかし、昔から、角を矯めて牛を殺すというように、余り厳重にすると増産を妨げる恐れがあり、とはいえ見ぬふりもできないので、この辺りの加減は余程考えねばならない。

　今回多くの工場を見たが、各々に特徴がある。例えば三菱、住友の如きは一旦約束すれば必ず責任を果たす、こういう所には政府は邪魔をせず、困難な部分だけ援けて、仕事の内容には干渉せず、今月は何万生産するという予定表を作成報告させ、ただその結果を責める方針が得策で、権兵衛が種を蒔き、鳥がほじくるやり方は不可である。これに反して、まかせて安心できない所に対しては若干の指導が必要であるのはもちろんであるが、しかしこれもまた寛厳をよろしくしなければならない。

　すなわち、指導方針は一律の命令では良くない、日本特殊鋼と大同は同じで

はない、三菱と中島では自ら相違がなければならない、これは最も大切な問題
である。

　要するに、政府がどこまで援助し、どこまで断行するか、この政府の決心一
つで急速に2倍、3倍とすることは不可能ではない、しかし政府の決心一つと
はいってもこれまた容易ではないと思わねばならない。

　したがって、政府においてもこの難関突破のためには強力な施策を実施する
必要があり、特に軍需省設置の趣旨は下々に至るまで十全に徹底するよう緊急
特別の措置を採ることを希望する。

　最後に、「目的達成の方法」として下記の12項目が挙げられている。

①当業者、地方官民すべてに、航空機生産が戦局に及ぼす影響を特に深刻に
　認識させることを第一義とする。全国民に航空機優先の観念を徹底させる
　対策が必要である。

②航空企業に対する国家性を強化すべきである。会社役員の任免、各社の責
　任制、工員の信賞必罰などに至るまで国家的制度ならびに方式の具現化が
　必要である。今回査察した各工場の志気、規律は必ずしも最良とはいえな
　い。昼間作業は若干の怠惰者を散見する程度で良好と認められるが、夜間
　作業の勤務、規律は特に不良な状態である。監督の行き届いた主要工場で
　すらこうで、その他群小工場ではさらに不良であることは察するに能わず、
　これは主として幹部の不足ならびに幹部の陣頭指揮の欠如によるもので、
　今後常勤者の志気振作、規律訓練の励行について大いに改善すべき問題で
　ある。

③労務問題で取り上げるべき問題は山ほどあるが、特に目についたのは、各
　工場とも正味労働時間が僅少で夜間作業はほんの形式的かまたは全く実施
　していないのは電力使用曲線を見ても明白である。軍務関係者が一般に多
　く、女子の利用率が僅少なことは今後生産増強上特に改善を要する。なお、
　青年学校、技能者養成などの一律実施はこの際一時停止し、相当程度を会
　社側の実行に移管してもよい。第3種工業部門は特に労務供出の大きな給
　源なので、第1種、第2種の企業整備と併行して大いに推進すべきである。

④歩留の向上に関しては、陸海軍当局も特に意を用い、各社とも大いに工夫研究の跡が見えるが、さらに鋳造、鍛造法の改善、板取方法の工夫、設計、規格の改良および各種機械の用法の工夫などによって格段の向上の余地があると見受けられる。最も大切なのは屑の問題である。最近は軍の指導で回収率に見るべきものがあると聞くが、繰り下げれば繰り下げるほど、打つべき幾多の手段があると見受けられる。例えば某社では、生産品重量と発生屑との比較整理が明確でないものがあり、屑箱と廃材を同時に取り扱うものがある。特に協力工場、下請工場以下で箱の処理が極めて不適正で、これらから原材料会社への還元途上での横流しは相当量に上るものと考えられる。最近１年で愛知県下のみで「アルミ」の横流しまたは闇により摘発された量は２千キログラムに達し、検挙されなかったのは恐らくこの数倍と見込まれる。また、回収率と同時に重視すべきは回収速度で、ある会社では半年前の屑をそのまま放置していた例がある。還元速度を最速にするには、原則として各社の屑は毎日発送するよう手配すべきで、そのための輸送機関の充足は当然為すべきである。今回の査察では期間の関係で徹底した調査ができなかった。一応の数字的根拠、対策は別冊に詳しく述べたが、以下は特に急速に実現しなければならない。（イ）「アルミ」は金銀よりも宝で、銅と全く同一の貴重品である観念を植え付ける。（ロ）屑統制機構についてはその改善など根本的検討をする。（ハ）工場の有力者を回収係りに充て徹底する。（ニ）「アルミ」回収の全国運動を起こす。（ホ）「アルミ」の使用規正を徹底する。（ヘ）「アルミ」屑代金を見込んで加工賃の適正化を図る。（ト）闇行為に対する懲罰制を厳しくする。

⑤特殊鋼会社に対する優良な屑鉄配給が肝要である。各社ともに屑鉄の素質低下に困惑していて、これさえ優良化すれば約２割の増産は容易だと明言しているが、誠にもっともと認められる。

⑥各社とも機械の数と種類について不足を訴えることはある程度首肯できることで、国内現有機械の活用と大幅転用を図り、機械生産に関する行政的重点志向を一層徹底的に断行すべきである。

⑦企業整備については政府も鋭意その実行を急いでいるが、各下請工場、協力工場での大きな跛行性に鑑み、第1種、第2次、並びに第2種に対する企業系列の整理を速やかに断行する必要がある。なお、第1種で航空機工業に転用が遅れているものに対しては速やかに実行すべきである。

⑧交通は、飛行機の躍進的増産に伴い益々深刻化すると思われるので、「別冊報告」の実行について考慮されたい。

⑨動力は、今後増産には電力供給が隘路となるので、別冊報告の実行を考慮し、特に水力発電の開発促進、火力発電増加に伴う石炭量および質の確保に格段の措置が必要である。

⑩能率の増進については、今時査察では各社とも十分の検討を加える暇はなかったが、一応材料は5割以上、さらにその場合加工成品約3倍の増産は不可能ではないとの判決を得た。別冊報告書中の加工および能率の項は傾聴に値するので、これを基礎として今後詳細な検討が必要である。

⑪防空施設が不十分で、全体として一層の工夫が必要である。

⑫最後に、最も緊要な問題は陸海軍の協調である。従来陸海軍が競い合った結果が今日の躍進的航空機工業を発達させたといえるが、一方各社を甘えさせ放漫に流れさせ、しかも必ずしも生産の実績を伴わない状況であるのは、本使以下が均しく認識するところで、両軍の航空機生産を一元化することの幾多の利点に関しては別冊報告の通りであるので、速やかに参考としてもらいたい。したがって、差し当たり特別の事情があるものを除きできる限り広範囲にわたって速やかに発注生産などの一元化に移行するべく格段の措置を執るのが適当である。

　査察結果を受けて11月1日には軍需省が設置され、陸海軍発注の一元化が図られた。中島飛行機においては、かねて懸案であった武蔵野製作所（陸軍）と多摩製作所（海軍）の統合が実現して武蔵製作所が発足し、エンジン製造の一元化が図られた。

3.2　中島飛行機の対応と査察後の処理

(1) 中島飛行機の対応

　増産要求に対する中島飛行機の対応を、報告書[39]から追ってみる。査察側は中島飛行機に対して、1944年度生産目標として機体生産を1943年度の２倍半13,000機、エンジン生産は３倍の31,000台を要求し、その可能性を検討した。これに対して中島側は増産に必要な工具、建設資材、機械を提示したが、査察側はこれらを「予想通リ甚ダシク厖大」と判断した。現場視察の結果、機械、特に人の生産性が著しく低く、幹部の現状把握も不十分であった。例えば、「タレット」旋盤を多数必要というが、その使用法は極めて非能率で、ほとんどを普通旋盤に近い状態で使用し、また夜間作業を実施しているが、電力負荷曲線を見ると後夜半はほとんど作業をしていないので、現有設備で概ね２倍の生産は可能と判断したのである。さらに、飛躍的増産に対する戦局の要請は絶対で、国力の現状は多くの資材を使用できる状況にはないことを縷々説明し再三討議したものの、中島側は納得しなかったため、再度全工場を視察して確認した判断に基づき、以下の２点について社長の最終回答を要求した。①「本年度末マデニ現設備ヲ以テ二倍ノ生産力ニ到達スルコト」②「大幅ニ削減セル資材、機械、人員ヲ以テ要求セラレタル一九年度増産ヲ実行スルコト」。この要求に対して、「中島社長初メ大和田、吉田、澤森、沼津、武内各製造所長ハ稍々躊躇ノ色ヲ見セタルモノアルモ兎ニ角之ヲ承諾シ実行の決意ヲ示シタルヲ以テ本使トシテモ之ヲ多トスルノ意ヲ表明セリ」。中島側は、躊躇しつつも最終的には1944年度機体「２倍半」、エンジン「３倍」増産実行の決意を示したのである。

　査察経過は続けて、「然レドモ此ノ決意ヲ実行セシムルニハ三菱ノ場合ニ比シ政府トシテモ更ニ十分ナル援助ト指導ヲ要スルモノト思惟す」と中島の実行力を危ぶんでいる。中島は従来大胆な拡充策を採っていて、これは評価するが、その方法が余りにも放漫で、しかも経営規模はすでに過飽和状態である。武蔵野、多摩両製作所が塀を接しているのに全く別組織として運営されているのは、軍の都合とはいえ時局を考えると「イカニモ遺憾ナリ」とされた。今後の拡充

についても陸軍、海軍関係のものを総合的に検討して真に急速増産に必要なものの他は一応これを見合わせ、まず内を整備して人を十分に働かせる方途を講じて、能率の向上を図ることを先決とすべき旨、頂門の一針を加えたと。

さらに、中島飛行機の資金が入り、代表的な下請けである大宮航空工業について、同社は中島の下請形態として代表的なもので、資金は中島一家が供給している。しかし、その運営のありさまは、施設技術とも極めて低調で能率不良、工員の一人当たり生産は月2百円に満たない状況なのに、厖大な資本増加を計画している状況である。中島に特有の放漫経営を如実に露呈しているもので、深刻な検討を要する。これに見るように、増産に伴って協力工場に必要であるとした機械数も削減の余地が極めて大である、と判断している。

中島飛行機に先立ち、三菱重工業も、機体を2倍半の10,000機、エンジンを3倍半の30,000台に増産することを要求されたが、中島と同様に工具、建設資材、機械について厖大な数字を提示した。査察側は工場視察の結果、中島と同様の判断を下したが、三菱は「万難ヲ排シテ国家ノ要請ニ応フベキ決意ヲ表明」した。中島の場合に実施された工場再視察がなかったことから、三菱重工業の方が、増産要求に対してより柔軟な態度をとったと判断される。

(2) 査察実施後の処置

次に、査察後の処置に付いて整理しておく[40]。まず査察各工場に共通する事項として下記が挙げられている。

1．行政査察の報告を監督機関に配布して、関係会社を指導させる。
2．査察工場並びに査察以外の主要管理工場に対して査察に際し現地指導を実施し以下の成果を得たとして12項目が挙げられている。

①社長以下の頭の切り替えを実施させた。
②現状設備機械で3倍乃至5倍の増産を実行するよう能率増進させた。
③機体生産は左記を目標とさせた[41]。

　　・総人員に対する一人当たり生産構成重量　　28kg
　　・直接工一人当たり生産構成重量　　　　　　40kg

④発動機月産一台当たり工作機械は四台を目標とさせた。

⑤19年度増産のための新設面積は一般に女子工員宿舎建設の範囲に止めさせた。

⑥機械ノ実働率は75%を目標とさせた。

⑦労務者中女子充足率はとりあえず30%とするが50%ないし70%の準備をさせた。

⑧鋼合金材の素材に対する成品歩留りは65%を目標とさせる。

⑨屑の回収率は95%を確保させる。

⑩応徴士より下級幹部を抜擢採用し自家短期養成することを促進する（一部実施中）。

⑪青年学校長以下職員を現場工場に配当する（約半分実施中）。

⑫硬化木の利用拡大を図る。

　　イ．19年度生産プロペラの木製化、練習機、輸送機の全木製化および実用機の尾翼、補助翼、外翼、艤装品などの木製化の審査を促進する。

　　ロ．機体部品で木製化可能な物は部品ごとに検討し改修に着手する。

　　ハ．特殊木製飛行機の整備を促進する。

　次いで、中島飛行機に対しては、会社全体に対する処置、太田工場および小泉工場に対する処置に分かれて記述されている。査察の対象であった尾島、前橋両工場、武蔵野、多摩両製作所に対する言及はない。まず会社全体に対する処理であるが、8項目が挙げられている[42]。

1．本社機構を行政査察および軍需省の機構に鑑み社長、副社長の下に総務部、生産部、経理部、監査部、技術部を新設して社長の幕僚機関とし、製作所に対する命令系統を明らかにして能率増進に寄与することが大であった[43]。

2．機体関係および発動機関係の陸海一本立てを再三検討したが、とりあえず発動機関係の一本立ての成案を得、陸海軍承認の下に武蔵野製作所と多摩製作所とを合体して武蔵製作所とした。佐久間氏を所長とし、組織を改組し能率的生産に発足した。

3．回り材の回収に関しては、陸海軍の施策と相俟って会社側は活発に活動し、協力工場の召集教育の徹底を図って、収集、選別、整理運搬に対して積極的処置を講ずるようになった。

4．各製作所における隘路工作機械および生産力の増強に伴う要増加工作機械の取得充足策に関しては、他工場との全面的関連性および緩急順位を考慮し、それぞれ部内担当主務部で施策中である。

5．社内保有の仕掛品および在庫品の急速流動使用に関しては、材料の極度節約と相俟ってこの適切な具体的実効策についてそれぞれ検討中である。

6．前二項並びに生産拡充用資材の充足配当に就いては、各工場別月別生産予定を陸海軍で決定し軍需省的立場でさらに検討し査定する予定である。

7．査察時議題となった社内法文商科系出の間接事務職員に対する技術系への転出策に関しては目下本社で折衝中である。

8．交通運輸に関しては、交通整備委員会業務はすでに第1回審議も実施済みで着々進行中である。

太田工場については6項目が挙げられている[44]。

（イ）　機械加工の簡易化による能率増進対策

①戦闘機は工作簡易化実行委員会を編成し約30kgの重量増加を犠牲として、工作簡易化（検査規格低下、代用品などを含む）を策して11月末日に完了した。約20％の能率向上（機械節約）になる。

②新戦闘機の精密鋳鍛造の採用強化。当面、脚関係の軽合金鍛造材を鋼製鋳物に代えることで一機当たり約100kg、19年度約600トンを節約することになった。

（ロ）　重役、参事、幹事により協力工場審議会を組織して、協力工場指の導強化策を図りつつある。

（ハ）　自転車充足に関し県から「タイヤチューブ」5,000本の配給を受領した。

（ニ）　四輪用工場の整理を促進し操業を開始した。

（ホ）　重要機械および設備に対する防護については、電気機械、プレスなど約80台の防護を12月中旬に完了する予定である。

（ヘ）　防空監視所施設改善に就いては、防空監視所を移転し且つ放送、通信連絡の設備を完了した。

最後に小泉工場に関しては３項目が挙げられている[45]。

（イ）　小泉、足利間電話２回線増設に関しては、関係町と交渉の結果、認可する方針のもとに目下会社に申請させている。

（ロ）　建設途上の半田製作所に対する規模並びに所要資材に関しては、査察後現地打合せの上、大査定を加えて促進を図っている。

（ハ）　必要最小限の労務員の充足に関しては、差し当たりその一部時期的充足に関して徴用者により補充した。なお小泉製作所に対しては、11月官工作部から約380名および目下海軍航空隊で教育中の高等科整備術練習生約（判読不能）名を生産増強援助のため派遣し、多大な効果を収めつつある。

(3) 中島飛行機への評価

　第三回行政査察結果は、中島飛行機に対してかなり批判的であると総括できる。中島が「この際、拡張しなければ損と考える露骨な例」であるとか、増産を実行させるには「三菱と比し、政府として十分な援助と指導が必要である」とか、「拡充方法が余りにも放漫で、経営規模が過飽和状態である」とか、下請管理が「放漫経営を露呈している」といった如くである。さらに、「目的達成の方法」④に挙げられた「歩留の向上」に関しては、のちの藤原査察使の口述記録によれば、「三菱の工場は可なり良心的で、説明にもできるだけつとめ、経理上の材料も提供して、査察使たる藤原氏を十分に満足させるまで数字を示した」が「某会社（中島飛行機――引用者）の方はなるべく経理資料の提供を避けよう、避けようとし、査察使の目的は経理ではないはずだという態度であった」と批判している（下田［1949］362-363頁）。その理由として「下部に悪質なものが相当巣喰っていることが伺われた。ジ・アルミの屑をできるだけ多く出して、これを再製会社へ横流しし不当の利益を得ている者が、経理の査閲を嫌っているらしいことが想像できたのである」と、アルミ屑の横流しがあっ

たことを示唆している。さらに、アルミ屑の処理に関して、「鉄の代わりに使用したり、再製会社に売却したりする場合には、経理の規定から言えば、その金額を政府に弁償しなければならない筈で、三菱はきちんとしていたが、某会社ではその手続きもとって居らず、勿論数百万円か数千万円に上る弁償金も政府に収めていなかった」と、会計処理が適正に行われていなかったことを述べている（下田［1949］362-363頁）。中島飛行機の財務管理、会計処理の欠陥は、すでに1936年陸軍の原価調査報告で指摘されたものである（本章2．1節）。この報告から約7年を経過した時点での行政査察であったが、藤原査察使の口述記録は、中島飛行機の財務管理、会計処理において査察側を納得させるだけの改善がなされなかったことを示すものといえる。さらに、第三回行政査察の約1年後、澁谷海軍中将（終戦時は艦政本部長）が軍需省航空兵器総局の要望で航空機関系工場30数カ所の視察と指導を行い、その経過を1944年8月25日から11日まで4回にわたって航空兵器総局長官室で講演している。ここでも中島飛行機が批判の対象となっている。澁谷中将は、三菱重工業が組織的であるのに対して、中島飛行機は一種の「ムッソリニズム」ともいうべき親分子分の関係で中島知久平を中心とする極端な情実人事で成立しており、各工場とも陣容も管理法も町工場の著しく膨張したものに近く、群雄割拠で互いに協力する気持ちは著しく希薄である、と断じている。さらに、中島飛行機が思うように能力を発揮しないのは、「町工場ノ観アル儘」に余りにも膨張しすぎたこと、拡充のため本来不足している幹部を分散させすぎたことなどによる、としている（安藤［1955］174頁）[46]。この澁谷中将の講演内容は、藤原査察使の見立てと共通しているといえる。

　中島飛行機が何ゆえ、これほど厳しい評価を受けねばならない状況であったのか。財務管理上の欠陥はすでに指摘したが、次いで考えられるのは、行政査察で指摘された、無駄の多さである。原材料加工段階での歩留まりをみると三菱重工業は航空機部門で61.6％、エンジン部門で60.8％に対し、中島飛行機の機体部門（小泉）は55％、発生屑の回収率は三菱エンジン部門で70％、中島機体部門で40％、材廃率、工廃率は三菱の5％に対して中島は12％であった。こ

れをもって、山崎志郎は「中島飛行機の経営の相対的な放漫さが窺える」とし
ている（山崎［1991］30頁）。さらに、行政査察報告では「太田、小泉、武蔵野、
多摩ニ就キ製品歩留ヲ調査セルモ小泉ヲ除キ他ハ要領ヲ得ス」と報告されてお
り（安藤［1955］166頁）、三菱重工業に比し生産管理に杜撰な面があったと考
えられる。

　第二は、下請け業者への依存度の違いである。例えば、エンジン製造業者は
24％を下請けに出したが（USSBS［1947a］p. 28）、中島は30％で平均よりや
や高かった（富士重工業［1984］28頁）。三菱のデータはないが、三菱は中島
に比べて下請け業者を使用した程度が小さいとされる。実数では、武蔵工場が
延べ19,800人の従業員、187の下請け業者を使用したのに対して、三菱のエン
ジン工場は、延べ14,100人の従業員、93の下請け業者である（USSBS［1947］
p. 30）。中島の場合は、町工場的な下請けへの依存が高かったことも（高橋
［1988］96頁）、生産効率化という点では不利であったと考えられる。

　中島飛行機は1917年に個人企業として創業し、戦時期に入っては倍々ゲーム
で生産を拡充してきた「生産力拡充以外の一切の経済法則を無視した嵐の如き
躍進」（富士産業［1948］）のため、生産以外の管理面に企業として手が回らな
かった状況であったがことが、こうした批判を招いたものと考えられる。

3.3　第三回行政査察に対する評価

　第三回行政査察の成果をどのように評価すべきであろうか。第三回行政査察
は、1943年9-10月時点での日本の航空機工業の実態を明らかにした。しかし
目標とした増産については、1944年度の実際の航空機生産は、1943年比で2.5
倍の増産という要求には遠く及ばなかった。また、首相直属の機関によるもの
としては、稍末節的な問題まで含まれているように思われる。ここまで踏み込
まねばならないほど政府と陸海軍は追い込まれていたともいえる。

　山崎志郎は、「査察の実施経過と形式を見ると、工場側資料を基にした説明
聴取、そして工場視察の後、あらかじめ設定された2.5倍ないし3倍の1944年
度生産計画を巡って各社代表、或いは地方行政協議会の委員との懇談を経て、

最終的にその実現努力を約束させるというものに過ぎなかった。しかもその視察、懇談も短時間のもので、事前の準備も不十分であったため、「増産目標丈無理ニ約束セシムルノ結果ニ陥リタル如キ点モアリ」とされるほど形式的なものであった。この結果、「各会社提出ノ貴重ナル資料サヘ十分熟読ノ時間ナカリシ」とされ、この状況で作成された一連の最終報告書類も正確に航空機工業の実情を捉えていたとはいいがたいと考えねばならない。とりわけ、総括報告書に当たる「報告書」には藤原の精神主義的個性が強く打ち出された結果、例えば正味労働時間を倍増できるとしたほか、軽金属の絶対的不足に対し回収率を飛躍的に高め、ほぼ2倍の増産効果を上げ得るとするなど、全体に潜在的増産可能性が極度に高く見積もられている」と評している（山崎［2011］442-444頁）。

　さらに、全体的に精神主義が見られるという、批判的な評価がある。安藤［1975］は「（この査察および報告書は——引用者）限界があるというよりむしろ軍部ファシズムと藤原氏式の資本家イデオロギーそのものの産物であるが、日本の航空工業、否日本の軍事工業、ひいては日本の工業の構造を端的に露呈せしめているという点極めて興味ある資料といえよう。さらに日本の戦時経済の指導原理、特に軍部、官僚のイデオロギーこのまた端的な形で示しているのである」と評価している（安藤［1955］170頁）。さらに、前出の澁谷中将の講演要旨から、「査察の際改善を要求された点で改まった点はないようである」と総括している（安藤［1955］175頁）。一連の査察報告書に現れる、官僚、軍人の「精神論」だけでは、民間企業の直面している現実は動かなかったものと思われる。

小　括

　中島知久平は、日本の航空機が欧米に比べて遅れている主たる要因は、予算システムに縛られる官営にあるとして、航空機工業の民営化を旗印に中島飛行機を設立した。中島飛行機は、戦時期の航空機増産政策に対応して、社長の中

島喜代一によれば「嫌々ながらも」生産能力を急拡大し、日本最大の航空機製造会社となった。しかし急拡大のための資金は、ほぼ政府の命令融資に頼らざるを得ず、次第に準国策会社的性格を強め、最後は国営化されて第1軍需工廠となった。中島知久平が目指した「民営化」は、企業管理を強化する戦時体制の最終段階では挫折し、国営化の方がより国家目的に叶うとされたのである。国営化の成果といえようか、敗戦の1945年1-8月の中島飛行機の機体、エンジン生産は他社ほどの落ち込みをせず、生産シェアは上昇した。

　1936年陸軍原価調査は、中島飛行機の財務管理における課題を明らかにした。まず、会計処理が不完全であることは工場経営上の一大欠陥であると指摘され、重役、監査役の認識不足が甚だしいことは遺憾であるとされた。価格関係では、間接費の計上が過大であるとされた。さらに、資本的支出と経費的支出の混載を避けさせるとともに、利益に賦課すべき経費の限度を指示して、監督を厳重にするよう研究中であるとされた。

　第三回行政査察は、1936年度陸軍原価調査から約7年後の1943年9月から10月にかけて実施された。査察の主目的は、1944年度の航空機生産目標を1943年度の2倍半とし、その実現可能性を、航空機関系工場を査察することで探ることにあった。しかし、実態は2大メーカーである中島飛行機および三菱重工業に、2倍半という目標を押しつけるものであったといえる。査察報告は、中島飛行機が「放漫経営である」とするなど、かなり批判的であった。中島飛行機は、原材料加工での歩留、発生屑の回収率、材廃率、工廃率のどれをとっても三菱重工業に見劣りした。さらに、査察使へ経理資料の提供を避けようとしたり、アルミ屑の横流しを疑われたりしたことが、こうした批判につながったものと考えられる。1936年度原価調査報告で指摘された財務管理の改善が、政府、陸海軍が満足するレベルにまで達していなかったといえる。ただし報告書で、中島飛行機が「この際、拡張しなければ損と考える露骨な例」とされたことは、1943年の段階ではすでに「準国策会社的」性格となり、経営の自主性が相当に失われていたことを考慮すると、厳しすぎる批判ではないかと考えられる。

注

1) 中島知久平の評伝としては、渡部一英［1997］『日本の飛行機王　中島知久平』（光人社 NF 文庫、初出は渡部一英［1955］『巨人中島知久平』鳳文書林）がある。ほかに、豊田穣［1989］『飛行機王・中島知久平』（講談社）、高橋泰隆［2003］『中島知久平――軍人、飛行機王、大臣の三つの人生を生きた男』（日本経済評論社）がある。富士重工業株式会社社史編纂委員会［1984］『富士重工業三十年史』では中島知久平の発言を要所で紹介している。本節の記述はこれらを参考とした。

2) 日本で最初に動力飛行が行われたのがこの年1910年12月19日であったことを思い起こせば、当然の反応といえる。

3) 中島知久平は、9月初めに、部下の奥井定次郎（のち中島飛行機）を呼んで、新しい飛行機工場について密談をしている。もう一つの論拠として、9月に10月下旬に渡欧の内命を受けたが、健康状態を理由に辞退している（渡部［1955］148-149頁）。

4) JACAR（アジア歴史資料センター）Ref. A04030995700、持株会社整理委員会など文書・財閥役員審査関係資料・会社関係資料綴（14）（富士系）27の14。

5) 臨時軍用気球研究会創設時の幹事であり、帝国飛行協会の理事でもあり、軍航空と民間航空の発展に尽くした。1919年4月、初代の陸軍航空本部長。陸軍大将。

6) 太田の町では、「札はだぶつく、お米は上がる、何でも上がる、上がらないぞい中島飛行機」という落首が貼り出されたりした（渡部［1955］205頁）。

7) 川西側は、独自に航空機分野に進出することになり、翌1920年4月川西機械製作所を設立、これを母体に1928年川西航空機株式会社を設立することになる。

8) 1920年4月24日付「一手販売契約覚書」は中島知久平と三井物産機械部長山本小四郎の間に締結された。「中島式飛行機及付属品ノ一手販売契約」にあたり、注文者からの入金以前に三井物産が中島飛行機に貸与することがあるべし、との但し書きがあり、中島は三井物産から代金を前借りしていたと、麻島昭一は推測している。（麻島［1985b］49-50頁）

9) さらに1928年2月27日には、フランス政府からレジオン・ドヌール・コマンドール勲章を受章している。

10) 藤生富三（中島飛行機総務部長。戦後、東京富士産業社長）の証言。持株会社整理委員会など文書・財閥役員審査関係資料・財閥関係役員審査委員会議事録（富士関係）13の9（国立公文書館）JACAR（アジア歴史資料センター）Ref. A04030987100。

11) 「輸出入品等臨時措置法」（貿易・物価統制）、「臨時資金調整法」（資金供給規正）、「軍需工業動員法の適用に関する法律」（軍需生産工場の政府・軍部直接管理）。

12) 最終的に約700社が指定された。軍需会社法を巡っては、「42年秋に商工省で初
期の検討が為された頃からこれを新体制論の再来として警戒する重要産業協議会
内部で対策が練られたほど、経済界の反発が強かった。しかし、実施段階では、
種々の規則、許認可手続きの制約解除、深刻化した資材、労力、燃料・ガス・水
道供給、資金に関する軍艦履行上並みの臨機の重点化処置がとられ、損失補償な
どの経営の維持・リスク回避処置などの優遇処置があるため、軍需関係企業側か
らも歓迎されるようになっていった」(山崎［2011］34頁)。

13) 麻島(［1985b］54頁)にも同様の記述がある。

14) 前掲 JACAR (アジア歴史資料センター) Ref. A04030987100。

15) 「富嶽」に関する著作としては、前間［1991］、碇［2002］がある。

16) 当時試作が進んでいた中島飛行機の NBH エンジン (離昇2,450馬力) 2台をつ
ないで5,000馬力を出そうというのが、当初の目論見であった。

17) 4発爆撃機 B-29は1940年に開発開始、1942年9月に初飛行、1944年5月から運
用された。B-36は1941年に開発が開始され、初飛行は1946年8月になった。当初
計画はレシプロエンジン6台搭載であったが、推力不足でジェットエンジン4台
が追加され、10発爆撃機となった。「富嶽」の最大離陸重量160トンは、ほぼ B-36
に匹敵する。

18) 佐久間一郎 (中島飛行機創業時の一員。武蔵製作所長から三鷹研究所長) の証
言とされている。

19) 「民有国営」は、いわゆる革新官僚の一人奥村喜和男が「所有と経営の分離によ
る新しい経営形態が、民営企業に比べて、また国有国営に比べても優れている」
と主張したものである。社会主義経済のように生産施設を国有化することはしな
いが、しかしその使用については、公的に管理しようとする思想である (奥村
［1940］274-284頁)。この考えを具体化した「電力国家管理法案」は1937年に議会
に提出されたが、議会ではファッショであると問題視され、経済界も大反対であ
った。結局、法案は撤回されたが、1938年に実質的に同内容の法案が可決され、「日
本発送電」が発足した (野口［2010］48-51頁)。

20) 富士重工業［1984］47頁ではこの時期について、「1945年3月2日政府は「航空
機事業の国営に関する件」を閣議決定し、軍需省内に中島飛行機を対象とした第
一軍需工廠創設委員会が設置された。中島飛行機は、この委員会の場で航空機増
産に対する意見を徴された」としているが、麻島［1985b］7頁は1944年暮れの誤
認であろうとしており、本書では麻島説とした。

21) 遠藤中将は、京都帝国大学作田壮一博士の兵器産業公社論を参考に、「兵器産業
国営論」を掲げた。海軍は賛成、陸軍は官営の非能率を理由に反対であった。遠

第2章　中島飛行機の沿革と陸海軍　97

藤は小磯総理大臣と杉山元陸軍大臣に説明して、同意を得た（高橋［2003］50頁）。遠藤は次のように述べている。「やはり株式会社の性格が尾を引きまして、利益を上げにゃなりませんね。だからあの苛烈な戦争をやっておりながら、利潤追求の考えは抜けておらないのです。それで私、素人なりに考えました。兵器産業を民間にまかすことは誤りであると。そして儲けようと思うから非常にコストの高いものになってくる。しかも作戦上の必要に応じて危険を冒してでもつくってもらわにゃならん。これはどうしても国営にしなくちゃならんとという考えで株式会社を「軍需工廠」に改め始めたのです」（安藤［1966a］305頁）。

22)　「中島飛行機株式会社」JACAR（アジア歴史資料センター）Ref. C01004722500、陸軍省大日記、昭和14年「密大日記」第14冊（陸軍省－密大日記 S-14-14-8）。

23)　「三菱重工業名古屋航空機製作所」JACAR（アジア歴史資料センター）Ref. C01004722600、陸軍省大日記、昭和14年「密大日記」第14冊（陸軍省－密大日記 S-14-14-8）。

24)　陸海軍の航空機工場に対する原価計算規定については、建部宏明の研究がある（建部［2012］）。建部によれば、陸軍航空本部は、1939年10月に制定された「陸軍軍需品工場事業場原価計算要綱」に基づいて、1940年3月に別冊「機体発動機工場原価計算実施要領」を制定した（建部［2012］81頁）。また、海軍航空本部は、1940年1月に制定された「海軍軍需品工場事業場原価計算準則」に基づいて、同年4月に「海軍軍需航空機工場原価計算細則」を制定した（建部［2012］83頁）。したがって、1936年度報告の時点では、原価計算要領が厳密には定まっていなかったものと考えられる。

25)　あくまで「公表」されたものであり、実質の株主構成は異なっていた。第5章1.1節参照。

26)　収益率は本「調査報告」の1936年度がピークであったことは、後出図5-2に見る通りである。「調査報告」を受けて、利益統制が実施されたことをうかがわせるものである。

27)　1936年11月（三菱重工業は12月期）売上は中島25.6百万円、三菱120.3百万円（後出表5-3）で三菱が売上規模で約4.7倍であった。三菱と売上比同程度の「技術研究基金」を積み立てると中島は55万円程度必要となる。

28)　ここで三井物産との関係に言及する背景として陸海軍と中島飛行機の取引には歴史的に三井物産が関わり、口銭を受け取っており、取引高の急増で口銭も急増したことがある。麻島昭一によれば、三井物産との「一手販売契約」により「中島飛行機は代金或いは前渡金の8割までを、一定の条件付ではあるが中島は三井物産から前借りする方法が定められ、三井物産の当座貸越利率が適用されること

になっていた。中島はこの方法により資金援助を受けていたと想像され、三井物産が銀行の役割を代行していたことになる。中島の資金繰りは楽だったと見られる」（麻島［1985b］49-50頁）。しかし、「所見」で指摘されたことが一因とも考えられるが、「1937年4月、陸軍が直接取引を要求、三井との一手販売契約打ち切り、1940年7月海軍も打ち切り。三井物産に依存していた金融は、通常の銀行取引に移行せざるを得ず、興銀借り入れの急速な増大」を招くことになったのは、すでに本章1.5節で述べた通りである。

29) 95式2型機で利益率30％、94式550馬力で34％という数字が挙げられている。

30) 「調査報告」よりのちの1938年9月、「陸軍機組立工場で胴体を作っているトンコ屋（胴体に釘打ちする大工）約60名が賃上げを要求してストライキに入った。1週間ほどの部分ストライキであったが、他の部門に相当の支障をきたしたので、知久平は首謀者数名を退職させ、断固たる決意を示してこれを解決した。これが中島飛行機唯一のストライキであった」（富士重工業［1984］10頁）。

31) 報告書は、以下の文書より構成されている。行政査察使藤原銀次郎『報告書』昭和18年10月（日付記載なし）、美濃部洋次文書7593、同『第三回行政査察実施概要』昭和18年10月13日、美濃部洋次文書7585、『各会社ニ就テノ査察経過』昭和18年10月13日、美濃部洋次文書7587、『第三回行政査察報告各班報告』昭和18年10月13日、美濃部洋次文書7599。

32) 事務処理報告は、下記文書より構成されている。国務大臣藤原銀次郎『事務処理委員会報告書』昭和18年12月13日、美濃部洋次文書7594、『第三回行政査察事務処理委員会第一回議事録』昭和18年11月27日、美濃部洋次文書7579、第三回行政査察報告事務処理委員会『第三回行政査察実施後ノ状況ニ就テ』昭和18年12月5日、美濃部洋次文書7577。以下、『報告書』関連を含め、引用では美濃部洋次文書番号のみを示す。

33) 美濃部洋次文書7585。

34) 美濃部洋次文書7593

35) 同前、1-5頁。引用文以外は筆者による要約である。

36) 1943年度比2倍半というこの数字は、1943年9月25日の大本営政府連絡会議および同30日の「御前会議」の決定の線に沿ったものである（安藤［1955］161頁）。

37) 美濃部洋次文書7593、6-22頁。

38) 本章1.4節参照。

39) 『各会社ニ付イテノ査察経過』（美濃部文書7587）。

40) 『第三回行政査察実施後の状況に就いて』（美濃部文書7577、9-10）。

41) これは実現可能性を無視した目標で、実績は目標に遙かに及ばなかった。第3

第2章　中島飛行機の沿革と陸海軍　99

章5.3（2）節を参照。

42)　美濃部文書7577、10-12頁

43)　1942年末の中島飛行機の組織図によると（富士重工業［1984］37頁）、本社機構には重役室、営業部、経理部、監査部がある。これに加えて総務部、生産部、技術部を新設したものと考えられる。

44)　美濃部文書7577、12-13頁。

45)　美濃部文書7577、14頁。

46)　澁谷中将はさらに「ムッソリニズム」管理を採用する工場と材料の「スペキュレーション」をする工場は永続しない、と述べている。

第3章　中島飛行機の機体事業

はじめに

　中島飛行機は1917年に機体製造事業で創業し、7年後にエンジン製造事業に進出した。本章の課題は、中島飛行機の機体製造事業の実態を、三菱重工業と対比しつつ明らかにすることである。

　まず、創業以降敗戦までの機体の開発状況を概観する。次いで、戦時期に中島飛行機が開発し実戦配備された代表的な戦闘機および爆撃機について、三菱重工業およびアメリカ軍の機体と対比し、中島機の性能、設計上の特徴、特質を評価する。生産面では、太平洋戦争期の日本の航空機生産システムを概観し、その中で中島飛行機の生産システムを位置づける。次いで機体生産能力の拡充状況と生産実績をまとめる。最後に、機体の生産能率を計算し、三菱重工業との対比で評価、考察する。

1．機体開発状況

　中島飛行機は創業から敗戦までの28年間で、どれだけの機種を開発・生産してきたか。表3-1は時期別に中島飛行機の開発・生産機種数を整理したものである。競合会社であった三菱重工業の開発・生産機種数も比較のために示した。表中、「ライセンス・改造」は外国機のライセンスを購入して製造あるいは改造した機種である。「試作のみ」は試作し、試験したものの制式採用に至らなかった機種、「制式化（原型）」（以下制式化）は軍に制式採用され、量産

表3-1　中島飛行機および三菱重工業の開発・生産機種数

		中島飛行機			三菱重工業		
		陸軍	海軍	民間	陸軍	海軍	民間
1916-1930 （模倣期）	ライセンス・改造	4	3	2	2	1	2
	試作のみ	1	0	5	4	2	0
	制式化（原型）	1	2	2	1	4	0
	制式化（改造）	0	3	0	0	4	7
	転換生産	1	3	0	0	0	0
1931-1936 （満州事変期）	ライセンス・改造	1	3	2	1	0	1
	試作のみ	4	10	0	3	6	0
	制式化（原型）	3	3	1	3	5	0
	制式化（改造）	0	3	1	0	7	5
	転換生産	0	2	0	0	0	0
1937-1940 （日中戦争期）	ライセンス・改造	0	0	0	0	0	0
	試作のみ	2	3	0	0	3	0
	制式化（原型）	1	2	0	5	3	0
	制式化（改造）	1	1	0	3	1	4
	転換生産	1	1	0	0	0	0
1941-1945 （太平洋戦争期）	ライセンス・改造	0	0	0	0	0	0
	試作のみ	3	5	0	2	3	0
	制式化（原型）	5	3	0	1	3	0
	制式化（改造）	6	4	0	4	11	0
	転換生産	0	3	0	0	0	0
合　計	ライセンス・改造	5	6	4	3	1	3
	試作のみ	10	18	5	9	14	0
	制式化（原型）	10	10	3	10	15	0
	制式化（改造）	7	11	1	7	23	16
	転換生産	2	9	0	0	0	0

注：制式機は制式化年、その他は完成または初飛行年で区分した。
出所：野沢編［1958］、野沢編［1963］から筆者が集計した。計画・設計段階で中止、中断
　　　した機種は除いた。

された機種、「制式化（改造）」（以下改造型）は制式化後にエンジン出力増加、武装強化などの改良、改造がなされ2型、3型などの名称が付与された機種である。「転換生産」は軍工廠あるいは他会社で開発し、軍の命令で製造を担当した機種である。計画のみに終わったか、開発に着手したものの未完成に終わった機種は表から除いてある。機体の開発、制式化には数年を要するので、試作のみで終わった機種は完成年、制式化された機種は制式化年でカウントして

ある。

　まず「模倣期」（1916-1930）である。陸軍機はライセンス・改造4機種、試作のみが1機種、制式化が1機種で合計6機種、ほかに転換生産が1機種であった。海軍機はライセンス・改造3機種、制式化が2機種、改造型が3機種で合計8機種、転換生産が3機種であった。民間機はライセンス・改造が2機種、試作のみが5機種、民間機では制式化ということはないが、量産が2機種、合計9機種であった。

　次いで満州事変期（1931-1936）では、陸軍機はライセンス・改造1機種、試作のみが4機種、制式化されたのが3機種、合計8機種であった。海軍機はライセンス・改造が3機種、試作のみが10機種、制式化が3機種、改造型が3機種で合計19機種、転換生産が2機種であった。民間機はライセンス・改造が2機種、改造型を含む量産が2機種、合計4機種であった。この時期は海軍機の開発機種数が陸軍機の2倍以上であった。

　日中戦争期（1937-1940）では、陸軍機は試作のみが2機種、制式化が1機種、改造型が1機種の合計4機種、転換生産が1機種であった。海軍機は試作のみが3機種、制式化が2機種、改造型が1機種の合計6機種で、転換生産が1機種あった。この時期以降になるとライセンス生産・改造および民間機の開発はない。

　最後に太平洋戦争期（1941-1945）である。陸軍機は、試作のみが3機種、制式化が5機種、改造型が6機種の合計14機種であった。海軍機は試作のみが5機種、制式化が3機種、改造が4機種で合計12機種、加えて転換生産が3機種あった。

　以上、中島飛行機28年間の開発・生産機種の合計をまとめると、まず陸軍機では20機種を試作したうち10機種が制式化され、7機種の改造型が開発、生産された。ほかにライセンス生産あるいは改造開発・生産が5機種、転換生産が2機種である。海軍機では28機種を試作し、うち10機種が制式採用された。加えて11機種の改造型が開発、生産された。ほかにライセンス生産あるいは改造開発・生産が改良型を含め6機種、転換生産が9機種である。民間機は8機種

開発したが、試作のみが５機種、量産されたのは改造型１機種を含めわずか４
機種である。ライセンス生産が４機種である。ライセンス生産・改造開発を除
いて合計すると、中島飛行機は28年間で56機種を試作し、23機種が制式化され、
さらに19機種の改造型を開発、生産したことになる。

　三菱重工業は太平洋戦争期に限ると、陸軍機は試作のみが２機種、制式化が
１機種、改造型が４機種で合計７機種であった。海軍機は試作のみが３機種、
制式化が３機種、改造型が11機種で合計17機種であった。創業以来の合計では、
陸軍機19機種を試作、10機種が制式化され、７機種の改造型があった。海軍機
は29機種を試作、15機種が制式化され、その改良型が23機種であった。民間機
は19機種あったが、ライセンス生産が３機種で、16機種は陸海軍機の改造であ
った。中島飛行機と同様にライセンス生産、改造を除いて合計すると、三菱重
工業は48機種を試作し、25機種が制式採用され、46機種の改造型を開発、生産
した。

　陸海軍とも中島飛行機、三菱重工業の試作機種数が拮抗していることは両社
が戦前日本における２大航空機メーカーであったことを示している。中島飛行
機には転換生産機種が11機種あるのに比して、三菱重工業には転換生産機種は
なかったことも指摘しておく。陸海軍が中島飛行機の生産力に期待した証左の
一つといえよう。

　１.１節から１.４節に中島飛行機、１.５節に三菱重工業の主要な機種の開
発状況をまとめた。巻末の付表１は中島飛行機、付表２は三菱重工業で開発、
生産した機種の概要を整理したものである。

１.１　模倣期の主要機種

（1）創業初期
　創業期の機種についてはすでに若干触れたが（第２章１.２節）、まず中島飛
行機が開発した民間機として中島式１型、３型、４型、５型、６型、７型があ
り、５型は陸軍に制式採用され中島式５型練習機となった。この機種は陸軍が
民間の飛行機工場に発注した最初の日本人設計の機体である。民間型17機を含

め118機量産された。

（2）初期の量産時代

1920年4月には海軍から横廠[1]式ロ号甲型水上偵察機の初発注を受け、1924年度までに106機を生産した。その後、陸海軍とも外国設計機のライセンス生産に切り換え、中島飛行機がその製作を引き受けた。1925年から1931年まで、陸軍はフランスのニューポール式で甲式二型練習機、甲式三型練習機、甲式四型戦闘機を、海軍は1925年から1926年にかけてアブロ式練習機、ハンザ式偵察機である。海軍はその後も中島飛行機の生産工数を維持するため、1931年まで横廠設計の13式水上練習機、14式水上偵察機を転換生産させ、15式水上偵察機を制式化して生産させた。

（3）競争試作時代

昭和初期になると、陸海軍ともに従来の外国機のコピーから脱して純国産機の発達を促すため、各航空機会社に競争試作させる方針となり、公式には1927年から1937年まで競争試作を行わせた。

しかし陸軍では、これより先1925年に三菱内燃機、川崎造船所、石川島飛行機製作所に新偵察機の試作を命じ、川崎機を88式偵察機として採用した（富士重工業［1984］20頁）。次いで陸軍は1927年4月中島飛行機、三菱重工業、川崎航空機の3社に対して単座戦闘機の試作要求を出した。中島飛行機はフランスから招聘したマリー、バロン両技師の指導のもとに大和田繁次郎、小山悌技師が主務で1928年にNC型2機の試作機を提出した。川崎航空機は重量過大で落伍、三菱機と中島機は急降下中に空中分解を起こして、両機とも失格となった。しかし、中島飛行機は陸軍の指示で改良を続け、1931年12月に制式機として採用され91式戦闘機[2]となった。

海軍でも1925年に中島飛行機、三菱重工業、川崎航空機3社に対して水上偵察機の審査要求があり、中島飛行機はブレゲー19A-2に浮舟を付けたブレゲー19A-2Bを提出したが、3社とも不合格となった。次いで海軍は、1927

表3-2 (1)　中島飛行機の

年	中島応募機名	設計主務者	中島機の特徴
			陸
1926	試作偵察機自主参加・N-35型	三竹　忍	仏のマリー、バロン両技師の指導による。
1927	戦闘機 NC 型	大和田繁次郎	仏のマリー・バロン技師の指導によるパラソル型単葉機。当初不合格なるも、陸軍指示で改修、強度、安定性向上、1931年制式採用された。
			海
1925	水上偵察機ブレゲー19A-2B	ライセンス改造	仏ブレゲー社からライセンス購入機に浮船を装着した。
1926	艦上戦闘機ガムペット	吉田孝雄	英国グロスター社のゲームコック機を日本向けに改造したガムペット機を、中島でさらに日本海軍向けに改修した。中島ジュピターエンジンを搭載。

出所：野沢編 [1963]、富士重工業 [1984] 21頁、三島ほか [1987] 73-74頁から筆者作成。

年に中島飛行機、三菱重工業、愛知航空機の3社に対して艦上戦闘機の試作を命じた。中島飛行機はイギリスのグロスター社からガムペット戦闘機を購入し、これを参考に試作したG型戦闘機を提出し、これが三式艦上戦闘機として採用された。中島飛行機として海軍戦闘機への最初の進出であった（表3-2 (1)）。

　競争試作以外では、中島飛行機は陸軍の偵察機に進出しようと1927年にN-35偵察機を自主開発したが採用されなかった。

1.2　満州事変期の主要機種

この時期には、多くの競争試作がなされた（表3-2 (2)）。

(1)　陸軍戦闘機

前述の通り、1931年12月に91式戦闘機が制式採用となった。次期単座戦闘機の競争試作は、1934年中島飛行機のキ-11と川崎航空機のキ-10とで争われ、川崎機が採用されて95式戦闘機となった。中島は低翼単葉固定脚の意欲的な機

第3章　中島飛行機の機体事業　107

競争試作参加状況―模倣期

競争会社	正式採用機種名	備　考
陸		
三菱・川崎・石川島	88式偵察機（川崎）	乙式一型偵察機の更新。中島は甲式4型量産のため、除外されたため、自主参加。
三菱・川崎	91式戦闘機（中島）	甲式4型戦闘機の更新。陸軍戦闘機に対する正式の第1回コンペティション。当初、全機不合格であった。
海		
三菱、川崎	採用機なし	全機不合格。海軍は独自開発の14式水上偵察機を採用した。
三菱、愛知	3式艦上戦闘機（中島）	10式艦上戦闘機の更新。三菱、愛知は水冷エンジン搭載、不時着水対策で重量増加、安定性不良であった。

体であったが、陸軍は近接格闘戦能力を重視し、複葉の川崎機を採用したものである。

　次の競争試作は1935年10月、陸軍は中島飛行機、三菱重工業、川崎航空機に対して、低翼単葉の軽快な運動性を持つ新戦闘機の試作を命じた。三菱は海軍の96式艦上戦闘機を陸軍仕様に改造したキ-33、川崎は水冷エンジン搭載のキ-28で応募した。中島は自主開発のPE実験機を元にしたキ-27で応募し、陸軍の最も強く要求する旋回性能に優れたキ-27が1937年に97式戦闘機として制式採用されることになる。

（2）海軍戦闘機

　中島飛行機がボーイング100Dを参考に自主開発した艦上戦闘機（艦戦）が1932年4月に海軍に制式採用され90式艦戦となった。これは日本人設計による最初の艦上戦闘機であった。1936年には90式艦戦の後継機として中島飛行機の95式艦戦が制式化された。海軍最後の複葉戦闘機であった。1931年度の7試艦戦の競争試作は中島飛行機と三菱重工業で争われたが、両社とも不採用となっ

表3-2 (2)　中島飛行機の

年	中島応募機名	設計主務者	中島機の特徴
			陸
1934	試作単座戦闘機 (PA) キ-11	(小山 悌) 井上真六	陸軍戦闘機としては画期的に軽快な低翼単葉機。中島「寿」エンジンを搭載。
1935	試作重爆撃機キ-19	松村健一	流線型胴体、片持式中翼単葉、爆弾倉を胴体下部に内装。ダグラスDC-2の経験を生かした。
1935	試作戦闘機キ-27	小山 悌	全翼一枚構造、胴体を前後分割とし、重量軽減、生産能率向上、整備運搬容易化を図った。視界の広い水滴型風防を採用。これらはゼロ戦、隼などが踏襲した。
			海
1932	中島7試艦上戦闘機	小山 悌	陸軍91式戦闘機を艦上機化。エンジンは「寿」5型に換装。
1932	中島7試艦上攻撃機	吉田孝雄	最初の空冷エンジン付3座艦上攻撃機。海軍審査で、性能不足との判断。
1933	中島8試特殊爆撃機 D2N1, D2N2, D2N3	山本良造	中島最後の試作複葉艦上爆撃機。安定性不十分。
1933	中島8試艦上複座戦闘機 NF-2	明川 清	6試複戦の後続複葉機。全金属製骨組み。
1933	中島8試水上偵察機 E8N1	三竹 忍	90式2号水上偵察機2型をさらに高性能化、複葉単浮船形式。
1934	中島9試単座戦闘機	小山 悌 井上真六	キ-11と同様の試作戦闘機を海軍向けに改造。中島最後の試作艦上戦闘機。
1934	中島9試艦上攻撃機 B4N1	吉田孝雄 福田安男	空母エレベータの寸法制限などで艦上攻撃機のみ複葉機となっていた。上下翼付け根をガル・タイプとした特異な機体。
1935	中島10試艦上攻撃機 B5N1〜N2	中村勝治	複葉固定脚から低翼単葉引き込み脚へ革新的な機体。1号は中島「光」、3号は「栄」を搭載。海軍機発としては最初の引き込み脚。愛知、広工廠でも生産。
1936	中島11試艦上爆撃機 D3N1	山本良造	低翼単葉、引き込み脚。脚をエアブレーキとして使用。中島「光」搭載。

出所：野沢編 [1963]、富士重工業 [1984] 21頁、三島ほか [1987] 73-74頁から筆者作成。

第3章　中島飛行機の機体事業　109

競争試作参加状況─満州事変期

競争会社	正式採用機種名	備　考
軍		
川崎	95式戦闘機（川崎）	陸軍は近接格闘戦を重視し、複葉の川崎キ-10を採用。
三菱	97式重爆撃機（三菱）	93式重爆撃機の更新。機体は三菱キ-21、搭載エンジンは中島ハ-5に決定。
三菱、川崎	97式戦闘機（中島）	三菱はキ-33、川崎は水冷エンジン搭載のキ-28。陸軍の最も強く要求する旋回性能に優れていたことが採用の決め手。
軍		
三菱	採用機なし	90式艦上戦闘機の更新。純国産化連続計画の第一着手。両社とも不合格。
三菱	採用機なし	89式艦上攻撃機の更新。水冷エンジン搭載の三菱Ｂ３Ｍ１とともに両社不合格。空技廠製Ｂ３Ｙ１が制式採用。
愛知	94式艦上爆撃機（愛知）	以降、艦上爆撃機は愛知の独壇場に。
三菱	採用機なし	海軍は単一機種としての複座戦闘機の採用を見合わせた。
愛知、川西	95式水上偵察機（中島）	90式２号水上偵察機の更新。実用性良好、堅実型の中島を選定。
三菱	96式艦上戦闘機（三菱）	７試艦上戦闘機不合格のため、新たに競争試作。三菱の９試単座戦闘機は傑作機となった。
三菱、空技廠	96式艦上攻撃機（空技廠）	遅れて完成した空技廠機が中島、三菱のよい点を採り入れ設計改修されていたため、最も堅実な成績で採用された。
三菱	97式１号艦上攻撃機（中島）97式２号艦上攻撃機（三菱）97式３号艦上攻撃機（中島）	２号は三菱製で固定脚、生産機数は少ない。３号は真珠湾攻撃で有名になった。
愛知、三菱（辞退）	99式艦上爆撃機（愛知）	96式艦上爆撃機の更新。中島機の性能は「金星」搭載の愛知機に及ばず。

た。1934年度の9試艦戦試作競争では三菱機が採用されて1936年に制式化、96
式艦戦となった。9試艦戦は中島飛行機最後の試作艦戦となった。ほかに複座
艦上戦闘機が6試、8試と試作されたが、いずれも制式化されなかった。この
のちには三菱重工業の零戦が続くことになり、3式艦戦から95艦戦まで続いた
中島飛行機の艦戦分野は96艦戦を境として三菱重工業に移ったことになる。

(3) 海軍攻撃機、爆撃機

艦上攻撃機（艦攻）は1921年以来三菱重工業の独壇場であったが、中島飛行
機は1932年の7試艦攻競争試作に参加できた。しかし、中島、三菱とも不合格
であった。次いで1934年、9試艦攻の競争試作は中島飛行機、三菱重工業、航
空技術廠（空技廠）で争われたが、空技廠の機体が96式艦攻として制式化され
た。

急降下爆撃機では、6試特殊爆撃機および7試特殊爆撃機があるが、前者は
試験飛行中に墜落、後者も不採用となった。1933年の8試特殊爆撃機は愛知航
空機との競争試作であったが、愛知機が制式採用されて94式艦上爆撃機（艦爆）
となった。

三菱重工業のほぼ独占となっていた中型攻撃機分野への進出を狙って、中島
飛行機は1935年にダグラスDC-2の製作権を購入し、これを参考にして1936
年にLB-2試作長距離爆撃機1機を製作したが、採用されなかった。この1
機は、のちに満州航空の旅客機「暁号」となった。

(4) 偵察機

中島飛行機は、1933年に陸軍からキ-4偵察機の試作を命じられ、1934年94
式偵察機として制式化された。これが中島飛行機唯一の陸軍偵察機であった。

海軍では1927年、15式水上偵察機が制式採用された。1930年、カタパルト発
射用の複座水上偵察機の試作がなされ、90式水上偵察機として制式化された。
次いで1933年、海軍は中島飛行機、愛知航空機、川西航空機3社に対して90式
二号水上偵察機に代わる近距離用水上偵察機の試作を指示した。中島飛行機は

90式水上偵察機を高性能化した複葉単浮舟形式の機体で応募し、1935年9月95式水上偵察機として制式採用された。

(5) 民間機

1931年、中島飛行機はフォッカー・スーパーユニバーサル旅客機のライセンスを購入して生産、日本航空輸送株式会社（1928年設立）で運用された。次いで1934年、次期主力機と決まったダグラスDC-2のライセンスを購入して国産化した。中島飛行機独自設計のAT-2旅客機が1936年9月に完成し、満州航空、日本航空輸送で使用された。

1.3 日中戦争期の主要機種

(1) 陸軍戦闘機

前述したが、キ-27が1937年に97式戦闘機として制式化された。同年12月に後継機種キ-43の開発が中島飛行機1社特命で指示された。ほぼ同時期にいわゆる重戦思想[3]のキ-44の試作も発注された。

(2) 陸軍爆撃機、大型機

1935年、陸軍は93式重爆撃機に代わる近代的重爆撃機の試作を中島飛行機、三菱重工業に内示、翌1936年2月に正式の要求諸元を指示した。中島飛行機はキ-19、三菱重工業はキ-21を試作し、両機甲乙付けがたい状況であったが、結局実用性の良い中島ハ5を搭載した三菱のキ-21が1937年に制式採用となり、97式重爆撃機となった。この機種は中島飛行機でも転換生産された。

(3) 海軍偵察機

中島飛行機として最後の競争試作となったのは1937年の12試2座水上偵察機で（表3-2（3））、競争相手は愛知航空機であったが、両社とも不採用となった。艦上偵察機としては、中島1社特命で発注された10試艦偵が97式艦上偵察機として制式採用されたが、同時に制式採用された97式艦攻がこの分野もカ

表3-2 (3)　中島飛行機の

年	中島応募機名	設計主務者	中島機の特徴
			海
1937	12試2座水上偵察機E12N1	井上真六	全金属製、直線テーパー片持低翼単葉でスロッティッド・フラップを装備。速度重視、重量軽減目的で小翼面積。

出所：野沢編［1963］、富士重工業［1984］21頁、三島ほか［1987］73-74頁から筆者作成。

バーしたため、量産はされなかった。

(4) 海軍攻撃機、爆撃機

中島飛行機、三菱重工業の艦攻競争試作は1935年の10試艦上攻撃機で三たび争われた。ともに低翼単葉の全金属製で、中島飛行機は日本初の引込脚を採用した。中島機が1937年に97式艦攻1型として制式採用となった。97式艦攻は真珠湾攻撃の主力艦攻である。

94式艦上爆撃機ののちの11試艦上爆撃機は中島飛行機、愛知航空機、三菱重工業（モックアップ製作まででで辞退）3社の競争試作となったが、これも1939年に愛知機が採用されて99式艦上爆撃機となった。この結果、中島飛行機は艦上爆撃機分野には進出できなかった。

満州事変期には競争試作が活発に行われたが、1937年以降は、各社の技術力が世界水準に達し、独自の開発能力、得意とする機種、生産能力などを考慮して、1社特命による試作発注が行われるようになり、競争試作制度は廃止された（富士重工業［1984］22頁）。1926年から1937年まで中島飛行機は陸軍5機種、海軍12機種の競争試作に参加したが、競争試作に勝って制式採用されたのは陸軍2機種（91式戦闘機、97式戦闘機）、海軍3機種（3式艦戦、95式水上偵察機、97式艦攻）であった。このうち中島飛行機と三菱重工業が他社も含めて競合したケースが12回あり、中島機採用が3回（91式戦闘機、3式艦戦、97式戦闘機）、三菱機採用が2回（96式艦戦、97式重爆）、両社機採用が1回（97式艦攻）、全機不合格で採用機なしが4回、他社機採用が1回であった。参加した各航空機

競争試作参加状況—日中戦争期

競争会社	正式採用機種名	備　考
軍		
愛知	採用機なし	従来の複葉水上偵察機に比し高性能であったが、操縦性、安定性が不十分であった。

メーカーにとって採用率は決して高くなく、経営的にも負担であったものと考えられる。

1.4　太平洋戦争期の主要機種

(1) 陸軍戦闘機

1937年に試作を指示されたキ-43は、1941年に制式化され1式戦闘機「隼」となった。制式化に時間を要したのは、当時はまだ「軽戦闘機信仰」が強く、97式戦闘機との比較で運動性が劣ると判断されたためであった。採用の決め手となったのは、爆撃機を掩護する長距離戦闘機の必要性に迫られたことであった。「隼」は陸軍の最多量産機となった。続いて試作指示されたキ-44は、1942年に制式化され2式戦闘機「鍾馗」となった。陸軍は1941年末にキ-84単発戦闘機の試作を内示し、1944年に4式戦闘機「疾風」として制式化された。「疾風」は97式戦闘機から「隼」、「鍾馗」と続く中島戦闘機の決定版ともいえるもので、日本陸海軍機初の2,000馬力級戦闘機であった。

(2) 陸軍爆撃機

1938年初頭、陸軍は中島飛行機1社特命で次期重爆撃機として、戦闘機の護衛を必要としない高速強武装の機体キ-49を発注した。この機体は1941年3月に100式重爆撃機「呑龍」として制式採用された。ほかに特殊攻撃機「剣」(キ-115)[4] は中島飛行機最後の量産機であった。

(3) 海軍戦闘機、偵察機

1939年3月、海軍は双発長距離戦闘機の試作を中島飛行機に指示した。この双発陸上戦闘機（J1N1）は1941年8月に海軍に領収されたが、戦闘機としては不適格と判定された。しかし偵察機に改造して2式陸上偵察機となった。1943年8月、これを複座の夜間戦闘機に改造し、「月光」として制式採用した。

艦上偵察機「彩雲」は1942年試作が開始され、1943年に制式採用された。開戦後に設計が開始された海軍機の中で、飛躍的に活躍した唯一の実用機と評価されている（野沢編［1963］226頁）。

(4) 海軍攻撃機、爆撃機

1937年、97式艦攻の後継機として中島飛行機1社特命で発注され、1943年に制式化されたのが艦上攻撃機「天山」である。

陸上攻撃機の分野では、海軍は三菱重工業が開発した96式陸攻、1式陸攻よりも攻撃力、航続力の大きい4発の大型陸攻を計画し、1938年に中島飛行機に試作を指示した。中島飛行機および海軍にとって最初の4発大型機であったので、ダグラスDC-4[5]を購入して参考とした。試作機は1941年4月に海軍に領収され13試陸上攻撃機「深山」となった。しかし、トラブルが続出し生産は6機で打ち切られた。次いで1943年初め頃、海軍は「深山」で4発機の経験を持つ中島飛行機に高性能長距離陸上攻撃機18試陸上攻撃機「連山」の試作を命じた。1号機は1945年1月海軍に領収されたが、排気タービンの不調、材料欠乏などで1945年6月、4機まで生産したところで中止された。

(5) ジェット攻撃機

第二次世界大戦後期には、独英米の実用ジェット戦闘機が登場する。中島飛行機は陸軍の命令でキ-201試作戦闘攻撃機「火龍」の設計に着手したが、終戦となり未完成であった。海軍の命令で試作した試作特殊攻撃機「橘花」は終戦までに1機のみ完成し、1945年8月7日に初飛行した。エンジンは海軍航空技術廠が試作したネ-20を主翼に2台搭載していた。この結果、中島飛行機は太

平洋戦争中日本で唯一、ジェット機の飛行に成功した会社となった。機体、エンジンいずれもドイツのメッサーシュミットMe262ジェット戦闘機の資料を基にしたものであった。

1.5 三菱重工における機体開発

三菱重工業については、日中戦争期以降の、主として制式化された機種について概説するものとする。

(1) 陸軍戦闘機、偵察機

1935年、陸軍は三菱重工業に新偵察機の試作を命じた。この機体は1937年に陸軍最初の司令部偵察機として制式採用され、97式司令部偵察機となった。次いで陸軍は1937年に次期偵察機の試作を指示し、100式司令部偵察機として制式採用された。この機体は日中戦争末期から太平洋戦争期を通して使用された。なお陸軍戦闘機分野では、不採用に終わったキ-33以降、キ-109試作特殊防空戦闘機、キ-83試作遠距離戦闘機があるがいずれも制式とはならなかった。

(2) 陸軍攻撃機、爆撃機

1938年、陸軍は三菱重工業に敵基地および地上部隊の襲撃に用いるための襲撃機試作の指示を出し、99式襲撃機として制式となった。この機体は艤装の一部を変更して99式軍偵察機としても使用された。

中島飛行機との競争試作に勝って制式化された97式重爆撃機、中島飛行機の100式重爆撃機「呑龍」に次いで陸軍が制式化した重爆撃機が4式重爆撃機「飛龍」である。1941年2月に試作指示を受けたキ-67が1944年に制式化された機体である。

97式重爆撃機を改造した機体が100式輸送機で、民間機としてはMC-20として大日本航空の主力として使用された。

（3）海軍戦闘機、偵察機

　中島飛行機との競争試作に勝って制式化された96式艦戦の後継となったのが
ゼロ式艦戦（零戦）で日本軍における最多量産機体である。1939年、試作14試
局地戦闘機として試作を指示された機体は1943年に「雷電」として制式化され
た。17試艦戦「烈風」は零戦の後継機として1942年に試作が開始された機体で
あるが、搭載した中島飛行機製「誉」エンジンの出力不足のため開発に手間取
り、三菱のA-20に換装して制式機となったものの、終戦で量産には至らなか
った。ドイツMe163の資料を基にして開発された試作局地戦闘機「秋水」ロ
ケット動力機は1945年7月7日に初飛行を実施したが、エンジン停止で墜落し
た。

　98式陸上偵察機は陸軍97式司令部偵察機のエンジン、艤装を海軍式に改造し
た機体であった。

（4）海軍爆撃機、攻撃機

　1934年に試作を指示された試作9試中型陸上攻撃機は、1936年に96式陸攻と
して制式化された。次いで、試作12試陸上攻撃機が1式陸攻として制式化され、
双発機としては最大の量産機数となった。

　艦上攻撃機では、中島飛行機と競争試作となった10試艦攻は97式2号艦攻と
して採用されたものの、中島飛行機の97式1号艦攻が主力となったため、生産
機数は少なかった。

（5）民間機

　民間輸送機専用に開発された機種はなく、前出のMC-20輸送機のように陸
海軍機を改造した機体が民間用に使用された。97式司令部偵察機を陸軍の承認
を得て朝日新聞社が購入した機体が「神風」号で、1937年の欧州への長距離飛
行で有名である。

2．中島機体の性能的位置づけと特徴

　戦時期に中島飛行機が開発した機体の性能は、他の航空機製造会社の機体およびアメリカ軍機と比較してどの程度の位置にあったのか、また、どのような特徴を持っていたのか分析する。航空機の開発が成功したか否かの指標はまず生産数である。したがって、日米の陸海軍で生産数の多かった機種を比較の対象とする（表3 - 3）。1万機以上生産された戦闘機は、日本が零戦1機種であったが、アメリカ軍は18,000機以上生産されたP-51をはじめとして6機種を数える。日本で第二位の生産数は1式戦闘機「隼」で5,753機である。爆撃機では、日本で最も生産された1式陸攻2,400機余りに対して、アメリカ軍B-24は18,000機以上、B-17も12,000機以上である。機種当たりの生産数でアメリカが圧倒的に上回っていることが判る。これは先に述べた通り、航空機生産数がアメリカの4.3分の1しかないにもかかわらず、日本軍部が多数の機種を試作、量産した[6]ためであった。

　本書では、戦闘機と爆撃機を分析対象とする。軍用機であるから、要求性能は当然陸海軍の定めるところになるが、要求をどのように実現するかは各社の技術力が反映されることになる。

2．1　戦闘機

　戦闘機は敵航空機との空戦を想定して、高い機動性能と対空攻撃力が要求される。一般的に攻撃機や爆撃機と比較すると小型・軽量であり、機体の大きさの割に強力なエンジンを搭載している。運用側から理想的な戦闘機を想定してみると、敵戦闘機、攻撃機、爆撃機より運動性（旋回、上昇）、高空性能に優れ、高速度で武装の威力が大且つ自身の防御力が強力で信頼性が高いということになるであろう。これらすべてを同時に満足することはいかに設計技術が進歩しようと困難なことであり、どの性能を重視するかに各国の用兵思想が現れる。

　日本陸軍の戦闘機は、97式戦闘機に至るまで7.7mm機銃2挺の軽武装を標

表3-3　太平洋戦争期の日米主要機種生産機数

国名	軍	戦闘機			軍	爆撃機		
		機種名	開発会社	生産数		機種名		生産機数
日本	海	零戦	三菱	10,425	海	1式陸攻	三菱	2,418
	陸	1式戦隼	中島	5,753	陸	97式重爆	三菱	2,064
		4式戦疾風	中島	3,449	海	96式陸攻	三菱	1,027
		97式戦	中島	3,386		銀河	空技廠	1,008
		3式戦飛燕	川崎	3,159	陸	100式重爆呑龍	中島	813
	海	紫電改	川西	1,422		4式重爆飛龍	三菱	696
	陸	2式戦鍾馗	中島	1,227				
	海	96艦戦	三菱	982				
		雷電	三菱	468				
	陸	5式戦	川崎	396				
米国	陸	P-51 Mustang	North American	18,575		B 24 Liberator	Cinsolidated	18,482
		P-47 Thunderbolt	Republic	15,686		B 17 Flying Fortress	Boeing	12,371
		P-40 Warhawk	Curtiss-Wright	13,387	陸	B 25 Mitchell	North American	9,984
	海	F 4 U Corsair	Chance Vaught	12,571		B 26 Marauder	Martin	5,288
		F 6 F Hellcat	Grumman	12,275		B 29 Superfortress	Boeing	3,930
	陸	P 38 Lightning（双発）	Lockheed	10,037				
		P 39 Airacobra	Bell	9,584				
	海	F 4 F-3 Wildcat	Grumman	7,722				
	陸	P-36 Hawk	Curtiss-Wright	845				

注：生産数は、開発会社以外の転換生産を含む総生産数である。
出所：日本機のデータは、日本航空学術史編集委員会編［1990］、附録第1表および第2表、航空情報編［1955］ほか
　　　による。米国機は青木［1998］ほか、筆者調べである。

準に、機体も可能な限り軽く仕上げて、軽快な運動性を第一とする、いわば「軽
戦闘機」を唯一無二の信条としてきた。しかし、1935年以降、欧米列強の新型
戦闘機は、ドイツのメッサーシュミットのBf109に象徴されるように速度、火
力の優越を第一義とし、その特質を生かした一撃離脱戦法を採るようになりつ
つあった。日本陸軍もこうした傾向に全く無関心であったわけではなく、1938
年7月1日、陸軍航空本部は、将来の新型機開発において指針となる『兵器研
究方針』を改訂交付、従来の「単座戦闘機」という定義を「軽単座戦闘機」と
「重単座戦闘機」の二つに分類した。軽単座戦闘機はそれまでの陸軍制式戦闘
機が当てはまり、重単座戦闘機は「特に速度に卓越し、機銃2挺に加え、機関
砲1門を備えるもの」と定義された（野原［2009］92頁）。重単座戦闘機とし
て初めて、1939年6月に中島飛行機に開発命令が出たのがキ-44（のちの2式
戦闘機「鍾馗」）である。ここで、「軽」とか「重」とかは機体の重量そのもの

第3章　中島飛行機の機体事業　119

表3-4　海軍で統合した戦闘機

			重点性能	使用高度	航続力（正規重量）	兵装
艦　戦		甲戦	空戦性能	中高度乃至高々度	全力0.5時間＋巡航2.5時間	中
	遠戦					
陸戦	局戦	乙戦	最大速度上昇力	高々度	全力0.5時間＋巡航2.5時間	重
	夜戦	丙戦	夜間行動能力	高々度		重
水　戦			大体乙戦に準ず			

注：中高度：4,000-6,000m、高々度：7,000-10,000m。兵装中：20mm×2、13mm×2程度、兵装重：
　20mm×2、30mm×2以上。
出所：岡村ほか［1953］138頁の第2.2表による。

ではなく、機体重量を主翼面積で割った翼面荷重であることに注意を要する。

　日本海軍の場合、日中戦争中期までは空戦性能に重点を置いた艦上戦闘機に限られ、侵攻、防空、または攻撃機の擁護と多目的に使用された。しかし、戦訓から以下の3種類を必要とすることとなった。

　・比較的遠距離に行動して攻撃機の擁護にも使用できる艦上戦闘機

　・敵の空襲を阻止する局地防空用の陸上戦闘機

　・陸攻に随伴する遠距離擁護戦闘機（重戦闘機）

　これにより試作されたのが、12試艦上戦闘機（零戦）、14試局地戦闘機（雷電）、13試双発戦闘機（月光）であった。以降、戦闘機には幾多の機種が要望されたが、軍民の開発能力には限度があったので、1942年夏頃から戦闘機の機種統合問題が用兵者間で議論され、1943年に至って表3-4に示す甲、乙、丙の3種に統合された（岡村ほか［1953］136-140頁）。

　本節の分析では、単発の主力戦闘機を比較の対象とした。陸軍戦闘機は中島飛行機の97式戦闘機、1式戦闘機「隼」、2式戦闘機「鍾馗」、4式戦闘機「疾風」、川崎航空機の3式戦闘機「飛燕」および5式戦闘機、海軍戦闘機は三菱重工業の零戦、雷電および川西航空機の「紫電改」である。アメリカ軍戦闘機は、陸軍機は Curtiss-Wright P-36および P-40、Republic P-47D、North American P-51D、海軍機は Grumman F4F および F6F、Chance Vaught F4U である。一般に海軍機（艦載機）は、航空母艦から運用するという制約

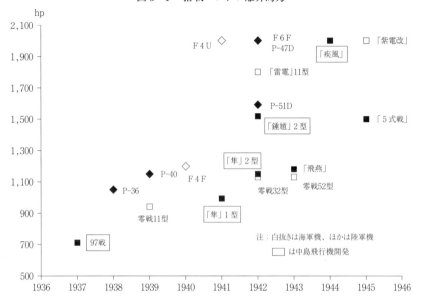

図3-1 搭載エンジン離昇馬力

から降着装置を補強したり、主翼の折り畳み機構が必要になったりするので、陸軍機よりも構造重量が重くなる傾向がある。

性能指標として①搭載エンジン馬力、②翼面荷重（kg/m^2）、③水平最大速度（km/h）、④航続距離（km）、⑤火力、⑥防御性能を分析する。データの出所は、巻末の付表3、付表4による。

(1) エンジン出力

搭載エンジンの離昇馬力（hp）の推移を図3-1に示した。横軸は制式化年である。制式化年が遅くなるに従い、搭載エンジンの馬力が大きくなっているのが明らかである。太平洋戦争の初期まで、日本の主力戦闘機は1,000馬力から1,200馬力程度のエンジンを搭載していた。1942年制式化の陸軍2式戦闘機「鍾馗」が1,500馬力級、海軍「雷電」が1,800馬力級、戦争末期の1944年制式化の陸軍4式戦「疾風」で初めて2,000馬力級エンジンを搭載することができた。

図3-2 翼面荷重

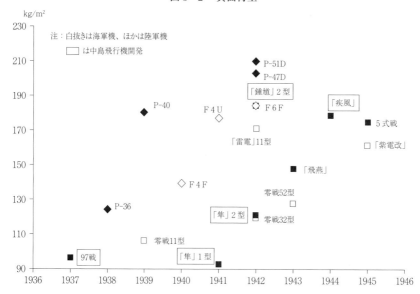

1945年の海軍「紫電改」がこれに続く。アメリカ軍は、太平洋戦争開戦時は日本と同様1,000馬力級エンジンであったが、1941年以降には2,000馬力級エンジンを搭載した戦闘機を続々と制式化し、1943年初頭から太平洋戦線に投入した。日本海軍の艦載戦闘機は、太平洋戦争中ほぼ零戦およびその改良型で、エンジン出力は1,000馬力級であったので、その2倍の出力のアメリカ軍戦闘機と対峙することになった。

(2) 翼面荷重

翼面荷重（kg/m^2）は、戦闘機の性格を最もよく表す数値である。翼面荷重が小さいほど旋回半径が小さく、小回りがきく。反面、空気抵抗が大きくなり、水平最大速度は低くなる。図3-2を見てわかることは、戦闘機の翼面荷重が制式化年とともに急速に増大している（いわゆる重戦化）こと、その増大の仕方は日本とアメリカで明確に相違し、日本軍機が遅れていることである。重戦化に伴って、戦闘方法も日本軍機の得意とする近接格闘戦から、高速を利用し

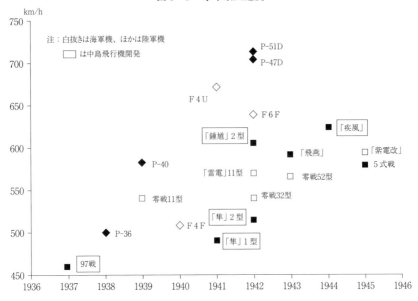

図3-3　水平最大速度

ての一撃離脱戦法へと変化した。日本陸軍は97式戦闘機の格闘戦能力が余りにも優れていたので[7]、次期戦闘機には、97式戦闘機と同等の運動性と、より高速性を要求した。エンジン馬力が向上したとはいえ、要求性能の両立は困難であったため、1式戦闘機「隼」の制式化が遅れた。97式戦闘機の成功が、世界の戦闘機の趨勢である重戦化では明らかに後れをとる要因になったといえる。海軍の零戦も翼面荷重からは「軽戦」である。2式戦闘機「鍾馗」、海軍局地戦闘機「雷電」はともに、当時の日本戦闘機の趨勢から外れており、陸海軍の方針変更を示すものといえる。両機とも翼面荷重が高く、軽快な機体に慣れていた当時のパイロットには評判は悪かった。

(3) 水平最大速度

　水平最大速度（km/h）（図3-3）についてみると、日本軍戦闘機は翼面荷重が低く設定されていたため、1941年以降はアメリカ軍戦闘機に対して劣位と

図3-4 馬力荷重

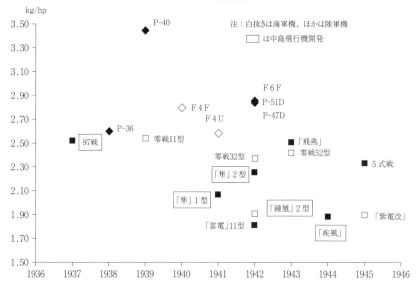

なった。太平洋戦争中期以降、アメリカ軍戦闘機の水平最大速度は700km/h程度にまで向上していたが、「零戦」の水平最大速度は540km/h、一式戦闘機「隼」は515km/hでしかなく、日本戦闘機最速の陸軍4式戦「疾風」で624km/h、「鍾馗」で605km/hであった。アメリカ軍機の最速機とは、ほぼ100km/hの速度差があったことになる。

(4) 上昇力

戦闘機の運動性を示すもう一つの指標は加速性と上昇能力である。加速性は、馬力当たりの重量(馬力荷重)でほぼ決まってくる。馬力荷重が小さい方が、加速性が良いことになる。日本軍機は軽量化を重視したので、図3-4に示す通り、アメリカ軍機に比し馬力荷重が一般に低く、加速性は優れていたと思われる。

上昇率についてもほぼ同様のことがいえる。海面上から3,050m、6,100m迄での上昇に必要な時間を、アメリカ軍が実際の飛行試験で計測した結果を図

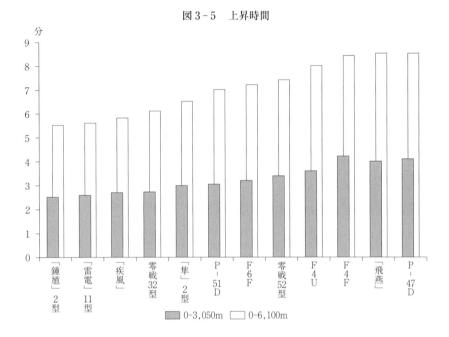

図3-5 上昇時間

3-5に示す。時間が短い方が上昇性能において優れている。日本軍機がアメリカ軍機より全般的に優位にあることがわかる。局地戦闘機である「雷電」、2式戦「鍾馗」が優れているのは当然として、航続距離が1.5倍近い4式戦「疾風」がほぼ同等の上昇時間であるのが、注目に値する。

(5) 航続距離

航続距離 (km) を図3-6に示した。航続距離は機外に増槽を装備することで伸ばすことができるが、図3-6は機内燃料のみの場合である。零戦11型、32型は増槽付のデータしかないので、図は零戦52型のみ示してある。

図から判明する意外なことは、零戦52型の増槽なしの航続距離が1,920kmで、1式戦闘機「隼」とほぼ同程度でしかなく、長距離戦闘機という一般的イメージが裏切られることである。アメリカ軍のF6F、P51Dは2,800km前後の航

図３-６　航続距離

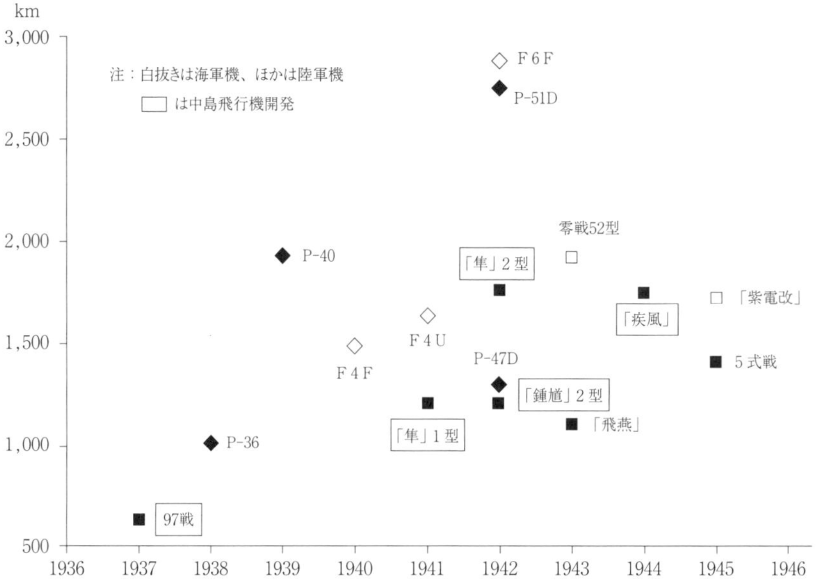
km
3,000
2,500
2,000
1,500
1,000
500
注：白抜きは海軍機、ほかは陸軍機
□は中島飛行機開発
F６F
P-51D
零戦52型
P-40
「隼」２型
「紫電改」
「疾風」
F４U
F４F
P-47D
５式戦
「鍾馗」２型
「飛燕」
「隼」１型
P-36
97戦
1936
1937
1938
1939
1940
1941
1942
1943
1944
1945
1946

続距離を持ち、日本軍機を完全に凌駕している。

(6) 火力

戦闘機の火力（攻撃兵器）は機銃（機関砲）[8] である。武装威力を、横軸に機銃（機関砲）数、縦軸に20mm 機関砲換算の数値として図３-７に示す。「20mm 換算威力」とは、20ミリ１門は13ミリの３門、7.7ミリの６丁に相当するとして換算したものである[9]。総合的な火力を評価するには、搭載弾数および有効射程も考慮しなければならぬが、ここでは銃（砲）の数と口径の議論に止める。

いわゆる「軽戦」の97式戦闘機、１式戦闘機「隼」は機銃数が２で、口径も7.7mm あるいは12.7mm で貧弱な火力であった。「零戦」は7.7mm 機銃２丁と20mm 機関砲２門を装備し、出現時期としては強力な火力を有していた。４式戦闘機「疾風」は、12.7mm 機関銃２丁、20mm 機関砲２門を装備し、

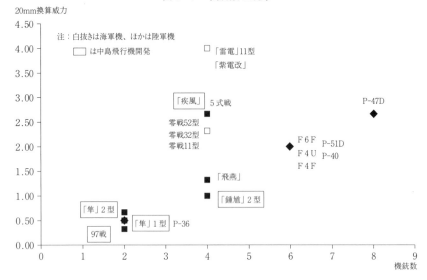

図3-7 機銃数と威力

日本陸軍機としては強力な火力を有していた。海軍機の「雷電」、「紫電改」は20mm機関砲を4門装備し、最大の火力であった。

アメリカ軍戦闘機は12.7mm機関銃を6-8丁装備し、20mm機関砲は装備しなかった。防弾装備の貧弱な日本軍機相手には、12.7mmで十分の威力があり、機銃数と搭載弾数を増やした方が効果が高いという考えであったものと考えられる。

(7) 防御性能

最後に、数値化が難しい性能として「防御性能」がある。被弾したときに搭乗員を護るための装甲板（防弾板）および燃料タンクの発火、爆発を防ぐための防弾タンク、消火設備である。

ここでまずUSSBSの記述をもとに、日本軍機の装甲板についてまとめておく。日本軍内で航空機装甲の実用性についての研究が始まったのは、日中戦争中であったが、真剣な努力が始まったのは1939年のノモンハン事件以降であっ

た。ロシア軍の航空機には装甲板を装備した機体があったためである。装甲板の装着が緊急の要求となったのは米国との戦争が始まってからである。太平洋戦争の初期にアメリカ軍のB-17は装甲板を装着していることが判明し、システマティックな研究が開始された。下記の実験が計画された。

・特殊鋼、特に欠乏しているニッケルやモリブデンの代用材を含んだもの

・優秀な熱処理

・複合装甲板、各層をある距離離した2層あるいは3層のもの

・新規および改良した表面硬化方法

・爆発弾に耐える装甲板

初期の装甲板材料は、Ni-Cr-Mo, Mn-Cr-Mo, Si-Mn-Cr鋼であった。厚みは2-20mmであったが、最終的には8mm, 12mm, 16mmが選ばれた。16mmが最も使用され、連合軍の徹甲弾、榴弾に有効であった。

戦闘機用の装甲板の重量は40kg-50kgで、パイロットの背後に装着された。爆撃機用は120kgまでで、パイロット、コパイロット、機関銃士の背後に装着された。

満足すべき開発が為されたにもかかわらず、何種類かの機種は装甲板あるいは防弾ガラスなしで設計され、多くはどちらかしか装着しなかった。装甲板が戦闘機用の標準装備とされた多くのケースでは、パイロットあるいは部隊の意向で簡単に取り外しができるように設計され、重量増加を嫌って取り外すのが通例であった。

ほぼ同様の板厚での表面硬化装甲に関する日米比較テストでは、無視できる程度の差しかなかった（USSBS［1947h］p. 64）。

日本海軍機は「性能第一主義」であったが（奥平［1990］368頁）、その「性能」には防御性能は入っておらず、開戦当初の機体はほぼ無防備であった。防御の強化に伴う重量増加、それに伴う性能低下を嫌い、運動性、航続能力を優先したのである。戦争が中期に入るに従い、防御力不足による戦闘損耗があまりに大きく、防弾板の追加、燃料タンクの防爆対策が実施されたが、結果として飛行性能は低下した（第1章3.1（2）節）。

アメリカ軍は鹵獲した日本軍機を使用して飛行試験を実施し、各機種の防弾装備も確認している[10]。データ・シートによれば、鹵獲した日本軍機の防弾装備は次の通りであった。「隼」はパイロット後部に12mm装甲板、ゴム貼り燃料タンクを使用。「鍾馗」は12.7mm弾に有効なパイロット背部装甲および漏洩防止タンクを装備していた。「疾風」は60mm厚防弾風防、パイロット頭部、背中部に13mm装甲板、漏洩防止タンクを装備していた。海軍機で調査されたのは、零戦、「雷電」、「紫電」であったが、零戦、「雷電」は防弾装備無し、「紫電」は不明となっている。陸海軍機での防弾装備の相違が明らかである。アメリカ軍戦闘機には当然防弾板、防弾タンクが装備されていた。

(8)「隼」と零戦

1式戦闘機「隼」と零戦は、両機とも中島飛行機のNAMエンジン（名称は陸海軍で異なる）を搭載していた。戦後のいわゆる「零戦神話」によって、一般には零戦が傑作機とされ、「隼」は凡庸な機体と評価されるが、ここでは主としてアメリカ軍の飛行試験データ[11]に基づき、両機の比較を行う（表3-5）。「隼」2型は1型から主翼面積を$0.6m^2$小さくして速度向上を図った機体である。零戦32型も、21型から主翼幅を1m短縮しエンジンを2段過給の栄21型に変えて高空性能の向上を図ったものである。

まず機体の寸度であるが、全長、全幅、主翼面積とも、ほぼ同等である。「隼」2型の自重は零戦32型より約50kg重いが、52型よりは30kg軽い。「隼」は防弾タンク、防弾板を装備していたことを考慮すると、構造重量は同程度の軽量化が図られているものと考えられる。全備重量は、「隼」2型が零戦52型より190kg軽くなっている。燃料、武装等の搭載品の重量差である。

次いで飛行性能の比較である。まず最大速度は「隼」2型が557km/hに対して、零戦32型が556km/h、52型が569km/hで、図3-3に示した日本軍のデータほどの差はなく、ほぼ同等である。上昇率、上昇時間は「隼」2型が零戦より10%以上優れている。航続距離は「隼」2型は標準（増槽なし）状態では1,900kmで零戦32型より17-28%長く、52型とほぼ同等である。以上から、

表3−5 「隼」と零戦の比較

機種	「隼」2型		零戦32型		零戦52型	
生産開始	1942年11月		1941年7月		1943年夏	
搭載エンジン*1	ハ115		栄21型		栄21型	
離昇馬力（hp）	1,150		1,130		1,130	
全長（m）	8.92		9.06		9.12	
全幅（m）	10.84		11.00		11.00	
主翼面積（m²）	21.40		21.53		21.30	
データ出所	日本軍	米軍テスト	日本軍	米軍テスト	日本軍	米軍テスト
全備重量（kg）	2,590	2,495	2,679	2,560	2,733	2,685
自重（kg）	1,910	1,892	1,863	1,841	1,876	1,921
燃料搭載量 機内	546	564	480	480	570	590
（リットル） 落下タンク	400	409		330		330
最大速度（km/h）	515	557	540	556	565	569
上昇率（m／分） 海面上		1,000		900		960
上昇時間（分） 0-3,050m		3.0		3.3		3.6
0-6,100m		6.5		7.0		7.8
航続距離（km） 標準	1,760	1,900	2,380	1,490	1,920	1,930
外部タンク		2,800		2,325		2,950
実用上昇限（m）	11,200	11,300	11,050	12,100	11,740	12,100
武装（機関銃・砲）口径mm／数／弾数	12.7/2	12.7/2/250. or 20/2/150	7.7/2+20/2/	7.7/2/600+20/2/60	7.7/2、20/2	7.7/2/600+20/2/60
パイロット背部	有り	有り	なし	なし	なし*2	なし
防弾装備 燃料タンク	有り	有り	なし	なし	なし	なし
爆弾搭載量（kg）	250kg×2	100kg×2	30kgまたは60kg×2	60kg×2	30kgまたは60kg×2	60kg×2

注：1) 中島飛行機開発のNAMシリーズのエンジンである。陸海軍で名称が異なっていた。
2) 1944年9月以降に生産の52型内（A6M5c）にはパイロット背部に防弾鋼板を装備した。ただし、生産数は少なく93機である（野沢編［1958］162-167頁）。

出所：日本軍は、「隼」については野沢編［1963］107頁、零戦については野沢編［1958］167頁による。米軍テストデータは、WWII Aircraft Performance, United States, Japan, Archives of M. Williams, http://www.wwiiaircraftperformance.org/, Jan. 12, 2015 Access.による。空欄は不明である。

「隼」の飛行性能は零戦とほぼ同等以上であったものといえる。

　日本側の評価よりは客観的であろうと考えられる、アメリカ軍パイロットの評価はどのようなものであったか。「隼」は、「日本軍が哨戒する全ての戦域で運用でき、上昇率は良好で高度の運動性を有する。最近は水噴射により、性能が向上している。ダイブ速度は600km/hに制限されている」。零戦は、「アメリカ軍戦闘機に比して、運動性が優秀で、上昇率も優れている。しかし、速度が遅い。パイロットの防護は全くないし、漏洩防止燃料タンクも装備していない。軽武装である」というものであった。

　他の日本軍戦闘機に対する評価も残されている。中島飛行機の2式戦闘機「鍾馗」は、「従来の日本戦闘機の設計から大幅に外れた、小型コンパクトな機体である。並外れた上昇率とダイブ速度を有する。高速度では、スナップ・ロール、スピン、背面飛行が制限されている」。4式戦闘機「疾風」については、「戦闘機として、卓越した運動性と操縦性、優れた上昇率を有している。馬力荷重および操縦力が低いことは賞賛に値する。しかし、現在の戦闘機に求められることからいえば、パイロットの防護に欠け、航続力も不足している」[12]。三菱重工業の「雷電」は、「従来の日本軍戦闘機より高馬力エンジンを搭載し、武装も強力である。零戦より運動性は劣ると考えられるが、高速度でのダイブ、上昇は優れている」。

　(9) まとめ

　アメリカ軍の戦闘機は、高水準にあるエンジン工業を背景に、大馬力エンジンを搭載した、小回りはきかないものの、大馬力にものを言わせ、防弾も強力にした重戦闘機を作り上げ、力でねじ伏せる戦法をとった。日本の戦闘機特に海軍機は、攻撃を最優先する設計思想を採り、少ない馬力のエンジンながら、防弾をも省略して徹底した軽量化を図ることで空力性能を向上させ、小回りのきく戦闘機を開発した。日本機とアメリカ機の戦闘は、フライ級のボクサーがヘビー級のボクサーを相手にしているようなもので、軽量側は戦争初期においては機動性である程度劣勢をカバーはできても、重量のある側が高速を利用し

て一撃離脱作戦を講じれば、勝つことは困難となる。まして、戦争後半に至っては、戦闘消耗により日本搭乗員の操縦技量もアメリカに劣勢となったわけで、航空戦で敗れることは必然となった。『戦史叢書』によれば、「米陸軍のP-38J、米海軍の新鋭艦上戦闘機の出現により、我が陸海軍戦闘機は1943年9月頃から時を同じくして、性能向上競争に敗退した」のである（防衛研修所戦史戦史室［1975］377頁）。

2.2　爆撃機

　爆撃機の任務は、大量の爆弾を長距離、高速で運搬し目標に正確に投下することにある。用途によって戦術爆撃機と戦略爆撃機に分類できるが、日本軍にはアメリカ軍のB-29のような戦略爆撃機といえる超大型の機体はなかった。

　大型機は小型機を単純にスケールアップしたのみでは、性能を確保できない[13]。性能を確保するには機体、エンジンでの技術革新が必須である。大型爆撃機の設計、製造技術ではアメリカが圧倒していた。

　日本で生産数が最大であったのは海軍の1式陸攻で、2,418機生産された。次いで陸軍の97式重爆が2,064機、海軍の96式陸攻が1,027機である。以上すべて三菱重工業が開発した機体である。海軍航空技術廠が開発した銀河は、中島飛行機が生産し、1,008機であった。中島飛行機が開発した陸軍100式重爆「呑龍」の生産数は813機であった。三菱重工業が最後に開発した陸軍4式重爆の生産は696機であった。これらはすべてエンジンを2台搭載した双発機であった。日本はエンジンを4台搭載した4発大型爆撃機を実戦に投入できなかった。日本で4発爆撃機を開発したのは中島飛行機のみで、1941年に試作した陸攻「深山」、1944年に試作した陸攻「連山」がある。「連山」は全備重量30トン近く、最大4トンの爆弾搭載が可能とされたが、試作4機のみの製作で実用化前に敗戦となった。6発機の「富嶽」が計画のみに終わったことはすでに述べた所である[14]。

　アメリカ軍は、B25、B26が双発で、B17、B24、B29が4発機である。当時としては巨大爆撃機であったB29でさえ4,000機近くが生産された。

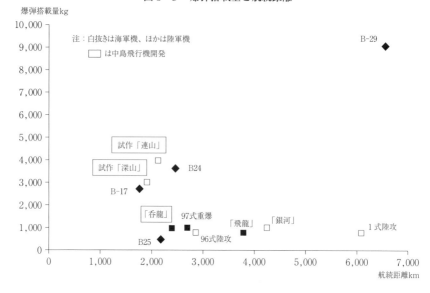

図3-8　爆弾搭載量と航続距離

性能指標として、①爆弾搭載量（kg）と航続距離（km）、②水平最大速度（km/h）③火力を図3-8から図3-10に示して、日本爆撃機の特質を考察する。データ出所は巻末の付表3、付表4による。

(1) 爆弾搭載量と航続距離

まず、爆撃機として最も重要な、爆弾搭載量（kg）と航続距離（km）を図3-8に示した。縦軸に爆弾搭載量、横軸に航続距離をパラメータにとってある。右上にプロットされた機体ほど爆撃機としての基本能力が高いといえる。B29が隔絶した性能を有していたことが明らかである。爆弾搭載量を見ると、太平洋戦争期を通して、日本軍爆撃機は800-1,000kgが限界であったが、1938年制式化のアメリカ軍B-17はすでに3,600kg、1944制式化され日本本土爆撃に使用されたB-29は9,000kgもの爆弾が搭載可能であった。破壊力に格段の差があったといえる。航続距離は、爆弾搭載量ほどの差はなく、1式陸攻はB29とほぼ同等であった。ただし、1式陸攻の長航続距離は、燃料タンクの防弾、

第3章 中島飛行機の機体事業 133

図3-9 水平最大速度

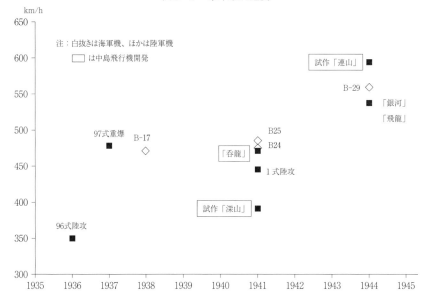

パイロット背部の装甲板を省略して達成したものであったのは、すでに述べた通りである。他の日本軍爆撃機も、航続性能ではB29を除くアメリカ軍爆撃機と同程度以上の航続距離を有していた。

　中島飛行機の100式重爆「呑龍」は爆弾搭載量、航続距離からみると平凡であった。試作のみの「深山」の爆弾搭載量が3,000kg、「連山」が4,000kgであったので、制式化されていれば日本軍も、B29を除くアメリカ軍爆撃機と同等の爆弾搭載量を有したことになる。

(2) 水平最大速度
　図3-9に見るとおり、戦闘機と同様、水平最大速度は制式化年度とともに増加している。
　1941年までに制式化された爆撃機の最大速度は日本、アメリカともほぼ450-485km/hであった。制式化年の古い96式陸攻を除くと、1式陸攻は速度が最

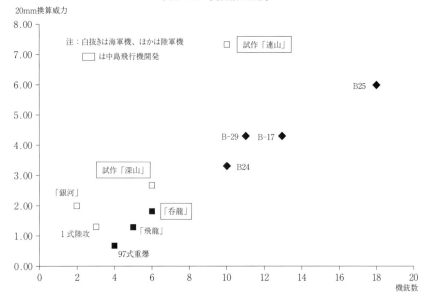

図 3-10　機銃数と威力

も劣位で、100式重爆「呑龍」はこれより若干優速であった。1944年に制式化された機体は高速化が進み、B29が560km/hであった。「銀河」、4式重爆「飛龍」はともに537km/hでB29に及ばない。総じて、日本軍の爆撃機は最大速度でアメリカ軍に劣っていた。試作「連山」は593km/hで、比較した爆撃機では最速であった。

(3) 防御能力

防御能力は、攻撃してくる防空戦闘機に対する火力と防弾能力で評価できる。図3-10は戦闘機の場合と同様、横軸に機銃数、縦軸に20mm機関砲換算の威力を示すものである。図で右上に行くほど防御火力が強力である。アメリカ軍爆撃機が10-18丁の12.7mm機銃を装備しているのに対して、日本軍爆撃機は最大でも6丁（門）である。正に軽武装である。ただし、日本軍は12.7mmに加えて20mm機関砲も装備していたので、威力ではその差は縮まる。試作

「連山」は、12.7mm を 4 丁、20mm を 6 門装備しており、火力でもアメリカ軍爆撃機に遜色はなかった。

防弾性能については、戦闘機の場合と同様定量評価は困難であるが、アメリカ軍の爆撃機は防弾、防火装備がしっかりしていた。日本海軍の爆撃機機は戦闘機と同様に戦争末期まで、ほぼ防弾対策はなく、特に 1 式陸攻については、燃料タンク容量を増やして航続距離を稼ぐためインテグラル・タンクを採用していたため、「B-17は零戦の20mm 炸裂弾で火を噴かないが、1 式陸攻はアメリカ戦闘機の12.7mm 機関銃の一撃で火炎に包まれる」といわれた（岡村ほか編［1953］403-405頁）。陸軍の爆撃機については、97式重爆では、「燃料タンクの防弾、滑油タンクの防弾」（野沢編［1958］58頁）、4 式重爆「飛龍」では、「防弾鋼板が重要部に装備され、風防の重要部に主要部に防弾ガラスも用いられ、その他防弾タンク、防火、消火装置」が装備されていた（野沢編［1958］80頁）。防弾に対する陸海軍の考え方の差が現れているのである。

（4）まとめ

大型爆撃機の開発技術、爆弾搭載量をはじめとする性能および生産能力では日米間に隔絶した差があった。中島飛行機が開発し、太平洋戦争期に量産された爆撃機は100式重爆「呑龍」のみであった。双発爆撃機の開発、生産では三菱重工業が先行していたといえる。4 発大型爆撃機の開発については、海軍は中島飛行機に試作指示をした。試作のみに終わった「深山」の経験を生かして1943年試作に着手した「連山」は、最高速度要求593km/h を達成、航続距離の要求3,704km に対して2,130km と若干不足したが、爆弾搭載量は4,000kgで一応の水準に達した。しかし、軽金属材料の欠乏などで量産はできなかった。加えて、排気タービン材質の研究不足、「誉」発動機自体の不調などが原因で、結局日本ではこのクラスの大型機を実用化する発動機の技術的基礎ができていないことが明らかであり、機体で成功して、動力で失敗した格好になった（野沢編［1963］233-236頁）。

3．太平洋戦争期の機体生産システム

3．1　日本の航空機生産システムの発展

　日本の航空機生産システムは、満州事変期の「少量生産期」（中島飛行機、三菱重工業とも年産200機程度）の「単体管理」（万能職場）方式[15] から、日中戦争期の「中量生産期」（同1,000機程度）の「専門作業分割」（機種別職場）方式[16] を経て太平洋戦争期の「多量生産期」（中島飛行機年産7,000機程度、三菱重工業4,000機弱）の「前進流れ作業」（半流れ作業職場）方式[17] へと発展した（山本［1992］20頁）。では、太平洋戦争期の中島飛行機、三菱重工業の生産システムはどのようなものであったか。USSBS による総括的評価は、「中島の最終組立ラインは未熟なプロダクション・ライン方式」（USSBS［1947c］p. 7）、「三菱はジョブ・ショップに由来する流行遅れの生産方式」というものである（USSBS［1947b］pp. 1, 13)[18]。三菱の「機体工場の拡張は大きかったが、ジョブ・ショップ方式に由来する旧式の方式に固執したため、競争者である中島ほどは伸びなかった。中島は1942年に本格的なアセンブリー・ライン方式[19] を採用し、1944年の生産を1941年の8倍にも伸ばした」とも評価している（USSBS［1947b］p. 1)。山本潔によれば、「日本の航空機生産で中島飛行機が最も大規模で進んだ生産方式をとっていた」のである（山本［1992］46頁)。以下、中島飛行機、三菱重工業の航空機生産システムについて概観する。

3．2　中島飛行機の航空機生産システム

（1）全般

　中島飛行機は1917年12月に機体工場として太田工場を開設、以降1934年11月に太田本工場、1937年7月に太田製作所、1939年3月に前橋分工場、1940年4月に小泉製作所を開設し、太平洋戦争を迎えた。戦争に入り1942年6月に半田

製作所、1944年1月に宇都宮製作所を増設し、機体生産は4製作所で太平洋戦争期の増産に対応した（表3-6）。小泉製作所開設以降太平洋戦争期には、陸軍機は太田製作所と宇都宮製作所、海軍機は小泉製作所と半田製作所と、分かれて生産された。

　中島飛行機では機体、エンジンは治具に乗せられ、ステーションからステーションへ人力で移動され（人進方式）、その間に部品が組み付けられた。しかし、サブ組立はほとんど総てがジョブ・ショップ方式で行われた。すべての部品は1カ所に集められ、その場所で組み立てられた。作業は最小の移動で順序よく行える様努力されていた。中島飛行機は、最終組立およびサブ組立においてプロダクション・ライン方式が優れていることを明確に理解していた、しかし常態化した材料と部品の不足により、サブ組立で採用することは困難であった。部品製作にはプロダクション・ライン方式は希にしか使われなかったが、近代的な機械、機器が使用された。開戦時には50%、終戦時には30%が外国製であった（USSBS［1947c］pp. 7-8）。

　各製作所の生産システムを見ると、太田製作所は1945年1月より以前は、ジョブ・ショップ方式が採用された。それ以降は、最終組立はプロダクション・ライン方式となり、材料とサブ組立品は最終組立ラインへ移動することになった（USSBS［1947c］p. 50）。小泉製作所では、最終組立を除いてジョブ・ショップ方式が採用され、すべてのサブ組立品が一カ所に集められ、そこで組み立てられた。しかし最終組立では、プロダクション・ライン方式が使用された。機体は車輪に乗せられステーションからステーションを移動し、種々の部品、サブ組立品が組み付けられた（USSBS［1947c］pp. 80-83）。半田製作所の最終組立はプロダクション・ライン方式で、組立中の機体は人力でステーションからステーションへ移動された。サブ組立は、組立ラインで製作されなかった（USSBS［1947c］p. 130）。宇都宮製作所は中島飛行機の最新の製作所であった。板の切断、成形、最終組立まで完全に独立した2つの工場があった。機体は作業の進捗に伴ってステーションから次のステーションに移動したが、プロダクション・ライン方式ではなかった。ジョブ・ショップ方式が優先され、機体の

表 3 - 6 　戦時期中島飛行機の

		太田製作所	小泉製作所
開設		1937年7月 （太田新工場1934年11月）	1940年4月 1941年2月生産開始
工場数		14	19
協力工場数		140	165
外注率（％）	1940年度第1四半期	33.7（33.7*）	―
	1941年度第1四半期	34.1（33.4*）	33.1
	1942年度第1四半期	29.1（25.7*）	23.6
	1943年度第1四半期	26.4（34.4*）	41.3
	1944年度第1四半期	30.3（38.6*）	42.2
	1945年度第1四半期	49.4（43.4*）	43.8

メイン組立工場

	太田工場	小泉工場
所在地 敷地面積 建屋面積 建屋数	太田工場 群馬県太田町 75万 m² 28.9万 m² 37	小泉工場 群馬県大泉町 82.7万 m²（1944.11） 31.3万 m²（1944.11） 58
従業員	1941年1月33,388人最大は1944年7月で52,778人1945年1月には36,000人。	雇用のピークは1944年8月、33,560人。その後急減。
生産機種（1939-1940） 生産機種（1941-1945）	（陸）2機種（海）3機種 （陸）7機種	― （海）9機種
生産ライン	「隼」用3ライン 「疾風」用3ライン	零戦用3ライン 「銀河」用3ライン
生産システム	1945年1月以前は「ジョブ・ショプ」制。以降は、最終組立は「プロダクション・ライン」。	最終組立を除いて「ジョブ・ショップ」方式。最終組立は「プロダクション・ライン」方式。
シフト	1943年11月以前は9時間、1シフト、その後3分の1が9時間の夜間シフト。1944年9月以降は減少。	1943年8月までは1シフト。1943年9月から1944年10月までは2シフト。1944年10月の後は1シフト。
工場疎開開始	1945年1月	1945年1月

注：＊印は全工場の平均値である。
出所：USSBS［1947c］および富士重工業［1984］から筆者作成。外注率は、東洋経済新報社［1950］621頁の表16

機体生産体制

半田製作所	宇都宮製作所
1942年6月 1944年1月初号機	1944年1月 1944年1月操業開始
25	7
260	63
—	—
—	—
—	—
40.2	—
41.9	44.2

半田工場 愛知県半田市 271.4万m²（含む飛行場） 19.5万m² 不明	宇都宮工場 栃木県宇都宮市 90万m² 10.1万m² 不明
ピークは1945年2月、28,569人。44%が学徒、16%が徴用工、1.4%が兵士。	最大雇用は1945年7月26,250人。34%が学徒。
（海）2機種	（陸）1機種
「彩雲」用2ライン 「天山」用1ライン	疾風用2ライン
最終組立は「プロダクション・ライン」方式。人力で移動。	「プロダクション・ライン」方式ではなかった。「ジョブ・ショップ」制を優先。
1944年6月、2シフト。1944年11月3シフト。	1シフトが93%を下回ることなし。若干の2シフト、3シフト。
1944年12月計画、未実施	1945年3月

による。生産ラインの本数は、山本［1992］の情報を加味した。

異なる部品が一カ所に運ばれ、組み立てられた（USSBS［1947c］p. 175）。

(2) 太田製作所における生産改善

　中島飛行機の最初の機体製作所である太田製作所における生産改善活動についてまとめておく。生産改善は、設計の改善と生産管理の改善が相俟って効果が現れる。太田製作所では1938年から97式戦闘機の量産を開始した。97式戦闘機の設計に当たっては、主翼を1枚構造とし、胴体は前後部に分割して、別々の組立ラインで製造する「革新的な分割構造方式」を採用した。この方式によれば、主翼と胴体を一体で生産する従来のような広い作業場を必要とせず、工数を大幅に短縮することが可能になった。例えば、同業他社で15日を要

したものが、4日半で完成することができたという（富士重工業［1984］29頁）。

　次に生産面では、航空機は材料入手から部品加工、部品組立（サブ組立）、総組立、艤装作業を経て完成する。この一連の生産管理を集約するのが工程管理である。1939年7月までの太田製作所における工程管理は、機体製作の最後の工程である組立工場ばかり見ていて「場当たり的」、「追尾的」あるいは「芋蔓引張り式管理」というもので（濱田［1942］56頁）、航空機の生産工数のうち、最終組立工程が占める割合が僅か25％に過ぎないこと[20]を考えると、計画的、科学的管理と呼べるものではなかった。組織では、製造部の下に設計課と工作課があり、購買課が別にあった。工作課は機種別に機体担任と生産計画班、部品工場、組立工場に分かれていた。この組織の問題は、機体担任と生産計画班、工場との関係であった。機体担任は部下を持たないが、「進捗係の親玉のような形」で（濱田［1942］58頁）、大きな権限を持って担当機種の技術および日程の指導をし、生産を推進するので、「一つの部品工場、下請工場に参りまして、自分の分だけをお互いに催促する」という結果になる（濱田［1942］59頁）。製作所全体の最適進捗でなく、担任者個々の利益が優先されることになるのであり、実際に人員を抱えている生産計画班、工場との関係はうまくいかなかった。

　1939年8月、改善第一次組織で本格的に工程管理の改善に乗り出した。組織は設計部、製作部、購買部となった。製作部は工作技術課、生産管理課、部品工場、組立工場から構成され、従来の機体担任と生産計画班との齟齬の解消が図られた。濱田昇は、「この組織に改まりましてから本格的に工程管理の改善に乗り出したのであります」と述べている（濱田［1942］59頁）。部品工場から始めて、最後の組立工場が新制度となったのは1941年9月であった。

　次に対処すべきは、機体生産作業で「約35％を占める」（USSBS［1947a］p. 28）外注先との関係改善と、工場拡張により急増する工具の管理であった。工員を監督・指導する技術員は工具増加に対応し切れておらず、特に生産管理課の技術員不足は作業の進捗を困難にしていた。1941年11月の第二次改善組織では、製作所長の幕僚的な組織として総務部、会計部（購買課）、設計部、検査

部が置かれた。生産組織は、製作部長のもとに技術課、材料課という幕僚が置かれ、従来の生産管理課と工場を合体して作業課が設立され、技術員不足に対応した。特筆すべきは「社内の工程管理と外注加工の調和統一を図った」ことで（濱田［1942］60頁）、直接生産に関係のある外注の業務全部を購買課から製作部材料課に移した。これにより、現場と外注が直接結ばれることになった。

　高橋泰隆は、こうした一連の改善の特徴は、「作業工程の流れの調整と職能的細分化にあった。従来の「場当たり的、追尾的」管理では生産増強に応ずることができず、職能的細分化、分業化によって科学的管理に一歩でも近づき、生産増強に応じようとするものであった」と評価している（高橋［1988］121頁）。

3.3　三菱重工業の航空機生産システム

　三菱重工業の機体生産は、名古屋航空機製作所（第1、第3、第5、第11製作所、1934年6月開設)[21]、水島製作所（第7製作所、1943年9月開設）、熊本製作所（第9製作所、1944年1月開設）の6製作所体制であった[22]。第1製作所は試作、第3、第7が海軍機、第5、第9、第11製作所が陸軍機であった（USSBS［1947b］pp. 7-8）。

　三菱重工業の製作所の半分を超える製作所の組立ラインは、古いジョブ・ショップ方式であった。数カ所が組立ライン方式へ変更の途中で、1944年中には少なくとも3カ所が組立ライン方式に変更済みであった（USSBS［1947b］p. 13）。

　三菱重工業は1941年9月に100式司偵を試作する際「前進作業」方式（山本の言う「半流れ作業」）を試験的に成功させていた（和田［2009］131頁）。製作所別に見ると、第3製作所がプロダクション・ライン方式に変更されたのは比較的遅く、鈴鹿工場が1944年3月、大江工場が1944年11月であった。変更が遅くなった理由は、海軍による改修要求が多過ぎたためであった（USSBS［1947b］p. 108）。第5製作所大江工場の最終組立ラインは1944年1月以降、プロダクション・ライン方式であった。サブ組立および翼は未だにジョブ・ショップ方式であった（USSBS［1947b］p. 156）。第7製作所については、生産

方式についての情報は得られない（USSBS［1947b］p. 196）。第9製作所の生産機数は極端に少なく（4式重爆が46機）、ジョブ・ショップ方式のみが使われた（USSBS［1947c］p. 220）。第11製作所では、大門および井波の組立工場は部分的にプロダクション・ライン方式に変更されていた（USSBS［1947c］p. 13）。

　以上から、中島飛行機、三菱重工業とも、多量生産にはプロダクション・ライン方式が優れていると認識し、戦争後半の増産に躍起になっている時期になっても、主要工場の最終組立ライン変更に取り組んだことがわかる。

4．生産能力拡充と生産実績

4．1　生産能力拡充状況

　中島飛行機および三菱重工業の航空機生産能力のピークは1944年10-12月であった（表3-7）。まず機体工場床面積の拡張状況を見る。中島飛行機は1941年1-3月から1944年1-3月で床面積が3.2倍、1945年4-6月には5.0倍に拡大した。三菱重工業は1944年4-6月に3.3倍、1945年4-6月に若干縮小し3.1倍弱となった。1945年1-3月までは三菱重工業の工場床面積が中島飛行機を上回っていた。次いで、機体工場従業員の増員状況である。中島飛行機の1941年1-3月時点での従業員数は約33,800人、ピークの1945年1-3月は約145,000人で4.3倍である。三菱重工業は同時期に約26,000人から約124,000人で4.8倍である。中島飛行機は1941年1-3月で三菱重工業の1.3倍、1942年8月には最大となり1.7倍、1945年1-3月でも1.2倍の人員を抱えていた。

　最後に、機体月産能力の拡大状況である。機体の生産能力は単純に月産機数だけでは評価できず、重量ベースで評価するのがより合理的であろう。USSBSでは、中島飛行機の月産能力は機数で示されている（USSBS［1947c］p. 39）。一方、三菱重工業の場合は月産能力が生産重量で示されている（USSBS［1947b］p. 21）。ここでは、中島飛行機の機数ベースの月産能力を、当該年の生産機体

第3章　中島飛行機の機体事業　143

表3-7　中島飛行機および三菱重工業の機体生産力拡充と生産状況

年	月	工場床面積（千m²）		機体工場従業員		月産能力（トン）		発注機数		月産実績機数		実績／発注	
		中島	三菱	中島	三菱	中島	三菱	中島	三菱	中島	三菱	中島	三菱
1941	1-3	193	259	33,775	25,897	153	480	—	130	56	83	—	0.64
	4-6	↓	287	39,746	28,823	210	480	65	160	80	109	1.26	0.68
	7-9	↓	↓	39,770	30,086	219	480	95	162	72	122	0.75	0.76
	10-12	↓	↓	45,345	33,070	234	480	122	165	98	151	0.81	0.91
1942	1-3	288	↓	52,270	34,078	295	680	148	165	133	170	0.90	1.03
	4-6	↓	306	62,063	39,192	314	680	193	212	161	171	0.84	0.81
	7-9	↓	↓	69,367	42,146	352	680	262	219	187	179	0.75	0.81
	10-12	↓	↓	71,973	46,401	475	680	275	217	257	227	0.94	1.05
1943	1-3	381	↓	72,331	51,972	521	1,010	290	219	268	260	0.92	1.19
	4-6	↓	390	75,152	55,326	558	1,010	344	325	330	271	0.96	0.83
	7-9	↓	↓	79,143	59,448	623	1,010	424	327	399	292	0.94	0.89
	10-12	↓	↓	83,123	68,696	833	1,010	536	328	494	359	0.92	1.10
1944	1-3	624	↓	100,043	79,279	1,101	1,147	655	360	580	364	0.89	1.01
	4-6	↓	860	116,690	92,866	1,207	1,365	673	410	687	337	1.02	0.83
	7-9	↓	↓	138,297	101,555	1,406	1,736	858	562	652	378	0.76	0.70
	10-12	↓	↓	134,639	113,858	1,511	2,107	1,112	580	712	313	0.65	0.56
1945	1-3	↓	↓	145,074	123,841	1,212	1,337	1,292	392	563	163	0.45	0.44
	4-6	969	797	142,457	116,885	1,166	1,414	836	434	547	154	0.66	0.36
	7-9	↓	↓	138,701	113,285	1,095	1,271	917	482	345	102	0.38	0.21

注：工場床面積を除き、3ヵ月間の平均値を示す。
出所：中島飛行機は① USSBS［1947c］、三菱重工業は② USSBS［1947b］による。以下に細部を示す。〔発注機数〕
　　　①39頁 Appendix L、②61-64頁、Appendix G。〔工場床面積〕① 4 頁 Table 3、② 2 頁 Table 2。〔機体工場従業
　　　員数〕USSBS［1947a］pp. 159-161、Fig. Ⅱ-8。〔月産能力〕①39頁 Appendix l、原典は機数で示されているので、
　　　筆者の計算した各年の平均機体重量で重量に換算した。②21頁 Table 12。〔月産実績機数〕①40-42頁 Appendix
　　　M、②61-64頁 Appendix G。

平均重量[23] で乗じて、月産能力重量を算出して表3-7に示した[24]。中島飛行
機の月産能力は1941年 1-3 月の153トン／月から工場床面積、従業員の増加に
対応して増加し、1944年10-12月には1,511トン／月のピークに達した。当初の
9.9倍である。1945年に入り急減するが、1,000トンは維持した。三菱重工業は
1941年 1-3 月の480トン／月から1944年10-12月の2,107トン／月がピークで
4.4倍の増であった。1945年 7-9 月には1,300トン弱に低下した。中島飛行機
の生産力増強は急激であったが、重量ベースでは三菱重工業の生産能力が太平
洋戦争の期間を通して中島飛行機を上回っていた。1943年10-12月と1944年
10-12月の生産能力増を見ると、中島飛行機が1.8倍、三菱重工業2.1倍で、第
三回行政査察での生産2.5倍増という要求には届かなかった。

4.2 生産実績の総括

中島飛行機は1941-1945年間に陸海軍合わせて19,519機、三菱重工業は12,513機を生産した。中島飛行機の年間生産実績は1941年の916機[25]から毎年ほぼ倍々で増加し、1944年には7,896機と8.6倍になった。同時期に三菱重工業は1,397機から4,176機で3倍と緩やかである。中島飛行機がいかに急激な増産に走ったかを如実に示している。中島飛行機の全日本での生産シェアは1943年の27.8%、1944年の28.0%から1945年には36.3%にまで上昇した。練習機などを除く戦闘用機体に限れば、1945年のシェアは実に47.4%に達する（USSBS[1947a]pp. 156-157)。中島飛行機は自社開発機種に加えて他社からの転換生産で、三菱重工業開発の零戦、96式陸上攻撃機、97式重爆撃機、海軍航空技術廠開発の陸上爆撃機「銀河」および昭和飛行機設計の零式輸送機を分担製造した。

中島飛行機と三菱重工業の機種別生産構成（表3-8）を見ると、両社の機体事業の相違が明確になる。中島飛行機は小型機（戦闘機、攻撃機、偵察機）の生産数が17,311機と全体の89%、戦闘機に限ると15,413機で全体の79%を占めるのに対し、三菱重工業は大型機（爆撃機、輸送機）の生産数が4,713機で全体の38%を占めているのである[26]。中島飛行機は戦闘機メーカー、三菱重工業は大型機メーカーであったといえる。

中島飛行機および三菱重工業の月産機数の推移を見ると[27]、1943年1-3月頃までは両社の生産実績は拮抗している。その後月産機数では、中島飛行機の生産ピークが1944年12月の784機に対して、三菱重工業は1943年12月にピークの405機を記録したのち停滞している。三菱は中島より1年早く生産のピークに達したのである。中島飛行機は1945年に入ってから、三菱重工業は1944年12月から生産が急減する。1945年1-8月間に中島飛行機は三菱重工業の3.5倍の機数の生産を達成した。

次に生産達成率（生産機数／発注機数）である。中島飛行機、三菱重工業とも同様の傾向を示している。1943年度までは両社とも各月平均してほぼ90%

表3-8 中島飛行機および三菱重工業の生産機数

総生産機数

	中島飛行機					三菱重工業	川崎航空機	立川飛行機	日本全体
	太田	小泉	半田	宇都宮	合計				
1941年	633	283	—	—	916	1,397	733	1,048	5,088
					(100)	(100)	(100)	(100)	(100)
1942年	1,210	1,005	—	—	2,215	2,241	1,034	1,224	8,861
					(242)	(160)	(141)	(116)	(174)
1943年	2,234	2,239	—	—	4,473	3,546	1,984	1,289	16,695
					(488)	(254)	(271)	(123)	(328)
1944年	3,506	3,454	702	234	7,896	4,176	3,665	2,189	28,180
					(862)	(299)	(500)	(209)	(554)
1945年	1,098	1,782	646	493	4,019	1,153	827	895	11,066
					(292)	(55)	(75)	(57)	(145)
合計	8,681	8,763	1,348	727	19,519	12,513	8,243	6,645	69,890

機種別生産機数

	中島飛行機					三菱重工業				
	戦闘機攻撃機	偵察機	爆撃機	輸送機他	計	戦闘機攻撃機	偵察機	爆撃機	輸送機他	計
1941年	734	0	133	49	916	618	228	471	80	1,397
1942年	1,736	0	467	12	2,215	1,101	366	712	62	2,241
1943年	4,080	4	389	0	4,473	1,730	567	1,091	158	3,546
1944年	6,987	117	792	0	7,896	1,815	755	1,435	171	4,176
1945年	3,377	276	366	0	4,019	425	195	530	3	1,153
計	16,914	397	2,147	61	19,519	5,689	2,111	4,239	474	12,513

注：（ ）内数字は1941年を100とした比率。1945年は8ヵ月である。ので、月産機数の比率である。
出所：USSBS [1947c] pp. 40-42, 47, USSBS [1947b] pp. 61-64および USSBS [1947a] pp. 160-162より筆者作成。

以上、月によっては100% 以上の達成率であった。1944年度に入って中島飛行機は平均72%、三菱重工業は平均63% に低下し、1945年度には各54%、30% に低下した。月別に見ると、中島飛行機の生産達成率は1944年４月の107%、三菱重工業は1943年12月の123% をピークに以降は急低下し、中島飛行機は一時回復したものの、終戦直前には20% にまで落ち込んだ。

第三回行政査察との関連に触れておく。第三回行政査察では「1944年度の航空機生産を1943年度の２倍半は可能」としたのは前述した通りであるが、実績はどうであったか。中島飛行機は1943年10月の438機から1944年12月のピーク値784機と1.78倍、三菱重工業は316機から1943年12月のピーク値405機と1.28倍であった。その後は月産機数が減少した。両社とも行政査察で2.5倍の目標を押しつけられ約束はしたものの、実績は目標に遠く及ばなかったのである。

４．３　製作所別の生産実績

1941年１月から1945年８月の中島飛行機、三菱重工業各製作所の生産機種と生産機数をまとめておく（USSBS ［1947b］ pp. 61-66, 198, 221, 265および同［1947c］ pp. 40-42, 47）。

(1) 中島飛行機

まず太田製作所である。小泉製作所の開設までは陸海軍機が生産されたが、海軍機の生産は1941年３月で終了し、以降は陸軍機のみとなった。太平洋戦争期には、97式戦闘機、１式戦闘機「隼」、２式戦闘機「鍾馗」、４式戦闘機「疾風」、100式重爆「呑竜」、特殊攻撃機「剣」、97式重爆の７機種が生産された。97式戦闘機は1942年11月まで生産されたが、平均月産は約30機であった。陸軍戦闘機で最大の量産数であった１式戦闘機「隼」は1941年４月から1944年９月までに3,910機生産され、この間の平均月産は76機であった。月産100機を超えたのは1943年５月から1944年６月で、この間の月産は平均140機であった。ピークは1944年２月の181機で、組立ラインは３ライン（表３-６、以下同）であったので、１ライン当たり最大月産60機、日産２機ということになる。２式戦闘

機「鍾馗」は1942年1月から1945年2月までに1,217機生産された。1941年生産分6機を合計すると1,223機である。月産平均は33機で、月産ピークは1944年4月の85機であった。4式戦闘機「疾風」は1943年8月から1945年8月までで2,686機、月産平均は107機であった。「大東亜決戦機」として陸軍が注力したため、生産の立ち上がりは急激で、1944年9月から1945年1月の5ヵ月間は月産平均270機であった。生産ラインは3ラインで、1ライン当たり月産90機、日産3機である。なお、「疾風」は1944年5月から、新設の宇都宮製作所でも併行生産された。大型機である100式重爆「呑竜」は1941年9月から1944年12月まで生産され、生産数合計は748機、月産平均は19機、月産ピークは1943年9月の32機であった。太田製作所の最後の量産機は特殊攻撃機「剣」で、1945年3月から8月で104機生産された。

　小泉製作所は海軍機専用で、双発戦闘機「月光」、97式艦攻、艦攻「天山」、2式水戦、艦上偵察機「彩雲」、零戦、陸爆「銀河」、96式陸攻、零式輸送機の9機種を生産した。「天山」および「彩雲」は1944年6月以降、新設の半田製作所に生産が移管されたので、同年11月以降は三菱重工業開発の零戦、海軍航空技術廠開発の陸爆「銀河」の転換生産のみとなった。小泉製作所での最大量産機種は零戦で、1941年1月から1945年8月までに合計6,215機が生産された。これは開発した三菱重工業の同時期の生産数3,778機の1.6倍である。全期間の月産平均は135機、1943年11月から1945年6月の20ヵ月間は変動が大きく、時には割り込む月があるものの、ほぼ月産200機以上であった。生産ラインは3ラインであったので、1ライン当たり月産ほぼ67機、日産2機強であった。「銀河」は1943年8月から1945年8月までに1,002機が生産された。平均月産は40機、ピークには80機に達した。3ラインであったので、1ライン平均月産13機、ピーク時で月産27機、日産1機であった。太田製作所と小泉製作所の生産機数はほぼ拮抗していた。

　半田製作所では海軍の艦攻「天山」および偵察機「彩雲」が生産された。何れも小泉製作所から生産移管されたものである。「天山」の生産は1944年4月の4機から始まり、1945年7月までに952機を生産した。この間の平均月産は

50機で、ピークは1944年8月の87機であった。生産ラインは1ラインであった。「彩雲」の生産は1944年7月の5機から始まり、1945年8月までに387機を生産した。平均月産は30機で、ピークは1945年4月の56機であった。「彩雲」の生産ラインは2ラインあったので、1ライン当たりピークで月産28機しか生産できていない。

宇都宮製作所は、4式戦闘機「疾風」のみを生産した。1944年5月の3機から始まり、1945年7月まで727機を生産した。この間の平均月産は50機で、ピークは1945年5月の115機であった。生産ラインは2ラインであったので、ライン当たりピークは月産約60機、日産2機であった。稼働期間が短く、生産が軌道に乗る前に工場疎開、終戦となった。

開戦後稼働した半田製作所は中島飛行機の生産機数の6.9%、宇都宮製作所は3.7%を生産した。1945年に限ると太田、小泉両製作所の生産が減少する中で、半田、宇都宮製作所で中島飛行機全体の28%を生産した（表3-8）。

(2) 三菱重工業

第3製作所では、海軍の零戦、零式観測機、雷電、96式陸攻、1式陸攻の5機種が総計6,491機生産された。最大量産機種は零戦で、合計3,778機、月産平均68機であった。1943年10月から1944年11月までの14ヵ月は月産100機以上、最大145機であった。これでも中島飛行機小泉製作所の零戦生産の約50%である。次に量産規模が大きかったのは1式陸攻で1,880機が生産された。平均月産44機、最大は60機であった。雷電は493機、最大月産は44機であった。

第5製作所では、陸軍の97式重爆、99式襲撃機、97式司偵、100式司偵、100式輸送機、4式重爆の6機種が総計4,134機生産された。最大量産機種は99式襲撃機で1944年3月までで1,400機生産された。平均月産36機、最大67機であった。次いで97式重爆が1,277機、平均月産28機、最大38機であった。100式司偵は1942年12月までに327機が生産された[28]。平均月産14機、最大28機である。最後の量産機種である4式重爆は1943年5月から生産が始まり、合計499機、1944-1945年の平均月産は25機、最大59機であった。以上の2製作所が主要な

製作所であった。

第7製作所では1944年1月以降、1式陸攻が合計522機、平均月産26機、最大55機であった。第9製作所は1944年4月以降に4式重爆が46機生産されたのみであった。

第11製作所では1941年4月以降に100式司偵の生産を開始しているが、元々は大江町にあり1942年12月までは第3製作所生産分と分離できない。以降の生産合計は1,293機、平均月産40機、最大75機であった。同じ陸軍機工場であるので、5.2節の生産能率計算では第5製作所と第11製作所を合算する。三菱重工業の生産が1944年1月以降に停滞したのは、陸軍機工場の生産が伸びなかったためであった。

(3) 月産規模と単位工場

太平洋戦争期の航空機「多量生産」については、跡部保により単位工場という考え方が示されている（跡部［1943］37頁）。「一工場一機種を最理想とするも、機種の更改なども考慮し諸般の観点よりして2機種程度に限定するを生産管理上最も良策とする。工場の生産単位は労務者員数（最大限度1万名）および能率（小型機月産約100機、発動機約300台）上の見地より自ら一定限度の標準あるべきを以て之が単位工場の分散拡大こそ生産力拡充計画の要諦である」とするものである。跡部は当時海軍航空本部部員であったので、海軍の方針でもあったであろう。生産実績から、単位工場の要件（小型機月産100機）を満たした機種と工場はどの程度あったか。中島飛行機太田製作所は生産7機種のうち、「隼」が1943年5月から1944年6月までの14ヵ月間、「疾風」が1944年6月から1945年8月までの15ヵ月間要件を満たした。小泉製作所は生産9機種のうち零戦が1943年2月から1945年8月までの31ヵ月間要件を満たした。「銀河」もほぼ要件を満たした[29]といえるであろう。半田、宇都宮両製作所は、単位工場の要件に達しなかった。

三菱重工業第3製作所は生産5機種のうち、零戦が1943年10月から1944年11月までの14ヵ月間、要件を満たした。1式陸攻は1943年、1944年の2年間ほぼ

要件を満たした。第5製作所をはじめとして、他の製作所ではいずれの機種も単位工場の要件を満たさなかった。中島飛行機と三菱重工業で太平洋戦争中に約30機種を量産したが、「単位工場」の要件を満たしたのは中島で4機種、三菱では2機種しかなかったのである。

5．機体生産能率

5.1　生産能率の尺度

　航空機体の生産能率を比較するにはどのような尺度が適切か。労働者当たりの生産機数、工場床面積当たりの生産機数がまず考えられる。これらは生産性を測る重要なパラメータである。しかし、単純に機数のみでは、機体規模（機体サイズ、重量、複雑さ）の要素が考慮されないので、不完全であろう。USSBS では、労働者一人、一日当たりの生産重量（the pounds of produced）を基準に1941年から1945年の各年7月における日米独の航空機生産能率を比較、評価している（USSBS［1947a］pp. 27-28)[30]。この尺度では「生産重量」の要素が入ってくるので、より妥当な尺度であると考えられる。本節では、USSBS［1947a］p. 27の計算方法に沿って中島飛行機、三菱重工業の機体生産能率を計算し、両社の生産能率の比較を試みる。生産能率は、製作所ごとの生産システム、生産機種、生産機数によって異なるので、両社の製作所別の生産能率も計算するものとする。USSBS では各年7月時点（5-7月平均）での生産能率が記載されているが、ここではさらに詳しく四半期（11-1月、2-4月、5-7月、8-10月）ごとの生産能率を計算する[31]。USSBS のいう「生産重量」は、航空機製造会社で生産する重量という観点からは、ほぼ機体構造重量と同様と考えて良いので、ここでは生産能率を「人員当たりの月産構造重量（kg/人・月）」と定義して議論を進める。ただし、USSBS の「生産重量」に含まれているスペア（補用品）の重量は不明で、計算に含めることができないので、本節の推算結果は USSBS 記載の生産能率より低めになる。

5.2 生産能率の計算

(1) 生産重量

一般的に入手可能な機体のデータでは、全備重量[32]と自重[33]は記載されているが、構造重量は通常記載されていない。したがって、自重から構造重量を推定しなければならない。構造重量は、自重から、通常は政府から支給（官給）されるかあるいは装備品製造会社から購入するエンジン、プロペラ、降着装置およびその他装備品をマイナスすることで算出できる。個別に重量が判明するエンジンを除いては、全備重量、エンジン馬力から推定が必要となるが、本節では山名・中口［1968］638-643頁の推算式[34]によって計算した。表3-9は、1941-1945年間に中島飛行機および三菱重工業で量産した機種の構造重量を筆者が計算したものである。各機種とも改修・性能向上型があるが、重量は最も生産数の多い型で代表させた。表中に「戦闘機換算重量」とあるのは、機体の生産工数、コストは重量の3分の1乗に反比例するという理論に基づき（USSBS［1947a］p. 27)[35]、各機種の構造重量を4式戦闘機「疾風」を基準に換算したものである[36]。生産能率の評価には、この戦闘機換算重量を用いる。

以降の議論を進めるには、この構造重量推算がどの程度正しいかを検証しておかねばならない。三菱重工業については年間生産構造重量が東洋経済新報社［1950］615頁（以下『昭和産業史』）および USSBS［1947b］p. 21から判明するので、これらと筆者が推定した同時期の生産構造重量を月産ベースで比較したのが表3-10である。機種ごとの各月生産数は USSBS［1947b］pp. 61-64、構造重量は表3-9によった。『昭和産業史』には1942年度、1944年度、1945年度の完成機体総構造重量が記載されている。1942年度の月産構造重量は『昭和産業史』434トンに対して筆者推算は458トン、1944年度は879トンに対して799トン、1945年度は372トンに対して361トンでほぼ整合している。USSBS との比較では筆者の計算が低く出ているが、USSBS ではスペア（補用品）の重量を含めていることによる差であると考えられる。以上から、筆者推算の構造重量および戦闘機換算重量を以降の計算に使用することは妥当といえるものと考

表3-9 機体構造重量 (kg) の計算

軍	会社		機種名	エンジン名称		
	開発	生産		名称	離昇馬力	基数
小型機（戦闘機、攻撃機、偵察機）						
陸	三菱	三菱	97式司令部偵察機	94式（ハ-8）	750	1
	中島	中島	97式戦闘機	97式650hp	710	1
	中島	中島	1式戦「隼」II型	2式1,150hp	1,130	1
	中島	中島	2式戦「鍾馗」II型	2式1,450hp	1,520	1
	三菱	三菱	100式司令部偵察機II型	ハ-102	1,080	2
	三菱	三菱	99式襲撃機	ハ26II	940	1
	中島	中島	4式戦闘機 疾風	ハ45-11ハ45-21	1,800	1
	中島	中島	特殊攻機「剣」	ハ115	1,130	1
海	中島	中島	97式3号艦上攻撃機	栄11型	1,000	1
	中島	中島	夜間戦闘機「月光」21型	栄21型	1,130	2
	中島	中島	2式水上戦闘機	栄12型	900	1
	中島	中島	艦上攻撃機「天山」12型	火星25型	1,850	1
	中島	中島	艦上偵察機「彩雲」11型	誉22型	2,000	1
	三菱	三菱	零式水上観測機	瑞星13型	875	1
	三菱	三菱・中島	零式艦上戦闘機22型	栄21型	1,130	1
	三菱	三菱	局地戦闘機「雷電」	火星23型甲	1,800	1
	川西	三菱	紫電	誉21型	2,000	1
大型機（爆撃機、輸送機）						
陸	三菱	三菱・中島	97式II型重爆撃機	ハ-101	1,500	2
	中島	中島	100式重爆撃機「呑龍」II型	ハ109	1,520	2
	三菱	三菱	100式輸送機II型	ハ-102	1,080	2
	三菱	三菱	4式重爆撃機「飛龍」	ハ-104	1,900	2
海	三菱	三菱・中島	96式陸上攻撃機	金星3型	910	2
	(昭和)	中島	零式輸送機	金星43型	1,000	2
	三菱	三菱	1式陸上攻撃機	火星11型	1,530	2
	空技廠	中島	陸上爆撃機「銀河」11型	誉11型	1,820	2

注：機体構造重量は、機体自重からエンジン、プロペラ、車輪（脚系統）、計器等の装備品を除いたものと
重量を戦闘機（「疾風」を基準）に換算した。
出所：全備重量、自重は野沢編［1958］および野沢編［1963］による。エンジン重量は、中川・水谷［1985］
同638頁 B114表（1）、装備重量は同643頁 B11.6 表により筆者が計算した。

える。

月産重量は表3-9の「戦闘機換算重量」と USSB 記載の機種別、月別、製
作所別生産機数（USSBS［1947b］pp. 61-64, 198, 221, 265）および（USSBS

（1941-1945年間の量産機）

全備重量	自重	系統重量				構造重量	戦闘機換算重量
		エンジン	プロペラ	脚系統	装備		
2,033	1,592	435	83	81	34	960	1,098
1,790	1,110	435	78	72	30	495	707
2,590	1,910	590	124	104	42	1,050	1,166
2,766	2,095	720	167	111	45	1,052	1,168
5,050	3,263	1,080	238	202	78	1,665	1,586
2,798	1,873	526	103	112	45	1,087	1,193
3,750	2,680	835	198	150	59	1,438	1,438
2,630	1,690	590	124	105	43	828	995
3,800	2,200	530	110	186	60	1,314	1,354
6,900	4,852	1,180	249	276	104	3,043	2,370
2,460	1,921	530	99	121	40	1,131	1,226
5,200	3,010	780	204	255	80	1,692	1,602
4,500	2,875	835	220	221	70	1,529	1,498
2,550	1,929	542	96	125	41	1,124	1,220
2,679	1,863	590	124	131	43	974	1,109
3,210	2,348	780	198	128	51	1,190	1,268
3,900	2,897	835	220	156	61	1,625	1,560
9,710	6,070	1,440	330	388	144	3,768	2,733
10,680	6,540	1,440	334	427	157	4,181	2,930
8,173	5,585	1,080	238	327	122	3,818	2,757
13,765	8,649	2,280	418	551	199	5,201	3,388
7,642	4,770	1,088	200	306	115	3,061	2,380
10,900	7,134	1,120	220	436	160	5,198	3,387
9,500	6,800	1,450	337	380	141	4,493	3,073
10,500	6,650	1,670	400	42	154	4,383	3,023

して計算した。戦闘機換算重量は、必要工数が重量の3分の1乗に逆比例するものとして、各機の

および松岡［1996］による。プロペラ重量は、山名・中口［1968］640頁 B11.5（1）表、脚系統重量は、

［1947c］pp. 40-42, 47, 78, 142, 177）を使用して、生産各機種の合計を算出した。
材料不足、天候、設計変更などによる変動を避けるため、3ヵ月平均の月産重
量を用いている。例えば7月の場合は5-7月3ヵ月の平均値である（USSBS

表3-10 構造重量推算妥当性の検証—三菱重工業

年度	生産機数		完成機体総構造重量（トン）		年	月	生産機数	完成機体総構造重量（トン）	
	『昭和産業史』	USSBS	『昭和産業史』	筆者推算			USSBS	USSBS	筆者推算
1941	—	138	—	310	1941	—	116	437	270
1942	210	209	434	458	1942	—	187	622	404
1943	—	322	—	696	1943	—	296	826	658
1944	303	298	879	799	1944	1-3	364	1,076	741
1945	113	133	372	361		4-6	337	1,008	681
						7-9	378	1,212	769
						10-12	313	1,204	856
					1945	1-3	163	630	517
						4-6	154	536	472
						7-8	102	369	194

注：筆者推算重量は、上記 USSBS の生産機数と表3-9に示す機種別構造重量から筆者が算出したものである。
出所：『昭和産業史』は、東洋経済新報社［1950］615頁の表10による。年度別合計で示されているので、月間平均に
　　換算してある。USSBS の機数は USSBS［1947b］pp. 61-64記載の機種別、月別生産数から筆者が計算した。総
　　構造重量（原典では Airframe Production）は（同［1947b］p. 21）による。

[1947a] p. 27)。

(2) 総人員

　月産重量を総人員で除して生産能率を得る。総人員は直接員と間接員の合計
である。企業総体としての生産能率を評価するため、直接員には本体だけでな
く外注先の人員も含むものとし、外注率（総作業を100としたときの協力工場
の比率)[37] を用いて補正を行う。中島飛行機、三菱重工業の機体工場全体の総
従業員数は月次で判明する。また、表3-6に示す中島飛行機の主要4製作所
については直接員、間接員別に月次で判明する（USSBS［1947c］pp. 73-74,
84, 131, 176)。しかし、残余の工場については不明で、直接および間接人員の
判明するメイン4工場の直間比により、機体工場全体の直接人員、間接人員を
推算した[38]。三菱重工業は、製作所別に直接人員、間接人員数が判明する
（USSBS［1947b］pp. 49-54)。

　生産能率の計算に使用する総人員は、当該四半期の最初の月（5-7月期で
あれば5月）を使用した。これは、7月に実施された最終組立の大部分は7月
に計上されるのに、5月に生産された部品は7月になるまで計上されないとい
う生産のフロータイムを考慮したものである（USSBS［1947a］p. 27)。

5.3 計算結果の概要

(1) 生産能率

四半期ごとの生産重量を総人員で除して生産能率を得た結果が図3-11である。以下、単位は（kg／人・月）であるが煩雑であるため（kg）と表示した。月産機数も同図に示した。図3-11(a) は中島飛行機および三菱重工業全体を、図3-11(b) は中島飛行機の全4製作所、図3-11(c) は三菱重工業第3製作所（海軍）と（第5＋第11）製作所（陸軍）について示したものである。

図からまず指摘できることは、月産機数の増加に対応して生産能率が向上したこと、および中島飛行機と三菱重工業の生産能率に1941年2-4月で顕著な差（1.35kgに対し4.88kgで、三菱は中島の4倍弱）があったが、1944年2-4月期以降は縮小し、1945年には逆転したことである。1941年4月時点で中島は月産機数が三菱の0.7倍であるのに、人員は1.35倍を抱えていた（表3-7）上に、三菱は大型機の比率が高かったので、生産能率に大差が生じているのである。中島飛行機は以降、1944年4月のピーク5.63kgまでほぼ一定割合で生産能率を向上させ、1945年1月まで、ほぼその水準を維持した。しかし4月には3.13kgと1942年末の状態にまで低下した。三菱重工業は1942年4月には7.29kgまで能率を向上させ、1942年7月-10月は若干落ち込むものの、1944年1月のピーク7.80kgまで、ほぼ8kg弱を維持している。以降は生産能率が低下し、1944年10月以降の落ち込みは特に大きく、1945年7月には2.00kgにまで低下した。1944年4月には中島、三菱両社の生産能率はほぼ均衡し、1945年1月以降は中島飛行機が逆転した。三菱重工業は比較的早く生産能率向上のピークに達し、1944年4月以降はピークを維持できなくなったのである（図3-11(a)）。

次に各製作所についてみると、中島飛行機太田製作所は、0.62kgという大変低いところから1944年1月の7.43kgまで生産能率が向上した。1944年10月から1945年7月まで変動が激しいが、データの正確性に疑問があり破線で示した[39]。小泉製作所は、1.66kgから1944年7月のピーク10.37kgまで途中若干

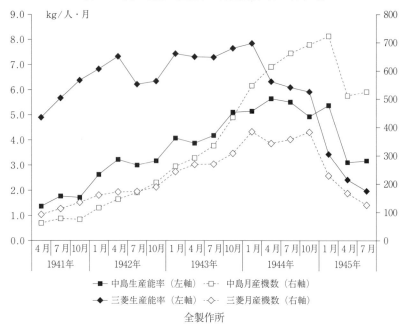

図3-11(a) 機体生産能率と月産機数（3ヵ月平均）

の落ち込みはあるもののほぼ一貫して生産能率が向上し、以降の落ち込みも小さかった。期間を通して、太田製作所より生産能率は高かった。半田製作所および宇都宮製作所は最新の工場であったが、生産能率の最大値は各4.83kg、3.45kgであった（図3-11(b)）。

三菱重工業の第3製作所は図示した製作所中最も生産能率が高く、1944年10月のピーク値13.61kgまでほぼ一貫して生産能率を向上させたが、1945年に入り急減した。(第5＋第11)製作所は、1944年1月の7.98kgがピークで、その後は1945年4月の最低値1.40kgまで低下した。(第5＋第11)製作所の生産能率低下が三菱重工業全体の生産能率を停滞・低下させた（図3-11(c)）。

(2) 類似データとの比較

他の類似データとの比較をしておく。これらのデータは時系列で得られず、

第3章　中島飛行機の機体事業　157

図3-11(b)　機体生産能率と月産機数（3ヵ月平均）

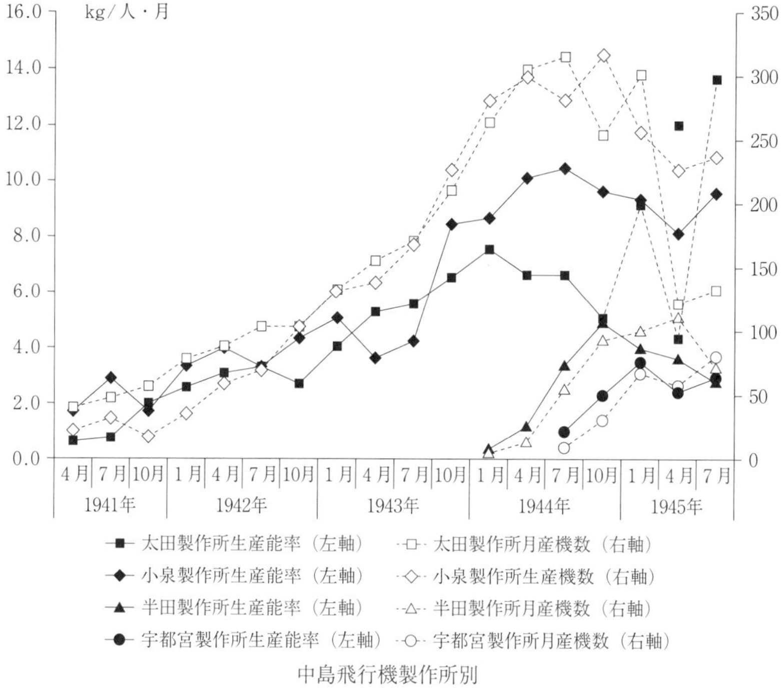

凡例：
■ 太田製作所生産能率（左軸）　　□ 太田製作所月産機数（右軸）
◆ 小泉製作所生産能率（左軸）　　◇ 小泉製作所月産機数（右軸）
▲ 半田製作所生産能率（左軸）　　△ 半田製作所月産機数（右軸）
● 宇都宮製作所生産能率（左軸）　○ 宇都宮製作所月産機数（右軸）

中島飛行機製作所別

　且つ生産重量の定義が不明であり、また総人員に外注先の従業員が含まれてい
るかが明らかではないので、本節の結果と直接の数値比較はできないが、相対
的な生産能率の比較は可能であろう。まず、第三回行政査察報告（美濃部文書
7579）には、1943年度上半期航空機工場生産能率比較がある。生産能率は（月
産重量／総人員）で示され、三菱重工業12kg、愛知航空機8.5kg、日立航空機
および中島飛行機8.2kg、九州航空機および川西航空機など2.5kgである[40]。
1943年度上半期における中島飛行機の生産能率は三菱重工業の68%であり、比
率は本節計算の8-10月の67%とほぼ一致する。

　次に日本機械学会（[1949] 971頁）では1944年9月の実績として、中島飛行
機太田製作所8.03kg、小泉製作所10.57kg、半田製作所6.44kg、宇都宮製作
所4.30kg、三菱重工業名古屋製作所（海）11.70kg、（陸）10.60kgが示され

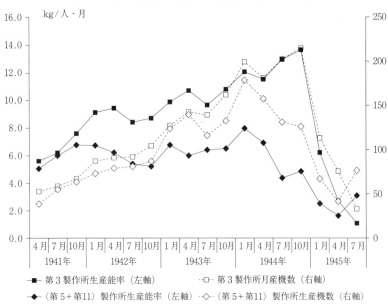

図3-11(c)　機体生産能率と月産機数（3ヵ月平均）

　　─■─　第3製作所生産能率（左軸）　　─□─　第3製作所月産機数（右軸）
　　─◆─　（第5＋第11）製作所生産能率（左軸）　─◇─　（第5＋第11）製作所生産機数（右軸）
三菱重工業製作所別

ている。各製作所の生産能率の順位は三菱重工業（陸）（ここでは第5＋第11製作所）を除いてここと同じである。最後にUSSBS［1947a］p. 28では各年7月の日本全体しか記載がないが、ピークは1944年7月の6.83kg、対応するアメリカは30.77kgで4.5倍の生産能率であった。その要因についてUSSBS［1947a］p. 27は「日本の労働者の技能が低かった」[41]ことを挙げているが、山本潔は、「日本の「半流れ作業方式」と国際水準の「流れ作業方式」という生産方式との質的な格差を明示するもの」と総括している（山本［1992］64頁）。未熟練労働者を如何に短期間に訓練し、効率的に使って生産性を上げるかという科学的管理面での日本の遅れも忘れてはならない。アメリカは専用工作機械を多用し、且つ作業を細分して単純化、標準化して未熟練労働者の効率を上げたのに対し、日本は使用に熟練を要する汎用工作機械が多く、その上熟練を要する作業に未経験の労働者をそのまま投入した。さらに、陸海軍が熟練労働者

を不合理に徴兵し、また頻繁な機種の変更を要求し機種や規格の統一に熱心で
なかったこと、戦局の悪化で原材料・資材を継続的に供給できなくしたこと
（荒川［2001］58頁）、を指摘しておかねばならない。

5.4　計算結果の考察

(1)　習熟曲線および生産システム

　同一機種の量産が進めば作業者が習熟し、機数当たりの加工工数は低減し、
生産能率は向上する。低減割合を計算するのに使用されるのが習熟曲線[42]で
ある。ここでは習熟率を80%とした[43]習熟曲線（図3-12）により、中島飛行
機、三菱重工業の習熟効果による工数低減ひいては生産能率向上を推算する。
習熟の効果は、例えば中島飛行機小泉製作所は零戦を合計6,215機生産したが、
初号機の生産工数を1.0とすると6,215機目は0.06であり、生産能率はこの逆数
で16.7倍にもなるのである。現実には、量産途中での改造・改修および工場全
体としてみた場合には新機種の導入が習熟を低下させる方向に働く。

　工数の絶対値を推定するのは困難であるので、ここでは習熟による生産能率
の相対変化を計算する。まずある四半期の総生産重量 W は、5.2節と同じ要
領で機種ごとの重量 Wn に生産機数 Nn を乗ずることで得られる。生産に必要
な工数 MH は、ある機種の当該期間における単位工数 MHn に生産重量を乗じ
たものに比例する。ここで、単位工数 MHn は当該期間におけるある機種の、
初号機を1.0とした累積工数と当該期間の生産機数から得ることができる。生
産能率の相対値＝$(W_1 \times N_1 + \cdots + Wn \times Nn)/(MH_1 \times W_1 \times N_1 + \cdots + MHn \times Wn \times Nn)$ である。中島飛行機と三菱重工業の主要製作所について、1941年
2-4月を基準とする生産能率の相対変化を計算した結果を表3-11に示した。
網掛け部は生産能率実績＞習熟曲線となっている四半期である。

　まず三菱重工業の第3製作所および（第5＋第11）製作所を見ると、生産能
率が急低下する1944年11-1月期までは生産能率実績は習熟曲線の計算とほぼ
同等か若干低くなっている程度である。つまり、三菱重工業の生産能率向上は、
習熟によるものと説明が可能である。中島飛行機について見ると、太田、小泉

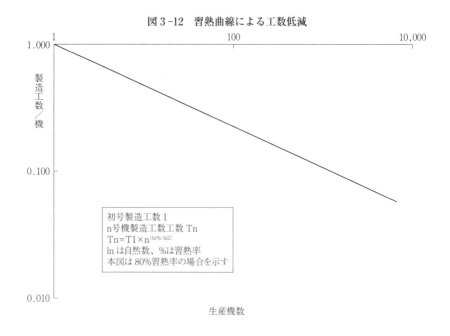

図3-12 習熟曲線による工数低減

両製作所とも習熟曲線で計算されるよりも生産能率実績が上回っている。この理由について一つの手がかりになるのは第三回行政査察報告書別冊（美濃部文書7599）に示された「勤労度」である。勤労度とは、「全勤務時間中の正味労働時間の割合」であると定義されている。人員の稼働率といってよいであろう。査察の時期からみて1943年9-10月の状況と判断されるが、航空機工場の勤労度として中島飛行機機体工場25%、発動機工場28%、三菱重工業機体工場50%、発動機工場60%という数字が示されている。「以上の数字ハ、瞬間的実測ト目測ヲ基礎トセルモノニ付精確ハ保証シ難キモ大過ナシト信ズ」と注記されている。全体的に数字の低いのに驚かされるが[44]、注目すべきは中島飛行機の工場の勤労度の低さで、三菱重工業の2分の1である。勤労度はその後どのような変化をしたか、管見の限り、このポイント・データしか得られない。しかし、佐久間［1943］が月産機数増加について述べている工数低減効果[45]は、月産機数が増加すると設備、人員稼働率が大幅に向上し生産能率が上がることを示

第3章　中島飛行機の機体事業　161

表3-11　実績と習熟曲線による生産能率の相対値比較（1941年2-4月＝1.00）

| | | 中島飛行機 | | | | 三菱重工業 | | | |
| | 生産能率比(中島／三菱) | 太田製作所 | | 小泉製作所 | | 第3製作所 | | (第5＋第11)製作所 | |
		生産能率実績	80%習熟曲線	生産能率実績	80%習熟曲線	生産能率実績	80%習熟曲線	生産能率実績	80%習熟曲線
1941年 2-4月	0.28	1.00	1.00	1.00	1.00	1.00	1.00	1.00	1.00
5-7月	0.31	1.17	0.70	1.75	1.15	1.11	1.12	1.29	1.17
8-10月	0.27	3.14	0.60	1.04	1.07	1.36	1.30	1.35	1.29
11-1月	0.38	4.11	0.71	1.95	1.16	1.63	1.46	2.04	1.23
1942年 2-4月	0.44	4.90	0.79	2.39	1.38	1.69	1.60	1.41	1.43
5-7月	0.49	5.21	0.89	1.98	1.50	1.51	1.69	1.26	1.47
8-10月	0.50	4.39	0.98	2.58	1.68	1.56	1.84	1.17	1.56
11-1月	0.55	6.29	0.97	3.03	1.90	1.77	1.95	1.45	1.63
1943年 2-4月	0.53	8.40	1.10	2.19	2.13	1.92	2.05	1.15	1.71
5-7月	0.57	8.81	1.23	2.54	2.40	1.74	2.21	1.32	1.65
8-10月	0.67	10.32	1.30	5.05	2.29	1.93	2.21	1.33	1.68
11-1月	0.66	11.89	1.34	5.19	2.13	2.17	2.34	1.54	1.70
1944年 2-4月	0.89	10.55	1.30	6.04	2.26	2.06	2.48	1.59	1.24
5-7月	0.91	10.52	1.33	6.26	2.51	2.33	2.46	1.28	1.30
8-10月	0.83	8.05	1.38	5.79	2.90	2.44	2.78	0.85	1.19
11-1月	1.56	(14.49)	1.63	5.60	3.26	1.11	2.80	0.48	1.27
1945年 2-4月	1.30	(4.82)	1.85	4.84	3.84	0.49	2.64	0.32	1.39
5-7月	1.58	(21.71)	1.94	5.71	4.00	0.20	2.94	0.53	1.51

注：1941年2-4月を基準とする相対値を示すものである。四半期の区分が日本の通常と異なるが、図3-11に合わせたものである。網掛け部は生産能率実績＞80%習熟曲線となっている期間である。（　）内はデータの正確性に疑問があるため、参考値である。
出所：生産能率実績は図3-11、142、177による。機種別、製作所別の累積機数及び各四半期に対応する生産機数 Nn は USSBS [1947b] pp. 61-64, 198, 221, 265および USSBS [1947c] pp. 40-42, 47, 78, 142, 177から筆者が計算した。各機種の累積機数から80%習熟曲線を使用して各四半期に対応する単位加工数 MTn を計算した。各機種の重量 Wn は表3-9による。これらから5.4節の方法で生産能率の相対値を計算した。

しており、勤労度（稼働率）が25%という極端に低い状態から月産機数が増大した中島飛行機は勤労度向上の余地が大きく、習熟曲線を上回る生産能率向上が可能であったものと考えられる。さらには、1939年以降取り組んだ生産改善活動（本章3．2（2）節）の定着も効果があったであろう。

　最終組立ラインの相違がどのように生産能率に影響したか。1944年末までほぼ月産機数が拮抗し、同一会社でもあった中島飛行機の太田製作所（ジョブ・ショップ方式）と小泉製作所（プロダクション・ライン方式）の生産能率実績からは、小泉製作所が優位、つまりプロダクション・ライン方式が優れていたといえそうである（図3-11-b）。しかし、習熟による生産能率向上が、小泉製作所は太田製作所の約2倍であった（表3-11）ことも指摘できる。また、三菱重工業の第3製作所および第5製作所はともに1944年に入ってプロダクション・ライン方式に変更されたが、変更後に第5製作所の生産能率は低下している。以上の考察から、日本の航空機生産システムでは、最終組立方式の相違は生産能率に決定的な影響はなかったものと考えられる。

（2）生産能率低下の要因

　中島飛行機は1945年2月、三菱重工業は1944年12月以降生産能率が急低下する。月産機数と生産能率が相関していることから、生産機数減の要因を分析する。1944年11月24日の中島飛行機武蔵製作所（エンジン工場）を皮切りに始まった、アメリカ軍の空襲による被害[46]と、工場疎開が主要な要因であるが、それ以前の1944年中頃から主要材料であるアルミニウム、特殊鋼の供給が不足し生産に影響を与え始めていた。特に特殊鋼の不足により1944年10月から11月にかけてはエンジンの不足が明確になった（USSBS［1947a］pp. 93-99）。加えて、労働力不足も深刻であった（高橋［1988］137頁）[47]。

　中島飛行機の場合、空襲とこれに伴う疎開作業に起因する生産能力の喪失と低下は、終戦の8月にピークに達し、90%に及んだ（富士重工業［1984］49頁）。太田製作所は1945年1月から工場疎開を開始したが、1945年2月10日、2月16日、2月25日の3回空襲された。2月10日の攻撃では熱処理工場の50%が破

壊されたが、元々2月、3月はエンジン不足による生産低下があった（USSBS
[1947c] pp. 69-71）。小泉製作所の空襲は2月25日、4月3日であったが、そ
れ以前に他地域への空襲による部品不足、工場疎開の開始で、2月の生産は1
月の50％に低下していた。ただし、小泉製作所への空襲は大成功とはいえず、
零戦の生産は空襲の影響をあまり受けなかった（USSBS [1947c] pp. 85-87）。
　三菱重工業の場合は、1944年12月7日に発生した東南海地震の影響も大きか
った。大江地区の損害は5％と見積もられたが、道徳の第11製作所は50％の
設備が損害を受けた。大江地区の第3および第5製作所は、地震と空襲の影響
で1944年12月の生産は前月の30％に落ち込んだ。生産低下分のうち40％は
1944年12月17日の空襲の影響であった。第3製作所の疎開も非公式ではあるが
12月に開始された。深刻なのは他会社からの電気、油圧、酸素、燃料タンク、
オイルクーラーなどの不足で、特にエンジン、プロペラ、脚などの官給品の不
足は深刻であった。戦争の最後の数ヵ月はエンジンなしの所謂「頭なし」機体
が生産された（USSBS [1947b] pp. 114, 161-163）。

小　括

　中島飛行機は創立から敗戦までの28年間で陸海軍機、民間機を合わせて56機
種を試作し、その内23機種が制式化され、さらに21機種の改造型を開発・生産
した。太平洋戦争期に限ると、陸軍機では、試作のみが3機種、原型制式化が
5機種、改造型制式化が6機種の合計14機種であった。海軍機では試作のみが
5機種、原型制式化が3機種、改造型制式化が4機種で合計12機種、加えて転
換生産が3機種あった。同様に、太平洋戦争期の三菱重工業について整理する
と、陸軍機では試作のみが2機種、原型制式化1機種、改造制式化4機種、海
軍機では試作のみが3機種、原型制式化3機種、改造型制式化11機種であった。
　陸軍戦闘機で主力となったのは、中島飛行機が開発した97式戦闘機、1式戦
闘機「隼」、2式戦闘機「鍾馗」および4式戦闘機「疾風」であった。ほかに
川崎航空機開発の3式戦闘機「飛燕」、5式戦闘機があった。海軍艦載戦闘機

の主力は三菱重工業開発の零戦であった。局地戦闘機は三菱重工業開発の「雷電」、川西航空機開発の「紫電」、「紫電改」があった。陸軍戦闘機は中島飛行機、海軍戦闘機は三菱重工業という棲み分けが出来ていたといえる。生産数上位は、零戦、1式戦闘機「隼」、4式戦闘機「疾風」、3式戦闘機「飛燕」であった。

　陸軍爆撃機の主力は、三菱重工業が開発した97式重爆、4式重爆「飛龍」および中島飛行機が開発した100式重爆「呑龍」であった。海軍の主力は三菱重工業が開発した96式陸攻、1式陸攻および海軍航空技術廠が開発した「銀河」であった。これらはいずれも双発機で、中島飛行機が海軍の命令で4発爆撃機「深山」、「連山」を試作したものの、制式化には至らなかった。

　上記の戦闘機および爆撃機について、搭載エンジン出力、翼面荷重、水平最大速度、航続距離、火力、防御性能などを、同時期のアメリカ軍機と対比することで評価した。日本は大馬力エンジンの開発に遅れたため、機体の徹底的な軽量化を図り、武器としての頑丈さを犠牲にしたのに対し、アメリカ軍機は大馬力エンジンを搭載し、その余裕で頑丈で防弾を強力にした機体を作り上げたといえる。同一エンジンを搭載した戦闘機である中島飛行機の「隼」と三菱重工業の零戦については、アメリカ軍の飛行試験結果から、「隼」は零戦と同等以上の飛行性能を有していたものと評価できた。中島飛行機最後の戦闘機「疾風」は、卓越した運動性と操縦性、優れた上昇力を、アメリカ軍から評価された。

　大型爆撃機の性能では日米間に隔絶とした差があった。大戦末期に試作された中島飛行機の4発爆撃機「連山」は、それまでの日本爆撃機の性能水準を凌駕するものであったが、当時の日本には量産する余裕はなかった。

　太平洋戦争期における日本の航空機生産システムは、サブ組立まではジョブ・ショップ方式であり、中島飛行機、三菱重工業の最終組立ラインは、プロダクション・ライン方式とジョブ・ショップ方式が混在していた。USSBSでは中島飛行機の機体生産システムが三菱重工業より進んでいたと評価された。1941-1945年の生産機数が中島飛行機19,519機に対して三菱重工業12,513機であったことからも、中島飛行機が三菱重工業より「多量生産」を達成したこと

第3章　中島飛行機の機体事業　165

は明らかである。しかし、筆者が独自に計算した、一人当たりの生産重量とい
う尺度でみた生産能率では、1944年8-10月まで三菱重工業が優位であった。
生産能率と月産機数の間には正の相関が認められた。三菱重工業の生産能率の
向上度合いは、習熟曲線による計算結果とほぼ合致したが、中島飛行機の生産
能率の向上度合いは、習熟曲線による計算を上回っていた。その要因は、中島
飛行機の勤労度が三菱重工業に比して極端に低い状態から、月産機数が増大し
て勤労度が向上した効果であると考えられる。中島飛行機、三菱重工業とも生
産能率は1944年末以降急低下するが、大戦末期の月産機数の急減によるもので
あった。最終組立ラインの相違は、生産能率に決定的な影響を与えるものでは
なく、月産機数増による習熟の影響が大きかったものと考えられる。

　注
　1）　横須賀海軍工廠。
　2）　陸海軍機種名の命名方式は下記の通りである（富士重工業［1984］52頁）。陸軍
　　　機の命名は1926年以降、日本の紀元年号の末尾1～3桁をとり、2597年（昭和12年）
　　　制式採用は97式、2600年は100式、2604年は4式という年式名称を冠して言うよう
　　　になった。また、92式以降は制式機になるまでは、試作順に一貫した機体番号（キ
　　　番号）をつけてキ-1、キ-27というように呼んでいた。例えば、「隼」は初めキ
　　　-43と呼び、採用とともに「1式戦闘機」という正式名称がつけられ、写真を公表
　　　するにあたっては、年式を秘匿し「隼」という愛称をつけて発表している。海軍
　　　機の命名は、1930年以降、日本の紀元年号の末尾1～2桁をとり、2597（昭和12年）
　　　は97式、2600年は零式、2602年の2式まで続けたが、昭和18年7月以降は、天体、
　　　山岳、草木などの「彩雲」「連山」といった名称を付し、特殊攻撃機「橘花」とい
　　　うような表示となった。また、昭和6年以降の試作は、その年の数字を冠し、10
　　　試艦攻（97式艦攻）、18試陸攻（連山）のように表現している。このほか、大正10
　　　年から機種（20種）設計会社（14社）をアルファベット記号で区分する表示方法
　　　も採用している。（例）零式艦戦32型　A6M3はA（艦戦）6（6番目の試作艦戦）
　　　M（三菱）3（3型）。九七式一号艦攻　B5N1はB（艦攻）5（5番目の艦攻）
　　　N（中島）1（1型）。
　3）　本章2.1節を参照。
　4）　USSBSでは自殺機（Suicide）と分類しているが（USSBS［1947c］p. 50）、設
　　　計者である青木邦弘は、「本機は一部の人が言うように、最初から特攻用として作

った飛行機では決してなかった」と述べている（青木［2005］175頁）。

5） ダグラス最初の4発機で、のちにDC-4E（E＝experimental）と呼ばれた試作機である。1機だけ製作され、これを海軍が購入した。エンジン出力に比べ機体重量が重かった上に機構が複雑すぎ、整備性および経済性に問題があったといわれる。いわば失敗作を海軍が購入したことになる。大戦末期から戦後にかけて活躍したDC-4とは全く別の機体である。

6） 戦時中、海軍は53の基本型式と112の変種、陸軍は37の基本形式と52の変種、合計して90型式、164種の飛行機を計画、試作した（USSBS［1947a］p. 67）。

7） 1939年のノモンハン事件における、ソ連軍I-16戦闘機に対する圧倒的な勝利、太平洋戦争初期のマレー方面での米英機との対決などが、97式戦闘機の活躍として記録されている（野沢編［1963］91頁）。

8） 一般的に口径20mm以上を機関砲、未満を機銃と呼ぶ。

9） 飛行機一機撃墜に必要な命中弾数は弾丸効力に反比例し、弾丸効力は一弾の重量に比例した。弾丸効力は20ミリを100とした場合、13ミリは27、7.7ミリは8であった。また一回の射撃（3秒間）における発射弾数は、20ミリの20発に対し、13ミリは30発、7.7ミリは50発であった。したがって、20ミリ一門は13ミリの3門、7.7ミリの6丁に相当し、小口径のものほど多銃（砲）装備しなければ、射撃効果は期待できなかったのである（防衛研修所［1975］275頁）。

10） *WW II Aircraft Performance, Japan*, Archives of M. Williams, http://www.ww iiaircraftperformance.org/, Jan. 12, 2015 Access.
図3-5も、本ウェブサイトのデータから筆者が作成したものである。

11） 前掲 *WW II Aircraft Performance, Japan*, Archives of M. Williams 所収の資料による。

12） レポートの作成日付は1946年7月16日である。アメリカ軍テストによる「疾風」の標準状態での航続距離は1,650kmである。アメリカ軍のF6Fは、飛行試験データによれば2,400kmで、相当に差がある。

13） 「2乗3乗則」といわれる法則である。例えば、サイズを2倍にすると主翼の揚力は2の2乗で4倍になるが、機体の重量は3乗で8倍になってしまう。つまり何の技術革新もないと、搭載可能重量が減少し、極端な場合は機体を持ち上げられなくなってしまう。設計、材料、工作法、エンジンの革新による重量軽減が必須となるのである。現代の航空機開発でも有効な法則である。

14） 日本で唯一実戦配備された4発機は、1942年に制式化された川西航空機の海軍2式飛行艇である。131機が生産された。輸送機型の「晴風」は36機生産された（野沢編［1959b］106-117頁）。

第3章　中島飛行機の機体事業　167

15)　「部品・組立の区別なく」飛行機の「単体」ごとに生産していく「所謂町工場方
式」で能率維持策はもっぱら「請負制度」に頼った。この段階では試作工場と生
産工場が分離していなかった。

16)　工作機械の機種別ないしは労働者の職種別に編成され、それを工程別にやや細
分化した職場である。

17)　太平洋戦争期の航空機生産システムの表現として、「タクト式」生産方式、「流
れ作業方式」、「前進作業」方式ないし「前進流れ作業」方式があるが、山本潔は
当時の日本の生産システムは「流れ作業」に必要な「空間的条件」は満たしてい
たが、「時間的条件」を満たしておらず「半流れ作業」方式であった、としている
（山本［1992］62-63頁）。アメリカの「流れ作業」方式では、①生産工程の順にし
たがって「設備が配置され」、「組立線」が確立され（空間的条件の成立）、②生産
スケジュールも、「生産管理技術」の改善で「最終組立線に沿った間断のない流れ」
が実現していた（時間的条件の成立）（山本［1992］9頁）。なお、日本の航空機
生産における「多量生産」の導入については、和田［2009］119-156頁が参考になる。
佐久間［1943］は「半流れ作業」方式を山本とは異なった意味（生産数量の少な
い部品を可能な限り流れ作業に近い形で生産）で用いている。

18)　「プロダクション（生産）・ライン」方式は山本［1992］のいう「半流れ作業」
方式、「ジョブ・ショップ」方式は「機種別職場」方式と同等と考えられるが、こ
こでは USSBS の表現を使用した。中島を評しての「未熟な（crude）プロダクシ
ョン・ライン」とは、アメリカ流の「時間的条件」が満たされていなかったこと
を意味するものであろう。

19)　「アセンブリー（組立）・ライン」方式とプロダクション・ライン方式との差異
が不明確であるが、同等のものと考えられる。山本［1992］も同様のものとして
扱っている。

20)　太平洋戦争期の航空機生産の所要工数の割合は、機械作業22%、板金作業17%、
部品組立作業25%、骨格組立作業17%、艤装作業8%、その他11%である（守屋
［1944］20頁）。部品の加工・組立が64%を占め、機体組立・艤装作業（最終組立）
は25%にすぎない。つまり、最終組立ラインのみでなく、部品の加工・組立工程
を含めた全体の効率が生産能率の結果として現れるのである。

21)　第11製作所の疎開前の所在は名古屋市道徳町、ほかは大江町である。

22)　（ ）内は1945年2月に組織が再編成され、製作所の呼称が番号制に変更された
ものである（USSBS［1947b］p. 99）。USSBS では再編後の製作所番号で記述して
いるので、ここもそれに従った。

23)　ここでいう機体重量は、構造重量である。USSBS［1947c］記載の機種別生産機

数および表 3 - 9 から筆者が推算した。中島飛行機は1941年1,278kg、1942年1,432kg、1943年1,334kg、1944年1,474kg、1945年1,470kgである。三菱重工業は、同様に USSBS［1947b］および表 3 - 9 からの筆者の計算によれば、1941年2,241kg、1942年2,165kg、1943年2,227、1944年2,458kg、1945年2,912kgである。三菱重工業の機体平均重量は中島飛行機の1.5から 2 倍弱であり、大型機の比率が多かったことの反映である。

24) USSBS による三菱重工業の生産能力にはスペア（補用品）の重量が含まれていると考えられるが、筆者の中島飛行機の生産能力計算にはこれを含んでいないので、若干低めの値となっていると考えられる。

25) USSBS［1947c］表 1 - 3 では785機となっている。ここではより詳細なデータが示されている USSBS［1947c］pp. 40-42の数値を示した。

26) USSBS［1947a］、同［1947b］、同［1947c］記載のデータに基づく、筆者の計算である。

27) 後出図 3 -11参照

28) 第11製作所生産分と分離できないため、合算である。

29) 大型機は、重量が小型機の 2 倍程度あるので、月産100機の半分50機を要件と考えた。

30) USSBS［1947a］p. 28では、量産規模による補正を行い、最終的に能率指数 IE（Index of Efficiency）という形で比較しているが、ここでは生産能率までの検討に止める。

31) 通常の四半期の分け方と異なっているが、USSBS が 5 - 7 月を基準としているのに合わせたものである。

32) 燃料・乗員・乗客など規定された搭載物を全部搭載したときの総重量である。

33) 機体構造，エンジン、固定装備、内部装備の重量の合計である。

34) 構造重量の計算に当たって、自重からマイナスすべき重量は、エンジン、プロペラ、降着装置、その他装備重量である。ここでは、山名・中口［1968］638-643頁によりプロペラは、0.11×（離昇馬力 hp）kg、降着装置は艦載機については0.049×（全備重量）kg、陸上機は0.040×（全備重量）kg、その他装備品重量は、0.03×（全備重量）$^{0.8}$＋0.01×（全備重量）kg として計算した。

35) 生産に要する工数は、重量に単純に比例して増加するものではなく、単位重量当たりの必要工数（単位工数）は重量が大きくなると低下する。ある重量 W_0 の機体を製造するのに要する単位工数と重量 W の機体を製造するのに要する単位工数は、$(W_0 / W)^{1/3}$ の関係がある（USSBS［1947a］p. 27）。ここでは、USSBS の方法に従い、基準となる重量を戦闘機「疾風」として、単位工数の差を重量に換算して、

第 3 章　中島飛行機の機体事業　169

「戦闘機換算重量」とした。W（戦闘機換算重量）＝ W ×（W_0／W）$^{1/3}$、W_0 ＝ 1,438
（「疾風」構造重量）である。

36)　太田製作所の生産能力が「疾風」を基準にしている（USSBS［1947c］p. 63）の
　　に倣った。

37)　USSBS［1947a］p. 28では、「機体製造業者はその作業の約35％を下請けに出した。
　　率は一定ではなく、愛知は31％、三菱は32％、中島は43％であった」。中島飛行機
　　については年度別の外注率が東洋経済新報社［1950］621頁に記載されているので、
　　本節ではこれを使用した（表 3 - 6 ）。三菱は年度別外注率が不明であるので32％
　　一定とした。

38)　小泉製作所、半田製作所、宇都宮製作所については、デジタル値が示されてい
　　ないので、筆者がグラフから読み取った。太田製作所を含む 4 製作所の合計と、
　　機体工場合計の差が戦争後半には大きくなるが、三鷹研究所、三島製作所、黒沢
　　尻製作所の開設、工場疎開などによるものと考えられる。

39)　1945年 1 月以降、工場疎開が実施され、1945年 4 月には人員が約 5 分の 1 に急
　　減した。疎開 2 工場で疾風が生産されたが（USSBS［1947c］p. 69）、疎開工場の
　　生産機数は分離できず、人員のみ疎開工場分が除かれているため、データの連続
　　性に疑問がある。

40)　報告書ではさらに、1944年度生産重量目標値として「総人員ニ対スル一人当タ
　　リ生産構成重量28瓩」（美濃部文書7577）が示されている。

41)　過去50年間の日本工業の進歩は顕著であったが、一世代以上機械に適正のある
　　日本人は少なかった。国家として、拡大する航空機産業に役立つ機械熟練、経験
　　がアメリカ、第 3 帝国のような巨大さに欠けていたのは確実である。熟練労働者
　　の要求がピークに達した段階で、機体およびエンジン工場の要求を満たす熟練労
　　働者はほとんど残っておらず、田圃からの労働者しかなかった（USSBS［1947a］
　　p. 27）。

42)　習熟曲線（Learning Curve）は、航空機の生産コストを見積もる目的で、T. P.
　　Wright［1936］によって初めて提唱された。同一の航空機を繰り返し生産するとき、
　　航空機の単位生産工数が低減する習熟現象を現すものである。この効果は線形で
　　はなく、生産機数が倍になるにしたがってある一定の割合で低減する。習熟率は、
　　機体を（ 2 × n ）機目に生産するのに要する工数と（ n ）機目に生産するのに要す
　　る工数の比として定義される。初号機の必要工数を T 1 、n 号機の必要工数を Tn
　　とすると、Tn ＝ T 1 × n$^{(ln\%)/ln2}$ で表される。ここで、ln は自然対数で、％ が習熟
　　率である。n 号機生産までに必要な累積工数は、Tn を 1 から n まで積算すること
　　で得られる。

43) 航空機の場合は通常80% が使用される（USSBS［1947a］p. 28）。

44) 勤労度が極めて低い理由として査察報告（美濃部文書7599）では、「生産技術の欠如、現場監督者の大不足による工具指導の皆無、治工具取付具検査具の欠如、勤労方針昂揚方策の欠如」を挙げている。査察後の報告では、航空機工業においては勤労度の上限は大体75と述べた上で、「勤労度ハ70% 以上ヲ目標トス」（美濃部文書7594）としている。中島飛行機の勤労度が25% から70% に向上すれば、生産能率は2.8倍になる計算である。

45) 多量生産の最低月産数量については、中島飛行機のエンジン部門の責任者であった佐久間一郎が、「飛行機や発動機と言うような、纏まったものにおいては、どうしても実際に3百台以上でないと多量生産の流れ作業はできないという結論に到達した。（以下、発動機生産の実際のデータに基づくとして――引用者）月産台数を増すと（工数の）カーブは急激に下がって、月産500台と言うところに来るとカーブがほとんど水平になる。それから推して最高の能率というものが月産500台以上ということになる。試作時代の例えば月産20台と言うところをとってみますと、500台の時の5倍から6倍になる。これが月産100台と言うところでは月産300台の倍くらいの工数になる」と述べている（佐久間［1943］7-8頁）。跡部保のいう「発動機月産300基」は、最高能率となる500台より著しく小さい。「小型機月産100機」についても山本潔は、独ユンカース社の爆撃機組立ラインが月産約250機であったことからすると、機体の「単位工場」も著しく矮小なものとして構想されていた、と指摘している（山本［1992］16頁）。

46) 被害には、爆弾による設備への直接被害と空襲警報によって失われる工数がある。空襲警報は生産ロスの最大の要因で、小泉製作所では戦闘機にして約2,000機に相当する工数が失われた（USSBS［1947c］p. 91）。

47) 高橋［1988］は、三菱重工業会長郷古潔の「現在において、資材とか、輸送などの隘路はありますが、現実において、少なくとも重点企業において、一番の隘路は、労力ではないかと思います」（郷古潔「緊急増産への特効薬」『東洋経済新報』第2140号、1944年9月16日、254頁）という発言を紹介している。

第4章　中島飛行機の航空エンジン事業

はじめに

　本章の課題は、中島飛行機のエンジン事業の実態を、三菱重工業との対比で明らかにすることである。最初に、両社の創業から敗戦までのエンジン開発状況および陸海軍の採用における競合状況を概観する。次いで、太平洋戦争期に中島飛行機が開発し実戦機に搭載された主要なエンジンについて、三菱重工業およびアメリカの2大エンジン・メーカーである Pratt & Whitney 社、Wright Aeronautical 社のエンジンと対比し、中島エンジンの性能を評価したのち、中島飛行機のエンジン技術の特徴を考察する。生産面では、太平洋戦争期の中島飛行機のエンジン生産体制を概観し、生産実績をまとめる。最後にエンジンの生産能率を、三菱重工業との対比で評価、考察する。

1．エンジン開発状況

　中島飛行機および三菱重工業における航空エンジンのライセンス導入、自主開発機種数を表4-1に示す。両社ともライセンス生産から事業を始めた。中島飛行機は空冷エンジン7機種、液冷エンジン2機種の合計9機種のライセンスを購入し、量産したのは空冷1機種、液冷各1機種のみであった。自主開発は空冷エンジンが17機種で、設計のみに終わったのが4機種、試作までが11機種、量産に至ったのが6機種であった。液冷エンジンは9機種であるが、すべて試作までで量産はされなかった。三菱重工業は、空冷エンジン2機種、液冷

172

表4-1　中島飛行機、三菱重工業のエンジン開発・生産機種数

		中島飛行機					三菱重工業				
		ライセンス		開　発			ライセンス		開　発		
		購入まで	量産	設計まで	試作まで	量産	導入まで	量産	設計まで	試作まで	量産
空冷	単列5気筒			2				1			
	単列7気筒			1	1						
	単列9気筒	5	1	1	4	2		1		3	1
	2列14気筒	1				3				2	5
	2列18気筒				4	1					2
	2列22気筒									1	
	V型12気筒				2						
液冷	V型6気筒									1	
	V型8気筒							2			
	V型12気筒							3		6	1
	V型12気筒				5						
	W型12気筒	1	1								
	W型18気筒				4						
合　計		7	2	4	20	6	0	7	0	13	9

注：空欄は該当なしである。
出所：中島飛行機は中川・水谷［1985］54-91頁、三菱重工業は松岡［1996］31-186頁から筆者が作成。

エンジン5機種のライセンスを購入し、すべて量産された。自主開発では空冷エンジンが14機種で、8機種が量産にまで至った。液冷エンジンは8機種を試作し、量産できたのは1機種のみであった。巻末の付表5、付表6に両社のエンジン開発の経緯と諸元、生産数を示す[1]。

1.1　中島飛行機

（1）ライセンス導入時代

中島飛行機は1924年3月、東京府豊玉郡井荻町上井草に土地3,800坪を取得しエンジン工場建設に着手、エンジン製造に乗り出した。三菱重工業より8年遅れのスタートであった。技術後進国の通常たどる道筋であるが、中島飛行機の航空エンジンも初期は外国からのライセンス導入に頼って発展した。

1924年5月、フランス・ローレン社のローレン水冷W型12気筒の製造権を取得した。1925年11月にはローレン社からの技術者3名の生産指導を受け、東京工場でローレンのライセンス生産を開始、1926年に試作が完了した。1927年4月に量産を開始し、1929年まで生産が続いた。次いで1924年12月、イギリ

ス・ブリストル・ジュピター6型（空冷星形単列9気筒）の製造権を取得し、ブリストル社技師の指導を受けて1927年5月に試作に着手、1928年10月から生産を開始した。改良型の7型が1929年1月から、1931年1月からは9F型が生産された。海軍制式兵器に採用され、各型併せて1934年までに約600台が生産されている。ジュピターの生産はその後の中島飛行機のエンジン開発に大きな影響を与えた。

　ライセンス導入は続く。1928年3月、ローレン500馬力‐900馬力水冷エンジン、12月にはWright Aeronautical社ワールウィンドJ型、1929年12月にはPratt & Whitney社ワスプC型およびホーネットA型、1930年5月にはイギリス・ブリストル・マーキュリー、さらに1934年4月にはWright Aeronautical社サイクロンR-1820F（いずれも空冷星型単列9気筒）、1935年1月フランス・ノーム・ローン社ミストラル・マジョールK14（空冷星型2列14気筒）の各製造権取得と、すでに1926年には自主開発が始まっている中で、正に矢継ぎ早のライセンス導入であった。しかし、これらのエンジンは試作されることはなく、自主開発の参考資料用であった。

　(2) 自主開発への取り組み

　ライセンス導入と併行して自主開発に取り組んだ。

　まず水冷エンジンである。自主開発第一号は1926年12月に試作を開始した水冷W型18気筒、1,000馬力を目標のNWA[2]であった。1928年12月に試作1号機の組立を完了したが、初期運転のみ、改良型のNWA-Gも耐久運転までで1929年に打ち切られた。次いで、1930年11月、NWB（水冷V型12気筒）海軍7試水冷600馬力の設計を開始し、翌年12月に試作組立を完成、1932年6月に運転審査が開始されたが、耐久運転までで打ち切られた。改造型であるNWB改が1933年3月に完成し海軍8試水冷600馬力として審査を受けたが、これも1935年に不合格となった。

　これより以前の1932年10月に海軍7試水冷900馬力の試作を受命し、NWD（水冷V型12気筒）として試作を開始し、翌年6月に審査を受けたものの1935

年には不合格となった。1937年には自社試作として NAT-1（液冷倒立 V 型12気筒）対抗ピストン型ディーゼルの試作を完成させているが、性能運転までで打ち切りとなった。1939年4月、NLF（液冷倒立 V 型12気筒）海軍14試液冷700馬力の設計を開始したが、1940年に審査不合格となった。さらに1939年12月、NWE（水冷 W 型18気筒）陸軍「ハ15」[3] の試作が完成したものの、耐久試験中に大破してしまった。最後に1941年11月、NLH-11（液冷倒立 W 型18気筒）陸軍試作「ハ39」試作が完成した。このエンジンは中島列型の決定版として登場したが故障で中断、最後の列型エンジンとなった。中島飛行機の水冷エンジンの試作は、結果としては1機種として成功しなかったことになる[4]。

　空冷エンジンの開発に移る。空冷星型エンジンの自主開発は1927年から始まった。NAA（7気筒）、NAB（9気筒）、NAC（5気筒）、NAD（5気筒）と相次いだがいずれも材料準備までで終わった。1931年には NAE（9気筒）の試作が行われ、性能運転にまでこぎ着けた。1932年から1933年にかけて NAF（9気筒）海軍7試空冷600馬力の試作、耐久運転、審査が実施されたが不合格となった。

　これより以前、1929年12月に NAH（9気筒）の設計が開始され、わずか6ヵ月後の翌1930年6月に試作1号機の組立が完了した。国産第1号である。「ジュピターの土台にワスプ流の洗練を加えたエンジン」と評され（中川・水谷 [1985] 66頁）、ジュピターのジュから「寿」[5] と命名された。8月には海軍の耐久試験に合格した。1931年には「寿」2型が耐久運転に合格、12月には「寿」1型、2型が海軍制式兵器に採用された。1932年7月から量産が開始となり、最終の「寿」41型まで約7,000台が生産された。「寿」3型からは Wright Aeronautical 社のサイクロンの技術が取り入れられている。生産は1943年まで続いた。「寿」の成功で中島飛行機の発動機部門が日本の空冷星型エンジンのトップの地位を占めることとなった（中川・水谷 [1988] 261頁）。

　1931年5月、陸軍の命令により NAP（9気筒）の設計を開始、翌年5月に試作第1号機組立が完了した。1933年4月には陸軍の審査に合格、1934年制式採用され「ハ8」となった。NAP は Wright Aeronautical 社サイクロンの技

術を大幅に取り入れて改良され、1935年に海軍の8試空冷650馬力として審査に合格、「光」と命名され1936年に兵器採用された。各型合計約2,100台が生産された。9気筒エンジンとしてはほかに1931年10月に戦闘機搭載を狙ったHS「寿5型」の設計を開始、翌1932年10月に試作が完了して地上運転と飛行試験の併行審査を受けたが、1934年に不合格となった。

（3）2列14気筒、18気筒エンジンの開発

1933年5月、中島飛行機初の空冷星型2列14気筒エンジンであるNALの試作1号機が完成したが、初期の運転で不具合が発生したため、基本設計からやり直して1934年4月に2次試作を完了、陸軍の耐久運転に入り1937年に審査に合格、「ハ5」として制式採用となった。1937年から1944年まで約5,500台、三菱重工業でも1941年まで1,831台が生産された。

NALの開発に若干遅れて1933年6月、NAMの設計が開始された。NALより外径が110mmも小さい1,150mmで、エンジンをコンパクトにしてほしいという軍の要求に沿ったものである。気筒内径を130mmと航空エンジンとしては比較的小さくすることで燃焼室がコンパクトになり燃焼が安定する上、動弁系や運動部品の取り回しが楽になり、ベアリングの負担を軽くできる利点があった。これを生かして回転数を上げ、圧縮比を高くすることで馬力をより引き出す工夫がされた。1936年3月海軍10試空冷600馬力として試作第1号機の組立を完了、6月には海軍の審査に合格した。間もなくNAM1型（「栄」11型）としてブースト、回転数、圧縮比を上げて1,000馬力を目指した。1937年には2速過給機付「栄」20型の設計が開始された。1939年10月、「栄」10型が海軍に正式採用された。零戦に搭載され、また陸軍にも採用されて1式戦闘機「隼」に搭載されたことで、「栄」系の総生産数は川崎、石川島による転換生産を含めて日本の航空エンジンでは最高の3万台に達した。

1937年から構想されたのがNAK「護」で、「光」の14気筒版であるが、「光」の気筒内径160mmは大きすぎたとの反省から155mmとした。全体的に日本的な小細工を避けた余裕のあるエンジンとなっており、離昇馬力は1,870馬力

であった。1943年8月に海軍兵器に採用となった。1943年までに200台が生産されたが、後述の「誉」が制式化されたことで打ちきりとなった。

　中島航空エンジンの最高到達点であるNBA「誉」（2列18気筒）は、1939年12月、「栄」と同外径でこれを9気筒×2列とする発案がスタートであった。最終的に外径は「栄」より30mm大きい1,180mmとなったが、出力は1,800馬力でスタートしその後2,000馬力に増加させる設計であった。すでに「栄」系で予備試験を実施し、ブースト圧、回転数の増加、吸入効率の向上、燃焼の改善などで1,400-1,500馬力を達成できる目途をつけていたものである。1940年初めに海軍に提案した結果、当時世界でもこれに匹敵する小型大馬力エンジンはなく期待は大きく[6]、9月に海軍の試作命令が出た。開発は官民挙げての努力で記録破りの早さで進み、1941年6月には300時間の第1次耐久運転を完了した。1942年9月には海軍から「誉」と命名され生産に入った。試作時は順調であったものの、「誉」は開戦による燃料事情悪化のため、開発の前提である100オクタン価ガソリンを使用できなくなったこと[7]、および潤滑油の質低下による出力低下とシリンダ温度の異常上昇、コンロッド軸受けの過荷重による故障、プロペラ減速機軸受の焼損、吸排気ポートおよび吸気系通路の鋳物形状不良による出力低下など、数多くのトラブルに見舞われ、対策に追われることになった。こうしたこともあって、「誉」には稼働率の悪さが最後までつきまとった。終戦までに約9,000台生産された。

　この間の経緯について、開発者の中川良一[8]は、「開戦後、燃料は100オクタンを使うことができない、せいぜい90〜88オクタンでエンジンを完成すべしという海軍からの指示であった。これは大きなショックである。燃焼はすっかり変わってしまい、高圧縮比、高ブーストは望みにくくなる。点火栓の熱価を下げること、ブースト圧を少し下げること、点火時期を下げること、燃料配分をさらによくすること、メタノールなどを余計に使用して異常燃焼を防ぐことであった」と述べている（中川・水谷［1985］133頁）。もともと日本では100オクタン価ガソリンの国産化はできず、全量をアメリカからの輸入備蓄に頼っていたわけで、1939年12月にアメリカのモラル・エンバーゴ（道義的輸出禁止）

公布により航空機ガソリン製造設備、製造技術に関する権利の輸出が停止されると、100オクタン価ガソリンが使用できなくなるのは当然のことであった[9]。敵国の資源、技術に頼っていた咎といえる。

「誉」がトラブル解決に困難を極めている間にも、他の大馬力エンジンの開発が続いていた。1940年、NAN（2列18気筒、2,500馬力）「ハ107」試作に着手、1943年7月「富嶽」の発動機「ハ54」（4列36気筒、5,000馬力）の設計を開始、NBH（2列18気筒、2,450馬力）「ハ44」の試作開始などである。

(4) ジェットエンジン

最後にジェットエンジンである。中島は終戦時にはTR12、ネ200の2種のジェットエンジンを開発中であった。TR12は約2年前に海軍が設計したもので中島が生産担当に指名された。最終型は4段の軸流圧縮機と1段の遠心圧縮機で、1段のタービンが圧縮機を駆動した。ネ220はBMWの軸流ターボジェットの中島版であった[10]。

1.2 三菱重工業

三菱重工業のエンジン開発史を簡単にまとめておく。

機体製作から航空機事業を始めた中島飛行機とは異なり、三菱合資会社は1916年5月、神戸造船所内に内燃機課を設置し航空エンジンの製造から始めた。機体製作に進出したのは1921年である。最初にライセンス生産したのは1917年、当時最新鋭、高性能のフランス・イスパノ・スイザの水冷V型8気筒200馬力および300馬力エンジンで、以降450馬力、650馬力と高馬力エンジンのライセンスを導入、以降1935年までに1,500台余が製作され[11]、「水冷の三菱」あるいは「イスパノの三菱」と呼ばれた。しかし、エンジンの高馬力化、機体の運用方式の複雑化によりエンジンの使用条件が厳しくなり、原因究明の困難なトラブルが次第に増加してきた。1931年に完成した高馬力の650馬力型ではピストン焼き付き、ロッド折損、排気弁焼損などのトラブルが相次いだ。排気弁は海軍考案の水銀冷却弁であったが漏れが多く、冷却効果も不十分であった。本エ

ンジンの不評により三菱の発動機事業は次第に沈滞することになる。以降、水冷エンジンの自主開発が続くが、水冷式700馬力（社内呼称Ｂ１）を除きいずれも試作のみに終わった。Ｂ１は93式重爆に搭載されたがトラブルが続出し信頼性に欠けた。

　空冷エンジンでは、1926年にイギリス Armstrong Sidley から Mongoose 130馬力、アメリカの Pratt & Whitney 社からホーネットのライセンスを購入し、少数ではあるが量産した。

　空冷エンジンの自主開発は1929年のＡ１が最初である。以降1934年まで７種類の空冷エンジンが開発されたが、実戦機に採用されたのはＡ４、Ａ５エンジンのみであった。こうした三菱エンジンの窮状[12]を打破する契機になったのは、1933年６月に深尾淳二が長崎造船所から名古屋製作所へ転任してきたことであった。1934年６月、三菱航空機は三菱重工業に合併され[13]、深尾は名古屋発動機の発動機部長となった。深尾が固めた新規エンジンの目標は、①航空発動機は性能、信頼性の優秀さと安価であることが、世界第一であらねばならぬ、②外国の有力会社は水冷か空冷の一方だけを作っている。二兎を追うものは一兎も得ずであるから、我らも一方に決めねばならぬ、③陸軍用、海軍用として発動機を区別すべきでない、④陸海軍との合作では世界一というものは得られない。我々は他の掣肘を受けることなく独自に設計すべきである、というものであった（「深尾淳二技術回想70年」刊行会［1979］103-104頁）。そして深尾は社内製作エンジンを空冷一本に絞るという大転換を決意した。しかし、この方針は軍を刺激しないよう社内外に明らかにはされなかった。

　新エンジンＡ８は1935年12月に本格開発が開始された。Ａ８初号機は1936年３月、試運転を完了した。試運転は順調であったが、軍の意向とは関係のない開発であることおよび軍関係の他のエンジン開発への悪影響のため、軍との関係は悪化した。しかし審査試験の結果に満足した海軍は100台近い発注を行った。これが社内呼称Ａ８-ａ「金星」３型である。７月には抜本的な改良によりＡ-８ｃ「金星」40型が誕生し、三菱航空エンジンの基礎が完全に固まった。

　「金星」の技術を生かして小型機搭載用のＡ14「瑞星」、大型機搭載用の

A10「火星」エンジンが開発された。「瑞星」は「金星」の気筒行程を130mm
へ短縮し、「火星」は気筒内径を150mm、ストロークを170mmへ拡大したも
ので、いずれも2列14気筒である。「瑞星」11型は1936年1月に計画を開始、
7月に1号機が完成した。「火星」は1938年2月に開発着手、9月に初号機が
完成した。「金星」、「瑞星」、「火星」とも1万台以上生産され、陸海軍の主力
機に搭載された。

　三菱重工業はさらに大馬力を目指し「火星」と「金星」を18気筒化したエン
ジンを開発している。1940年8月にA18が完成した。無理をせず、余裕のあ
る設計で、日本で最初に実用化された2列星型18気筒エンジンである。1941年
には中島飛行機の「誉」エンジンに対抗すべく「金星」の18気筒化である
A20の開発を開始し、1942年2月半ばに初号機の組立を完了、1943年6月には
海軍の運転試験に合格した。しかし、時期があまりに遅く実戦機には搭載され
なかった。

　三菱重工業が終戦時に試作中であったジェットエンジンはネ-330、液体ロケ
ットエンジンはKR10であった。KR10は前出の試作特殊戦闘機「秋水」に搭
載されたものである。

1.3　中島飛行機と三菱重工業の競合

　第二次世界大戦で使用された中島飛行機、三菱重工業および比較のため、ア
メリカの2大航空エンジン・メーカーであったPratt & Whitney社および
Wright Aeronautical社のエンジンの生産期間を表4-2に示した。

　航空エンジンは機体側からの要求性能が高くなるのに対応して単列7気筒か
ら9気筒、次いで2列14気筒、さらに2列18気筒と気筒数と排気量、出力を増
加させていった。太平洋戦争期の主力機種に搭載されたのは単列9気筒以降で
ある。Pratt & Whitney社のR-1340は1925年にはすでに量産に入っていて、
太平洋戦争開始の1941年の時点ではすでに15年以上を経過していた。中島飛行
機のNAHとWright Aeronautical社のR-1820は6年遅れて1931年に生産を
開始したが、R-1820が馬力で中島NALの1.5倍であることを指摘しておかね

表4-2 中島、三菱および米国主要航空エンジン生産期間（1930～1945）

形式	会社名	名称（陸海軍名称）	西暦19**年 30	31	32	33	34	35	36	37	38	39	40	41	42	43	44	45
単列9気筒	中島	NAH（ハ1／寿）																
	Pratt & Whitney	R-1340																
	Wright Aeronautical	R-1820																
2列14気筒	中島	NAL（ハ5、41、109／～） NAM（ハ25、115／栄） NAK（ハ103／護）																
	三菱	A8（ハ112／金星） A14（ハ26、102／瑞星） A10（ハ101、111／火星）																
	Pratt & Whitney	R-1830																
	Wright Aeronautical	R-2600																
2列18気筒	中島	NBA（ハ45／誉）																
	三菱	A18（ハ104／MK6A）																
	Pratt & Whitney	R-2800																
	Wright Aeronautical	R-3350																

注：網掛けは米国エンジンである。P&W R1340の生産開始は1925年である。米国エンジンは1945年以降も、ジェット時代到来の1950年代まで生産された。
出所：日本は、中川・水谷［1985］の中島飛行機エンジン一覧表（1）（2）（3）、松岡［1996］324-331頁より、米国は、Jane's 1946/47, Victor Bingham［1998］およびGraham White［1995］より筆者作成。

ばならない。三菱重工業は単列エンジンでは成功しなかった。

2列14気筒エンジンでは、Pratt & Whitney 社の R-1830が1932年に生産開始である。より大馬力の Wright Aeronautical 社 R-2600は5年遅れて1937年に生産が開始されている。日本では三菱重工業の A8「金星」、A14「瑞星」が Wright Aeronautical 社のそれより1年早く1936年に生産に入った。1938年に A10「火星」が生産に入っている。「火星」は R-2600とほぼ同時期、出力も同程度で世界水準であった。中島飛行機は14気筒では三菱重工業より遅れ、NAL が1937年、「栄」が1939年、「護」が1941年にそれぞれ生産に入っている。

2列18気筒エンジンでは、Pratt & Whitney 社の R-2800が1939年から生産に入っている。Wright Aeronautical 社の R-3350は1936年に開発が開始されたが、実用化に手間取り生産開始は1941年となった。三菱重工業の A18は1940年から、中島飛行機の「誉」は1942年から生産された。以上のことからエンジン開発、生産では Pratt & Whitney 社が先行し、他社が追いかける図式がみえる。中島飛行機と三菱重工業の関係では、9気筒では中島飛行機が先行、14気筒になって三菱重工業が巻き返し、18気筒では「誉」の出現で再び中島飛行機が三菱重工業に追いついたといえる。

次にエンジン選定での競合関係である。中島飛行機と三菱重工業は機体とエンジン双方を製造していたので、自社製の機体には自社製エンジンを搭載したいと考えるのは自然なことで競合関係にあった。ほぼ同時期、同馬力のエンジンが競合することになるが、それらは NAL（ハ5）とハ6（量産に至らず）、「栄」と「瑞星」、「護」と「金星」、「火星」、「誉」と A20（量産に至らず）という図式であった。

まず中島飛行機と三菱重工業で競争試作となった陸軍97式重爆である。1936年12月に機体、エンジンとも試作機が完成し、機体はすんなり三菱重工業に決定したが、問題はエンジンであった。中島飛行機の試作機はハ5、三菱重工業の試作機はハ6（A6震天改、「金星」の技術を適用）を搭載していたが、陸軍は中島のハ5を採用した。この選定経緯には、謎があり、両社の言い分も食い違っていた（荒川［2011］213-215頁）。三菱側の言い分は、「この結論に至

った裏には、陸軍がもっていた暗黙のメーカー割り振りがあったことと、この時点でも海軍が「金星」実用化に熱心であった経緯から、「金星」を毛嫌いする空気が陸軍に残っていたのではなかろうか」というものであった（松岡［1996］90頁）。一方中島側は、「ハ5は、1935年から36年にかけて立川技研でハ6と隣同士の運転台で公式耐久運転をうけた。……立川技研での審査の間、中島には大きな故障はなかったが、三菱にはシリンダヘッドの焼きはめねじの逃げ溝から、ヘッドの鉢にすっぽりと亀裂が入り、ヘッド脱落寸前の大事故があったと聞いている」とハ6の信頼性不足を示唆している（中川・水谷［1985］191頁）。97式重爆は、1940年からのII型ではA10（ハ101、火星）に換装している。当初のエンジン選定に難があったといえるかもしれない。

　次に三菱重工業開発の海軍零戦であるが、設計主任の堀越二郎は、できるだけ軽量小型の戦闘機として、競争試作に勝てるものを作ることを優先させるという観点から、試作機（12試艦戦）には大型の「金星」ではなく小型の「瑞星」を搭載した（堀越［2003］66頁）。しかし、海軍は、「瑞星」よりほんのちょっとだけ大きいが、性能が勝っているという理由で、海軍の審査試験に合格したばかりの中島「栄」を零戦に採用した[14]。この決定には、三菱側は、「少しでも良いものをという曖昧な理由だけで、設計者側を十分納得させることのないまま、「栄」に押し切られてしまった。この以前からも発動機変更の話は三菱側に伝えられていたというが、何か割り切れないものが感じられる。……「栄」発動機自体は初期計画の段階では全く候補にも上がっていなかったものであった」と大いに不満であった（松岡［1996］103-108頁）。しかし結果的には、零戦は太平洋戦争を通して海軍の主力戦闘機として活躍したのであるから、「栄」を採用した海軍のエンジン選定は適切であったといえよう。

　中島飛行機が開発した艦攻「天山」は、当初は中島が開発したエンジンで当時最大出力を誇った「護」を搭載した。しかし「護」は外径が大きく、重く、振動も多かった。中島飛行機を「誉」の生産に集中させるため、「護」は200台で生産中止になり、「天山12型」からは三菱の「火星」に換装された（野沢編［1963］217頁）。

最後にこれも三菱重工業が開発した海軍17試艦戦烈風のエンジン選定である。三菱は同社で新たに開発中のＡ20を搭載する計画であったが、海軍の意見は「三菱のＡ20は、形が大きく、しかも17試艦上戦闘機に間に合うか疑問である。中島飛行機の「誉」は、小型であるうえに性能も優れている。その上、「誉」は陸上爆撃機Ｙ20（のちの銀河）に使用する予定であり、実用化の見通しはこの方が確実である」というものであり、最終的に「誉」搭載となった[15]。「この結論に至った経緯を推測すると、海軍空技廠が「誉」の開発には当初から深く関わってきており、Ａ20が「誉」よりもやや後発エンジンであったことが響いていたとも考えられるが、指示された性能確保に苦慮するメーカーの領域にまで立ち入って、一方的とも思われる決定を下したことは、なんとしても理解に苦しむことである」と三菱側は大変不満であった（松岡［1996］159-160頁）。しかし、「誉」搭載の烈風は性能不足で採用に至らず、エンジンをＡ20に換装して試験しているうちに終戦となった。烈風の性能不足は、機体設計よりは「誉」エンジンの出力不足であった。烈風に実際に搭載していた「誉」を使用した、三菱重工業での地上ベンチ・テスト結果を高度に換算した結果は、海軍の約束していた1,700hp/6,000ｍ対して実際には1,300hp/6,000ｍしか出ていないことが確認されたのである（野沢編［1958］186頁）。これに対して「誉」設計者である中川良一は、試験がちょうど「誉」の性能が一番下がった時期に行われたと記憶していると述べている。搭載機側から、出力が出ていないのではないかと疑問が出始め、調査した結果、吸入系統の鋳物が不良で特に中子の形状が崩れていた。吸入ポートを初め、分配ケース、過給器入り口の形状もよくないのでこれらを改めて出力が出るようになったのである（中川・水谷［1985］117頁）。

松岡久光は、Ａ20と「誉」の比較に関して、「両エンジンとも、主として戦闘機用を狙った小型大出力のエンジンであったことは共通であったが、その気筒総容積を比較すると、「誉」は35.8ℓで、Ａ20は41.6ℓであり、20％近い相違がある。したがって、Ａ20は元々「誉」より大出力を狙った、より大型のエンジンであった」（松岡［1996］161頁）、「Ａ20と「誉」のいずれが高い信頼性を

表4-3　太平洋戦争期中島および三菱エンジンの主要な

形式	会社名	名称（陸海軍名称）	戦闘機、攻撃機、偵察機
単列9気筒	中島	NAH（ハ1／寿）	96艦戦、**97式戦**
2列14気筒	中島	NAL（ハ5、41、109／-）	**2式戦**
		NAM（ハ25、115／栄）	**97式艦攻、零戦、1式戦**、月光
		NAK（ハ103／護）	天山11型
	三菱	A8（ハ112／金星）	5式戦、**零式水偵、100式司偵**、瑞雲
		A14（ハ26、102／瑞星）	零式観測機、97式司偵、100式司偵
		A10（ハ101、111／火星）	雷電、**天山12型**、強風
2列18気筒	中島	NBA（ハ45／誉）	**4式戦、紫電改**、流星、彩雲、烈風（試作）
	三菱	A18（ハ104／MK6A）	
		A20（ハ211／MK9A）	烈風（試作）

注：太字体は1,000機以上量産された機種を示す。97式重爆は2型でNAL（ハ5）から、より馬力の大き
　　から「火星」に換装している。
出所：中川・水谷［1985］54-91頁および中島飛行機エンジン一覧表（1）（2）（3）、松岡［1996］31-186、

持っていたかという比較も難しい。「誉」は実機搭載後の性能低下や信頼性不
足がしばしば指摘されているが、A20も多くの試作機に搭載されてはいるもの
の、実戦に参加する機会はなかった。従って同じレベルで両社の比較するに足
るデータに乏しいと言わざるを得ない」と述べている（松岡［1996］162頁）。
　表4-3に中島飛行機と三菱重工業のエンジンを搭載した機種を示す。小型
機である戦闘機、攻撃機は中島のエンジン、大型機である爆撃機は三菱のエン
ジンと、結果的にはある程度棲み分けができていたようにみえる。1939年のの
ち、中島飛行機は戦闘機の生産に集中したが（USSBS［1947c］p. 17）、エン
ジンについても中島飛行機の方針は、戦闘機に最も向くようなエンジンの生産
であった（中川・水谷［1985］81頁）。社史では、「主目標を戦闘機用においた
のは、単に需要数が多く、量産による収益性が高い、という理由からだけでは
なかった。戦闘機用発動機は、小型、軽量、強馬力であるほか、飛行姿勢や重
力の変化、急激な加減速に即応し、常に正常な運転状態を保持する高度な機能
が要求され」たからであると、技術者のチャレンジ精神を強調している（富士
重工業［1984］18頁）。

第4章　中島飛行機の航空エンジン事業　185

搭載機種

爆撃機、輸送機（民間機）
（中島 AT）
97軽爆、**97式重爆、100式重爆**
99式双軽爆
深山改
96式陸攻、97式飛行艇、零式輸送機
1式陸攻、97式重爆、深山、2式大艇
連山（試作のみ）、**銀河**
4式重爆

い火星に換装している。天山も12型では「護」

324-331頁から筆者作成。

2．中島エンジンの性能的位置づけ

2．1　基本性能

　エンジンの性能を評価する指標としては、まず絶対的な出力（馬力）がある。次いで効率を評価する指標として単位当たりの出力（排気量当たり馬力、正面面積当たり馬力、馬力当たり重量）を挙げることができる。以下に、巻末の付表7および付表8に示すデータを基に、中島飛行機、三菱重工業およびアメリカの Pratt ＆ Whitney 社、Wright Aeronautical 社のエンジンの性能指標を比較する。試作レベルではなく、量産され、実戦機に搭載された実用エンジン・レベルでの比較である。

　性能比較に入る前に使用航空燃料のオクタン価について触れておかねばならない。オクタン価はアンチノック性を示す数値で、高いほど高圧縮比での設計が可能、つまり高出力化が可能である。この点で日本のエンジン設計者は不利であった。日本海軍の使用燃料は92オクタン価が最高で、陸軍は87オクタン価を貴重品として節減に節減を加えて使用していた（防衛研修所戦史室［1976］280頁）[16]。アメリカ軍では100オクタン価が当然で、さらにアンチノック性の高いグレード130ガソリンが使用された。

（1）離昇馬力

　図4-1は、生産開始年を横軸にとり離昇馬力の増大を示したものである。図を一見して明らかなことは、エンジンの離昇馬力が生産開始年とともに向上していること、日本は一貫してアメリカに後れを取っていたことがわかる。2,000馬力級エンジンを搭載したアメリカ軍戦闘機が登場した時点で、日本の

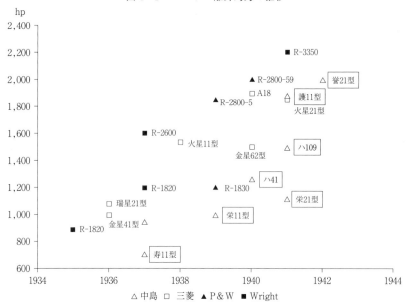

図4-1 エンジン離昇馬力の推移

主力戦闘機は未だ1,000馬力級の「栄」エンジンを搭載していたのである。

次に、単列9気筒→2列14気筒→2列18気筒という気筒数増加での離昇馬力増大を検討する（図4-2）。各気筒数での最大出力[17]を示すと、中島エンジンは710馬力→950（1,870）馬力→1,800（2,000）馬力、三菱エンジンは9気筒での実戦機搭載はなく、14気筒から、840（1,850）馬力→1,900馬力である[18]。Pratt & Whitney 社は600馬力→1,200馬力→1,850（2,100）馬力、Wright Aeronautical 社は890（1,200）馬力→1,600（1,700）馬力→2,200馬力である。14気筒エンジンでは、生産開始時期が Pratt & Whitney 社に比し最大4年遅れではあるが、中島「護」、三菱「火星」が出力でアメリカと同等レベル以上に到達した。18気筒エンジンでは、中島「誉」が Pratt & Whitney 社と肩を並べた。

第 4 章　中島飛行機の航空エンジン事業　187

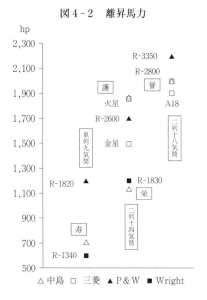

図 4-2　離昇馬力

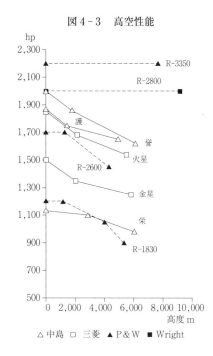

図 4-3　高空性能

(2) 高空性能

日本とアメリカエンジンの高空性能を比較したのが図4-3である。アメリカのエンジンに比しての、日本のエンジンの弱点の一つは、高度6,000m以上の高空性能であった。

高度とともに空気密度が低下するのでエンジン出力は低下する。出力の低下をできるだけ少なくするために、航空エンジンには吸入空気を圧縮する過給機[19]が装備されている。一段式過給機が有効なのは高度6,000m程度までで、高度8,000mになると2段式スーパーチャージャー、さらに10,000mになるとターボチャージャーが必要となる。図4-3でPratt & Whitney社R-2800とWright Aeronautical社R-3350の出力が高度に対して一定となっているのは、ターボチャージャーを装備していた効果である。中島飛行機にはターボチャージャー技術はなく、石川島播磨タービンなどに協力を依頼したが完成しなかっ

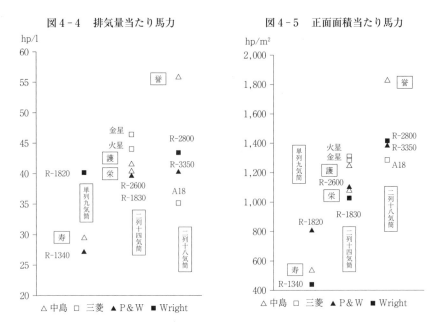

た。三菱重工業は自主開発に成功していた。

(3) 単位当たりの効率

　まず排気量当たり馬力 hp/l（図4-4）である。中島は29.5→25.3（41.6）→50.3（55.9）、三菱は26.0（46.4）→35.1 、Pratt & Whitney 社は27.3→40.0→40.3（45.7）、Wright Aeronautical 社は29.8（40.2）→37.5（39.8）→40.3となっている。中島の「誉」の55.9hp/lは群を抜いて高い値である。三菱のＡ18は35.1で保守的な設計といえる。

　次に正面積当たり馬力 hp/m²（図4-5）をみる。エンジンの正面積は、特に戦闘機のような小型機では空気抵抗に与える影響が大きいので、日本軍はこれを小さくすることを重視した。正面積に直接関係してくるのはエンジンの直径である。2列18気筒エンジンの直径を比較すると、中島の「誉」は僅か1,180mm である。三菱のＡ18は1,370mm、Pratt & Whitney 社 R-2800が1,342mm、Wright Aeronautical 社 R-3350が1,420mm である。正面積当た

り馬力の具体的な数値をみると、中島は539→762（1,251）→1,647（1,830）、三菱は721（1,312）→1,290、Pratt & Whitney社は443→1,024→1,309（1,485）、Wright Aeronautical社は597（805）→1,044（1,110）→1,390となっている。ここでも中島「誉」が群を抜いて高い数字になっている。

最後に馬力当たり重量kg/hp（図4-6）の比較である。中島は0.61→0.66（0.47）→0.46（0.42）、三菱は0.65（0.42）→0.50、Pratt & Whitney社は0.65→0.54→0.58（0.51）、Wright Aeronautical社は0.51（0.50）→0.55（0.53）→0.55となっている。14気筒エンジンで

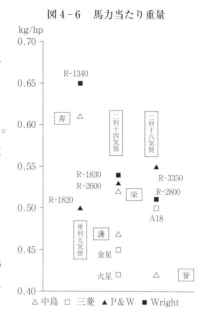

図4-6 馬力当たり重量

は、三菱の「火星」が、18気筒エンジンでは、中島「誉」が群を抜いて軽量である。

生産エンジンについて、加重平均した馬力当たり重量（kg/hp）の推移を分析しておく（図4-7）。エンジン効率の改善で、重量増加より馬力増加の割合が大きかった結果、平均馬力当たり重量は減少（性能は向上）した。中島飛行機は1943年までは1,000馬力級の「栄」が生産の主体であったため、馬力当たり重量は三菱重工業より大きかったが、2,000馬力級の「誉」の生産が1944年から軌道に乗ったことで急速に馬力当たり重量が小さくなり、三菱重工業よりも小さくなった。三菱重工業は1941年の段階で比較的大馬力の「金星」、「火星」の量産が進んでいたため、馬力当たり重量の改善は小さく、1944年になって1,900馬力のA18（MK6A）の量産が進んだ効果で若干小さくなった。

以上の考察から、中島飛行機、三菱のエンジンは、アメリカエンジンに比し小排気量、軽量で大馬力を発生させるという、小型化、軽量化に重点を置いた

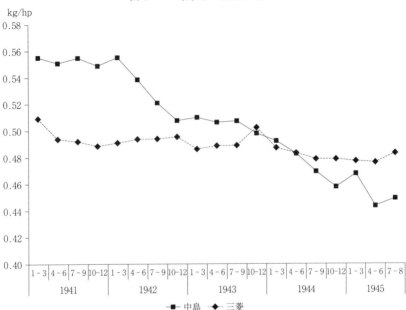

図4-7 馬力当たり重量の推移

設計であったことがいえる。特に、中島エンジン技術の到達点といえる「誉」においてその特徴は顕著であった。これは、アメリカの技術が劣っていたということではなく、設計思想の違いと理解すべきである。アメリカは頑丈で信頼性を確保したエンジンを、頑丈な機体に搭載するだけの生産力があったのである。

　このこと、特にエンジンの出力で劣ることが日本軍機の特質に大きな影響を及ぼすことになる。エンジン設計・製造技術において日本はアメリカに対して3年から4年は遅れていたといえる。日本がアメリカの高性能エンジンに追いついたのは、1942年の中島飛行機「誉」の開発成功によってであった。「誉」は離昇馬力ではほぼ追いつき、正面面積当たり出力、出力重量比、排気量当たり馬力では30％以上アメリカ製エンジンを凌駕することになった。「誉」は「小型・軽量」「高性能」エンジンの極致であったといえる。しかし、「誉」の開発

は時期的にあまりに遅く、生産台数は9,000台に満たず、熟成期間の不足、戦況の悪化に伴う材料不良、工作不良で実戦では試作時の性能を発揮できず、信頼性も確保できなかった。これに対してアメリカは1937年以降主要なエンジンシリーズの熟成、性能・信頼性向上に余裕を持って取り組むことができたのである。

2.2 過給器技術

日本の航空機が、高空性能でアメリカに劣ることになった過給器技術について分析しておく。日本におけるターボチャージャーの研究は、陸軍が1927年頃にフランスから購入したターボチャージャーを使用して厖大な地上および空中試験を実施したことに始まる。この研究は続かなかったが、1937年に三菱重工業が研究を開始、1940年には軍の研究も再開した。三菱重工業は陸軍、海軍より大幅に進んでおり、1942年末までに1,500馬力のル-302ターボチャージャー10台を製作した。1943年春には耐久試験に合格し、1944年春に量産を開始した。終戦までに250台が生産された。2,000馬力のル-303の量産は1944年末に開始され、終戦までに100台が生産された（USSBS［1947h］p. 9）。しかし、ターボチャージャーを実際に機体に搭載するには、給気冷却器による空気抵抗増、高温高圧の排気管系の取り回し、高々度でのシリンダ冷却など、艤装関係で解決困難な問題が多々発生した。

2段式スーパーチャージャーの研究は1937年に開始された。陸軍、三菱重工業ともにフランスのFalconスーパーチャージャーを研究した。1939年に製作を完了したが、多数の金属的な問題が発生したため、研究は一時中断した。1941年にはターボチャージャーの研究が進んだため、2段式スーパーチャージャーは二次的なプロジェクトとされた。ロールス・ロイスのエンジンを使った実験も実施されたが、完成には至らなかった（USSBS［1947h］p. 9）。戦争末期には試験的にターボチャージャー、2段式スーパーチャージャーを装備する機体もかなりあったものの、実用には至らなかった[20]。

アメリカ軍の調査報告書による中島飛行機の状況である[21]。1940年に中島飛

行機は2種のターボチャージャーを製作したが、軍は当時興味がなく。プロジェクトは放棄された。再度関心が持ち上がった際、ほとんどの作業は日立と石川島が実施した。中島飛行機は、ハ45-24「誉」に日立製ターボチャージャーを装着した4発のキ-87長距離爆撃機を5機生産した[22]。機体は数回飛行したが、ターボチャージャーに関するデータはない。中島飛行機は、終戦間際にはその試作努力を2段3速のハ45-44エンジンに傾けていた。2台分の部品が完成し、1台は組立済みであった。このエンジンはモータリングされたが、スーパーチャージャーの部品が固着したことが検知された。戦後になって分解検査された。一度も運転されなかったので、このエンジンが離昇馬力1910hp、高度26,300ftで1,530hpという計算値を達成したかは確認できない。エンジンの容積が2.185立方インチしかないことから、推算値は非常に甘すぎると考えられるというのが、報告書の見解である。

次に三菱重工業である[23]。三菱重工業はターボチャージャーを開発し、3機の司令部偵察機4型（Dinah）に搭載したが、沖縄で失われた。三菱は、これらのターボチャージャーは満足すべきもので、エンジンの性能が向上したと主張した。これに関しては装着機が失われ、名古屋への空襲により情報が失われたため、ほとんど情報が得られない。スーパーチャージャーに関しては、三菱重工業はギア駆動のスーパーチャージャーを強調した。最終型はハ42の31型で、ドイツのVulcan設計の油圧カップリングを持つ2段スーパーチャージャーである。これが2個の横方向取り付けインペラを持つPratt&Whitney社の新しい2800Eと非常に類似していることは興味深い。三菱が使用した機械クラッチは、数年にわたり使用された通常の遠心形式であった。終戦直前になって代用材が使用されて滑りが発生するまでは、これらは全体的に満足できた。スーパーチャージャーのインペラ径、先端速度の向上は全般に遅かった。3速スーパーチャージャーが開発され、名古屋が大規模な空襲を受け工場が実質的に消滅する終戦直前には生産に移行するところであった。

2.3 耐久性および信頼性

　航空エンジンで最も大切な性能は、量産に入ってからの耐久性と信頼性そして整備性である。本来、数値を持って議論すべきことであるが、残念ながら管見の限りでは、エンジン単体についてこうしたデータを得ることができないので[24]、定性的な記述であるが、中島飛行機と三菱重工業のエンジンに関する評価例をいくつか挙げ、両社を比較しておく。

　荒川憲一は、1940年に海軍と共同で行われた、対中奥地戦略爆撃の時「海軍機（金星搭載の96陸攻）は400時間の連続使用可能であったが、陸軍機（ハ5搭載の97式重爆）は150時間でオーバーホールを要した」と、ハ5（中島製NAL）の耐久性に問題があったことを指摘している（荒川［2001］213-215頁）。

　中島「栄」に関しては、「性能は飛躍したが、このエンジンは甚だ蒲柳の質で振動問題とピストンや主接合連接棒軸受の焼損が頻発し、試作時代の零戦に対する整備上の労苦は大変なものであった。信頼性は金星4型と対照的」という評価がある（岡村ほか編［1953］471-476頁）。

　局地戦闘機「雷電」に搭載された三菱の「火星」では、「発動機出力が公称以下であることが明らかとなった。……発動機不調と猛烈な機体振動を生じ……発動機不調は長く尾を引いた……発動機関係の事故は後を絶たず」という記述がみられる（航空情報編［1955］123頁）。

　アメリカ軍は、中島「誉」については「驚くべき高性能であったので、陸軍および海軍は競ってそのエンジンを購入した。……陸軍は最新型の4式戦に搭載した。しかし結果は、性能が予測を下回っただけでなく、深刻な整備上の問題を引き起こした。海軍もこのエンジンを最良の機体に搭載しようとしたが、同様の問題に直面した」と述べている（USSBS［1947h］p. 8-9）。「誉」を搭載した機体については日本側にも、陸軍の4式戦闘機「疾風」で「量産になると油漏れをはじめとして不具合が続出し、また整備も極めて困難で、稼働率では隼に遙かに及ばなかった」（航空情報編［1955］85頁）、海軍「銀河」では「量産「誉」の出力低下と故障の続出は……本機の整備を著しく遅らせた」という

記述がある（航空情報編［1955］147頁）。立川の陸軍航空技術研究所でエンジン審査を担当していた田中二郎は、「中島製は小型で性能は出るが、信頼性に欠ける。三菱製は、信頼性は高かったが図体がでかかった」と評している（前間［1993a］187頁）。以上を総括すると、中島エンジンの信頼性は三菱エンジンに及ばなかったものと考えられる。

エンジンの品質を確保するにはまず，開発時の陸海軍による審査運転がある。審査に合格し量産に入って以降は、受領前に運転試験を実施する。設計上の問題に加えて、こうした運転時間が切り詰められたことで、品質確保に問題が出たものと考えられる。審査運転では、1933年からは海軍は耐久試験を300時間要求、1937年には400時間弱に延長し、その後1年経過しないうちにこれを480時間に改正した。この中には非常に多くの離昇運転、130%の超高速運転を含み、合格はなかなか困難で莫大な費用と期間を要した。しかし、1944年には全運転時間が120時間に緩和された（岡村ほか編［1953］443頁）。

USSBSによれば、量産エンジンについては、開戦時には陸軍は5時間の1次運転、2時間の2次運転合計7時間を要求していたが、終戦時にはそれぞれ106分、70分の176分に短縮された。海軍は開戦時には7時間の1次運転、2時間の2次運転を要求していたが、1944年夏には要求を3時間に緩和した。内2時間が1次運転、1時間が2次運転であった。1945年6月、この要求はさらに2時間11分に短縮された。試験要求緩和の最大の理由は航空ガソリンの極端な不足であった。この困難を克服するため、アルコール、メタノール入りの低品質ガソリン、水噴射システムが試験運転に使用されたが、これらは満足な結果が得られず、数多くの困難が生じた。テストセルの不足も試験時間短縮の理由であった。テストセルの不足の理由は空襲と新しいテストセルを建設するための資材不足であった。さらに、エンジンは精密機械であるのに、小物部品の製作では、鋳物部品の寸法と一般品質の要求公差が緩められた。金属の調達が大変困難になったので、生産を継続するためにはマグナフラックス検査をする材料の傷の条件が緩和された（USSBS［1947a］pp. 90-91）。

日本のエンジン・メーカーのテストセルの状況について触れておく[25]。中島

飛行機では、エンジン試験に唯一使用できた設備は単純な電気式ダイナモ・メーターで、キャブレターの吸入空気温度や排気圧の高度シミュレーション機能がなかった。海面高度での出力較正がされ、高度性能は陸海軍から提供された較正式で決定した。中島飛行機は新エンジンについて、他の会社よりも徹底した飛行試験を試みた。特にキャブレターの設定ではこれは本当で、ダイナモ・メーターの結果が飛行試験でチェックされ、最終設定値が決定された。飛行試験はBendixの流量計を含め、比較的簡単な測定装置で実施された。飛行試験で必要となったキャブレターの調整は、機体に取り付けた状態で実施された。計画はあったものの、トルクメーターは設計も製作もされなかった。三菱重工業では、ンジンのテストは地上試験に限られた。会社にはパイロットがおり、特定のプロジェクトに機体が使用された。高空試験装置はなく、インテークの圧力をシミュレートするためにスロットリングをした以外は、エンジンは海面高度で較正された。川崎航空機では、エンジン試験には単純なダイナモ機材のみであった。1,000hpまでのエンジンには空気を−15℃まで冷却可能なダイナモ・メーターがあった。排気圧は模擬できなかった。トルクメーターは設計されなかった。出力と回転数をパラメータにブースト圧を変えて較正した。

3．中島飛行機のエンジン技術

3．1　エンジン技術者の証言

　終戦後に、アメリカ軍航空技術情報グループ（Air Technical Intelligence Group）が中島飛行機、三菱重工業および川崎航空機の主要なエンジン技術者にインタビューして報告書をまとめている[26]。各技術者とも記憶が未だに鮮明な時期であり、太平洋戦争中の日本の航空エンジン技術の水準を知ることのできる貴重な資料である。各技術者は会社での経験が十分でインタビュー対象として適切、且つ協力的で証言内容は信頼できると、報告書は評価している。以下に報告書の要点をまとめる。

まず事業組織とエンジン開発の方法であるが、中島飛行機、三菱重工業とも組織、手順と方法、政府および他の会社との関係はアメリカの主要エンジン・メーカーのそれと非常に似通っていた。中島飛行機の組織、手順は全般的に、中島が1930年代にライセンスを導入した Wright Aeronautical 社に倣っていた。三菱重工業に関しては、実験および量産エンジン開発、試験方法とも、アメリカ方式にそっくりであった。発生した問題および上手く解決したケースの大部分は米国の技術開発と非常に似ていた。海外の文献、情報にアクセスできた間は、中島飛行機、三菱重工業とも設計は一般に海外の開発に追随したが、海外の情報が遮断されると、非常な自発性、独自の発想能力を示した。ほとんどすべての局面で、中島飛行機、三菱重工業のエンジン設計はアメリカより数年（several years）遅れていた、というのが報告書の総括的評価となっている。

　陸海軍はエンジンの設計・開発に関しては会社の技術者にまかせており、干渉は少なかった。海軍は時たま干渉したが、その結果は通常成功しなかった。陸海軍間の協調はほとんどなかった。中島飛行機の技術者の証言では、開戦時にはエンジンのアクセサリーの50％しか陸海軍間で互換性がなかった。戦争末期には、若干の協調がなされ、互換性は90％にまで向上した。しかし、製品検査では陸海軍は決して共同せず、各工場にそれぞれ完全に独自の検査グループがあった。名目上は、陸海軍は検査組織を統合するものとされていたが、戦争末期に至っても協調はほとんどなかった。陸海軍間の要求の相違と協調の欠落に関しては、三菱重工業の技術者も種々の反感を述べた。終戦直前になって若干の協調が見られたが、効果が出るには遅すぎた。海軍に完全に拒否された設計が、陸軍では承認されることもあった。

　運用時の技術改善に関しては、中島飛行機と三菱重工業では異なっていた。中島飛行機の場合は、運用時の不具合改善に関しては、会社はほとんど責任を果たせなかった。中島飛行機の技術者は、運用不具合に対して独自の技術改善をしたかったが、軍特に海軍は彼等独自の改善に拘ったと述べた。中島飛行機はしかし、必要などの戦域でも対応できる約60名のサービス組織を維持していた。欠陥に対する改善部品は会社で製造され、軍が会社の支援を必要としない

限りは軍が配送し、取り付けた。一方三菱重工の場合は、運用中の設計変更には会社で責任を持つことを選び、実際にそうした。つまり、運用欠陥および改良、すでに部隊にあるエンジンの修正部品製作も含んだ改修について全責任を負った。中島飛行機は、設計における部隊変更に何の責任も負わず、陸海軍にまかせたというのが三菱技術者の見解であった。つまり中島飛行機は、運用時の技術改善は軍が独自に行うという軍の方針に従ったのに対して、三菱重工業は会社の責任で行うという会社の意向を押し通したのである。陸海軍の影響力は中島飛行機に対しての方が高かったものと考えられる。

　中島飛行機、三菱重工業のエンジン技術者はともに、陸海軍の技術者の能力を貧弱であるとし、陸海軍の比較では海軍が若干優れていたと評価している。その原因は、三菱重工業の技術者によれば、「軍に採用された人材の方が民間に採用された人材より優れていたのに、軍が若手技術者を適切に教育することに失敗したため」であった。

　三菱重工業の技術者は中島飛行機を明確にコンペティターと認識しており、相互に設計情報を交換したり、部品の標準化をはかったりしたような形跡はなかった。彼らは中島飛行機の設計能力を認めていたが、中島飛行機は研究およびオリジナルな開発はほとんどしていないと述べた。中島飛行機の技術者が三菱重工業の技術者をどのように評価していたかは、記述がない。

3.2　技術開発の特徴

　中島飛行機と三菱重工業のエンジン開発における相違点はどこにあったか。まずライセンス導入については、中島飛行機は1924年から1935年までにフランス、イギリス、アメリカから5社、9種類のライセンスを導入しているが、量産したのは僅かに2種類でしかなく、それ以外は設計参考用でしかなかった。しかも、1934年4月にはWright Aeronautical社のサイクロンのライセンス契約をしながら、その技術習得に技術者を派遣したのは3年後の1937年3月、生産指導にWright Aeronautical社の技術者を招いたのはさらに遅れて1939年1月になってからである。自身も中島飛行機のエンジン技術者であった岡本和

理[27]は、「中島のように多数の会社から多機種のライセンスを導入した例はない。中島では導入技術を完全にマスターすることなく、つぎつぎにその時点の高性能エンジンのライセンスを購入した。その結果、エンジン技術のキーポイントを学び得ないで高性能化に熱中した。これでは中島のエンジン設計技術は大学の卒業設計と言われても仕方のない状態であった」と厳しく批判している（岡本［2001］）。一方、三菱重工業は1917年から1935年までに4社7種類のライセンスを導入しているが、そのすべてを量産に結びつけている。きちんとビジネスに結びつけることを前提での導入である。

　中島飛行機は1924年にエンジン事業に参加して2年後の1926年には自主開発を開始している。わずか2年ではライセンス導入技術を消化できなかったであろう。三菱重工業は1917年ライセンス生産開始から1929年に自主開発を開始するまで12年をかけており、設計、生産技術を蓄積してからの自主開発である。堅実な取り組みといえる。

　次いで注目すべきは、中島飛行機の自主開発エンジンの種類の多さである。自主開発開始の1926年から最後の自主開発エンジンの設計開始の1943年までわずか17年の間に列型11機種（液冷9機種、空冷2機種）、空冷星型15機種（設計準備に終わった4機種を除く）合計で26機種を数える。このうちで量産に入って実戦機に搭載された機種は空冷星型6機種にすぎない。開発成功率は26分の6である[28]。水・液冷はすべて試作のみで量産に入れず、失敗である。形式も液冷列型V、W、空冷でも星型のほかに倒立列型Vがあり、多種多様である。開発政策が一貫していなかったといわざるをえない。三菱の自主開発エンジンは、液冷エンジンが8機種、空冷星型エンジンが14機種で合計22機種である。実戦機に搭載され成功したといえるのは、水冷1機種、空冷7機種であった。合計すると三菱の開発成功率は22分の8となり、三菱の方が自主開発の成功率が高かった。

　水・液冷エンジンへの取り組みについても、中島飛行機と三菱重工業では相違がある。陸海軍は液冷エンジンを最後まで捨てきれなかったが（通商産業省［1976］429頁）、軍の要求に対応して中島飛行機は水冷エンジンの開発を1941年まで続けた。三菱は1938年にB5を試作してからは空冷星型に集中し、水冷

エンジンの開発を行っていない。中島が、ここに至るまでモノにならない水冷エンジンの開発を続け、また短期間に多種類の空冷エンジンの開発を続けたのは、国策に順応することを優先する創業方針と、資金調達の圧倒的部分が命令融資による日本興業銀行からの借り入れで、政府の意向が反映されやすかったものと考えられる[29]。

　次に、開発体制について考察する。エンジン事業が成功するか否かは企業の経営方針にもよるが、最も重要なのは、技術部門の能力と指導体制である。成功した航空エンジンの開発は、開発の当初から第2次大戦終了まで一貫して同一チーフエンジニア・チーフデザイナー・開発チームによって行われていた。Pratt & Whitney 社は F. B. Rentschler、G. J. Mead、イギリスロールス・ロイス社は F. H. Royce と E. W. Hives、ブリストルは Roy Fedden などである。中島飛行機のエンジン開発部門について大河内暁男は、「中島は確かに優れた設計技術者集団と巨大な工場と厖大なマンパワーを擁していた。しかしこれを企業組織として、技術と企業の論理を踏まえて運営する、いわば要の人物は果たしていたのであろうか、またそうした人物が活躍できる状況はあったのであろうか」と指摘している（大河内［1993］278頁）。岡本和理は、「設計部門に指揮者が不在であった事は中島飛行機の重大欠陥の一つであった。……海軍広工廠出身の関根隆一郎氏は経験豊富な技術者で NAH「寿」の設計を担当し、技師長になったが設計指導者の役割を果たした形跡はない。中島知久平は大学新卒の能力を過大評価し、直接指導したので先輩、経験者は手が出せず、実務経験に乏しい若い技術者の群雄割拠の形になり、設計部間の組織ができていなかった。……主力エンジン「誉」のトラブル対策のために他のプロジェクトを中止して技術者を集めるような組織的な活動はなく、最後まで根本的解決ができなかった」と厳しく指摘している（岡本［2001]）[30]。

　中島飛行機の技術開発のもう一つの特徴は、若い技術者に任せたことである。「組織で動く」三菱重工業に対して、「人で動く」中島飛行機と対比できるであろう。「人で動く」場合は適材を得れば、素晴らしい結果を生むが、失敗もある。1926年に東大を卒業した田中正利が入社、中島知久平は直ちに NWA の設計

主任とした。田中はその後液冷、空冷6機種を担当したが1機種も成功しなかった。NAM「栄」の設計担当者小谷武夫、堤正利も大学新卒、改良型の20型、30型は中川良一でやはり大学新卒であった。これらは成功例で、中川は引き続き「誉」の設計を担当している。若手技術者は、経験不足ゆえに高性能のみを追いかけ、現実の生産技術、工場、下請け、資材の状況にきちんと目配りができないという欠点がある。「組織で動く」場合は、上司からのチェック機能が働くが、中島飛行機の場合はそうではなかった[31]。量産に入ってからの「誉」のトラブルは、こうした、現実とは乖離した「高度で繊細な設計」によるところが大きいと思われる。

　「組織の三菱」といわれる三菱重工業のエンジン部門であるが、深尾淳二が長崎造船所から名古屋製作所に転任してきた1933年当時は、各発動機の設計者は異なり、互いに何の連絡も取らずに思い思いの寸法、構造のものを勝手に採用していた（松岡［1996］54頁）。深尾は新エンジンの方針を明確にし、自らが先頭に立って指揮することとした。技術者をエンジンの各主要部分に割り当てて設計を担当させ、職制を縦割りに変更、三菱重工業の総合力を発揮できる体制とした。「金星」以降の三菱エンジン事業の好転は、深尾のリーダーシップに負うところが大きいといえる。「組織で動く」とはいえ、組織のリーダーに人を得なければ、開発は成功しないのである。さらに、異文化で育った人物を改革のために投入できるというのは総合重工業ゆえのメリットであったと考えられる。加えて、深尾は1889年生まれで1909年に三菱合資神戸造船所に入社しているので、1934年に発動機部長になった時はすでに25年のキャリアがあった。エンジン設計は理論よりも試行錯誤による積み重ねの部分が大きいという点を考えると、若い設計者が責任を持った中島飛行機は、細かい部分での設計的な気配りについて三菱重工業に及ばなかったのではないかと考えられる。岡本和理が指摘するように、指揮者不在であった中島飛行機の場合は、設計思想の継承にも困難があったはずである。それが先に述べた、エンジンの信頼性の差につながったのではないかと考えられる。

3.3 設計の特徴

中島飛行機は戦闘機用エンジンを目標としたため、小型・軽量にこだわり、小排気量で高出力を狙った。排気量を増やさずに出力を上げるには①過給機により吸入圧力を上げる②圧縮比を上げる③回転数を上げる、という方法がある。いずれも単位時間当たりの燃焼燃料量を増やして馬力増となるが、当然気筒温度の上昇を伴うので、適切な冷却ができないと気筒温度の異常上昇、ピストンの焼き付きとなる。加えて③は軸受荷重の増大となり、軸受の焼き付き、寿命低下につな

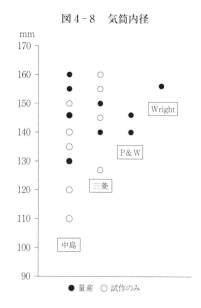

図4-8　気筒内径

がる。軽量化とは余肉を削ることであり、剛性、強度の余裕は低下する。さらに小型化とは、形状を詰めることで、手が入りにくく整備性は低下する。すべてに都合のよい解はなく、設計上どの要因を重視するかということである。

巻末の付表7を見ると、中島および三菱エンジンともブースト圧を上げて出力増を達成している点では、ほぼ同様である。回転数（rpm）を比較すると、中島「栄」は2,550-2,750、「誉」は2,900-3,000である。三菱「金星」は2,350-2600、火星は2,450-2600、A18が2,600である。アメリカPratt & Whitney社、Wright Aeronautical社の回転数は2,200-2,600の範囲で、R-3350が例外的に高く2,800である。他社エンジンが2,600程度に抑えているに対して、「誉」の3,000は相当に高い数字である。圧縮比は、中島の「栄」が7.2、「誉」が7.0に対して、三菱「金星」は6.0-7.0、火星が6.5、A18は6.7である。Pratt & Whitney社、Wright Aeronautical社の圧縮比は6.0-6.7、ここでもR-3350のみ6.9と高めである[32]。以上から、三菱は回転数、圧縮比とも常識的な範囲に収め、中島は他社範囲を外れる高さで、高出力を達成したことがわか

る。

　エンジンは同一機種で改良により出力増大を図るのが常道であるが、中島の
エンジンは当初から高い回転数、圧縮比を使用していたため、出力増加の発展
性に乏しかったのも特徴である。「栄」は1,000→1,130馬力で13%、「誉」は
1,800→2,000で11%に対し、三菱「金星」は840→1,500と78%、火星は
1,530→1,850で21%の出力増加である。零戦が性能向上をあまり果たせなか
ったのは、搭載した「栄」の出力増強余地の乏しさによるところが大きいもの
と考えられる。

　図4-8は各社が採用した気筒内径である。エンジンの機構部分で試行錯誤
に頼る部分は、ピストンと気筒の耐久性とこれによって生まれる信頼性である。
これを求めることは容易ではない（岡本［2001］）。したがって、実績を重視し
て Pratt & Whitney 社の気筒内径は140mm、146mm の2種類、Wright
Aeronautical 社は156mm の1種類しか使用していない。生産性からも気筒内
径とピストンの組合せを統一することは望ましいであろう。しかし、中島飛行
機は小内径から大内径まで10種類もの気筒内径を試作し、戦時期の量産エンジ
ンには4種類の内径を採用している。NAP「光」が160mm、NAK「護」が
155mm、NAH「寿」および NAL が146mm である。代表的機種である NAM
「栄」と NBA「誉」は内径130mm で、航空エンジン用としては小さく、コン
パクトなエンジンにできる反面、能力向上の余地に乏しかったことは、既述の
通りである。三菱は6種類試作したが、戦時期のエンジンでは「金星」および
「瑞星」が140mm、「火星」および A18が150mm の2種類に統一している。

4．エンジン生産体制と生産実績

4．1　エンジン生産体制

　中島飛行機は1924年にエンジン事業に参入し、1925年11月、東京工場を開設
した。東京工場は、1937年7月に東京製作所、1943年10月に荻窪製作所と改称

された。エンジン増産のため、1938年5月に陸軍専用の武蔵野製作所が完成、1941年11月には海軍専用の多摩製作所が開設され、1943年10月に両製作所が統合され武蔵製作所となった。武蔵製作所は日本最大のエンジン生産拠点の一つで、1944年7月までには日本のエンジンの27%が生産された。武蔵製作所は、1945年4月には疎開のため実質的に放棄されたが、工場の増設はそのときまで継続していた（USSBS［1947c］p. 96）。さらなる増産に対応するため、1943年3月から大宮製作所（海軍向け）、1944年11月から浜松製作所（陸軍向け）が稼働した。両製作所とも当初は部品製作であったが、最終的には「誉」（ハ45）を組立・生産した（表4-4）。

　武蔵野製作所は、ドイツのクルップ工場をモデルにしたといわれており、ベルト・コンベアを主体とする流れ作業システムを採用して、生産システムの合理化を図った（佐々木［1998］225頁）[33]。労務管理では、中島飛行機は創業当初から、現場作業員の給料は出来高払いの請負制度であったが、作業員が割りのよい部品ばかり作りたがるので、過剰部品と不足部品が出るという弊害があった。1935年10月に対策として「組請負実施に関する作業系統」と称する、統一作業体系を制定して組請負制度に変更した。従来の行き当たりばったりの「成り行き管理」の見直しと軍隊式職長管理制度をテーラー主義によって修正しようとするものであった（中川・水谷［1985］102-103頁）。

4.2　生産力拡大状況と生産実績

　1941年から1945年の中島飛行機と三菱重工業のエンジン生産に関する数値をまとめて表4-5に示す。同表には、工場床面積、工場従業員数、月産能力台数、陸海軍の命令台数、生産台数、生産馬力、生産重量、稼働率（生産実績／生産能力）、生産達成率（生産実績／命令台数）の3ヵ月平均値を示した。

（1）生産力拡大の状況

　1941年4-6月を基準として、中島飛行機の工場床面積は三菱重工業の44%であった。中島飛行機の床面積は、1944年には3.0倍、1945年7-8月には3.2

表 4 - 4　戦時期中島飛行機の

	武蔵野製作所	多摩製作所	武蔵製作所
開　　設	1938年4月（陸軍専用）	1941年11月（海軍専用）	1943年11月（武蔵野、多摩両製作所を統合）
敷地面積（千m²）	231（1941年11月）	152	525
建屋面積（千m²）	66（1938年4月） 102（1941年11月）	70（1941年11月）	269
従業員	759（1938年4月） 9,108（1941年11月） 17,500（1943年10月）	1,500（1941年7月） 13,500（1943年10月）	31.000（1943年11月） 45,000（1944年5月） 200（1945年6月）
生産機種	陸軍用9機種、海軍用4機種		
総生産台数	12.437（1941年1月-1943年10月）	9,414（1941年1月-1943年10月）（東京製作所及び荻窪製作所分を含む）	18,660（1943年11月-1945年8月）
シフト	2タイプあり。多くの直接工は9時間、1シフト。1942年1月以降は10.8時間。30-40%の直接工は1943年8月まで昼夜間各9時間の2シフト、その後10.8時間に延長された。1944年6月から1945年3月まで、兵士および学徒を3直7時間のシフトに投入した。（製作所別の状況は不明）		

注：開設時期は社史（富士重工業［1984］会社系統図）と他の資料で若干相違するが、ここでは社史によった。
出所：富士重工業［1984］、中川・水谷［1985］、高橋［1988］、およびUSSBS［1947c］より筆者作成。

倍となった。三菱重工業は1944年のピーク時には2.5倍、1945年7-8月には床面積が減少して2.0倍となったが、それでも床面積は中島飛行機の1.58倍を有していた。

　工場従業員数は、1941年4-6月を見ると、中島飛行機の約1万人に対して、三菱重工業は3倍の約3万人を抱えていた。中島飛行機の従業員数は、1941年11月の多摩製作所開設後に約14千人から25千人、70％増と急増している。以降は1943年11月まで1,000人／月ペースの増員であったが、その後は1945年1月のピーク78,950人まで2,200人／月の増員ペースとなった。1941年4-6月比では1945年4-6月には7.9倍の倍の大増員である。三菱重工業は1943年11月まで700人／月の増員ペースであったが、以降1945年1月のピーク97,481人まで3,200人／月の増員で、同期間に2.20倍であった。ピーク従業員数は三菱重工業が中島飛行機の1.23倍であった。工場床面積、従業員数から見ると、三菱重工業の事業規模が中島飛行機より大きかったことが明らかである。床面積当た

エンジン生産体制

大宮製作所	浜松製作所
1943年3月（1942年5月建設開始）（海軍向け）	1944年11月（1943年3月建設開始）（陸軍向け）
297	不明
30	30
最大9,512（1945年6月）	8,189（1945年8月）
「誉」	ハ45（「誉」）
1,311（1945年1月-8月）	353（1945年1月-8月）
直接工は12時間労働の2シフト。夜間シフトの人員は昼間の半分。事務職は12時間1シフト。	1944年1月までは、9時間1シフト。以降、19%が8時間の3シフト（24時間操業）。

り従業員数は中島飛行機の方が少なかった。1943年11月以降の両社の大増員は、第三回行政査察における増産要求に対応してのものと考えられる。

（2）生産実績

　表4-5と合わせて、月産台数の推移を示す図4-9（後掲）を参照しつつ生産実績を分析する。

　中島飛行機の1941年1-3月の平均月産台数は286台であった。1941年11月に多摩製作所を開設したが生産能力および生産台数の急増はなく、1942年4-6月まで月産の増加ペースは10台／月以下であった。この間の稼働率（生産台数／能力台数）は90％以上であった。1942年7-9月は平均月産339台に落ち込む。これは多摩製作所の生産能力が「護」生産のためにとっておかれたのに、命令台数が増えなかったためであった（USS-BS［1947c］p. 102）。その後「護」の位置づけが下がり、NAM「栄」、NAL（ハ109）の増産に重点が置かれた。1943年7-9月は平均月産797台と、増産ペースは40台／月と増加した。日本政府が1943年半ばになって航空機の非常増産計画を立案したことに対応して（山崎［1991］17頁）、また第三回行政査察での増産要求もあって、さらなる増産が始まる。中島飛行機の生産ピークは1944年1-3月の月産平均1,490台（3月単月では1,914台）で、この間120台／月ペースの増産であった。しかしこの後、中島飛行機の生産台数は1944年4-6月の1,120台、7-9月の897台と急激に落ち込む。2,000馬力級の「誉」の生産に集中するため、「栄」の生産を石川島ほかに移したが、「誉」の「生産準備が不十

表4−5 太平洋戦争期中島飛行機、三菱重工業のエンジン生産力拡大と生産状況

年	月	床面積（千m²）①		工場従業員②		月産能力台数③		命令合数④		月産台数実績⑤	
		中島	三菱	中島	三菱	中島	三菱	中島	三菱	中島	三菱
1941	1 - 3	103	220	9,213	27,256	340	483	不明	353	286	342
	4 - 6	→	234	9,807	29,989	353	→	→	483	318	354
	7 - 9	→	→	12,224	30,260	367	→	→	→	332	384
	10-12	→	→	14,135	33,244	388	→	→	→	393	450
1942	1 - 3	216	→	25,925	35,867	417	708	→	→	397	534
	4 - 6	→	249	30,049	40,836	457	→	→	826	418	498
	7 - 9	→	→	30,554	41,981	523	→	→	→	339	589
	10-12	→	→	31,487	43,081	600	→	→	→	477	594
1943	1 - 3	→	→	34,342	45,270	700	1,225	767	→	609	674
	4 - 6	→	278	41,267	51,025	890	→	725	1,348	697	746
	7 - 9	→	→	45,132	51,669	1,180	→	810	→	797	833
	10-12	→	→	50,397	53,908	1,443	→	917	→	1,083	984
1944	1 - 3	309	→	61,202	63,308	1,600	2,131	1,557	→	1,490	1,355
	4 - 6	→	576	67,140	73,614	1,700	→	1,750	1,375	1,120	1,608
	7 - 9	→	→	69,489	78,512	1,700	→	1,805	→	897	1,670
	10-12	→	→	74,720	86,126	1,700	→	1,947	→	1,165	1,208
1945	1 - 3	→	→	77,888	95,706	1,167	2,532	1,943	→	605	527
	4 - 6	→	488	71,429	85,247	1,008	→	1,917	1,080	558	304
	7 - 8	333	432	62,714	79,677	990	→	2,065	→	247	288
1941-1945合計										36,431	41,525

年	月	生産馬力⑥（千馬力）		生産重量⑦（千kg）		稼働率⑤／③		生産達成率⑤／④		月産能力比率 中島／三菱	月産台数比率 中島／三菱
		中島	三菱	中島	三菱	中島	三菱	中島	三菱		
1941	1 - 3	272	434	151	221	0.84	0.71	不明	0.97	0.70	0.8

年	期										
1941	4-6	307	468	169	231	0.90	0.73	→	0.73	0.73	0.90
	7-9	312	516	173	254	0.90	0.80	→	0.80	0.76	0.86
	10-12	379	639	208	312	1.01	0.93	→	0.93	0.80	0.87
1942	1-3	375	762	208	374	0.95	0.75	→	1.11	0.59	0.74
	4-6	431	695	232	343	0.91	0.70	→	0.60	0.65	0.84
	7-9	388	810	202	400	0.65	0.83	→	0.71	0.74	0.58
	10-12	587	817	298	405	0.80	0.84	→	0.72	0.85	0.80
1943	1-3	742	952	378	463	0.87	0.55	0.79	0.82	0.57	0.90
	4-6	867	1,038	439	507	0.78	0.61	0.96	0.55	0.73	0.93
	7-9	984	1,146	499	560	0.68	0.68	0.98	0.62	0.96	0.96
	10-12	1,395	1,372	694	689	0.75	0.80	1.18	0.73	1.18	1.10
1944	1-3	1,974	1,902	971	927	0.93	0.64	0.96	1.01	0.75	1.10
	4-6	1,562	2,388	754	1,153	0.66	0.75	0.64	1.17	0.80	0.70
	7-9	1,364	2,650	640	1,268	0.53	0.78	0.50	1.21	0.80	0.54
	10-12	1,941	1,985	888	950	0.69	0.57	0.60	0.88	0.80	0.96
1945	1-3	995	824	465	393	0.52	0.21	0.31	0.38	0.46	1.15
	4-6	1,009	523	447	249	0.55	0.12	0.29	0.28	0.40	1.84
	7-8	430	503	193	243	0.25	0.11	0.12	0.27	0.39	0.86
1941-1945合計		48,514	60,767	23,835	29,521						

注：特記以外は3ヵ月の平均値である。1945年は7-8月は2ヵ月の平均である。

出所：①工場床面積は、中島は USSBS [1947c] p.4、三菱は USSBS [1947b] p.2による。②従業員数および5月産実績は USSBS [1947a] pp.161-164による。②従業員数および5月産能力は USSBS [1947b] p.2による。③④中島の月産能力台数、命令台数は、USSBS [1947c] p.38による。三菱の能力台数は USSBS [1947b] p.32による。金星エンジンの重量に換算した台数である。命令台数は USSBS には記載がないため、前田 [2001] 153頁、表3-2に記載されている年度別受注台数を月平均にして示した。総生産馬力①、総生産重量②は、1941-1945年の個別エンジンの台数は USSBS [1947b] pp.43-44、USSBS [1947b] p.66-67および離昇馬力、乾燥重量（巻末の付表7）から筆者が計算した。

表4-6　太平洋戦争期中島飛行機、三菱重工業

	中島					三	
	NAH 寿	NAL	NAM 栄	NAK 護	NBA 誉	A 8 金星	A14 瑞星
離昇馬力	610-710	950-1,500	940-1,150	1,870	1,800-2,000	840-1,500	780-1,080
1941	1,330	654	2,118	—	—	1,375	1,436
1942	731	654	3,330	20	12	2,071	1,826
1943	—	1,915	6,992	173	419	2,328	3,490
1944	—	1,068	7,431	19	5,496	4,737	4,140
1945	—		833	—	3,150	1,219	1,451
1941-1945合計	2,061	4,291	20,704	212	9,077	11,730	12,343

注：NAL の生産は三菱での転換生産を含めると7,066台、NAM 栄の生産は川崎、石川島での転換生産を含めると
　　末の付表7 ）と整合しない。
出所：USSBS［1947c］pp. 43-44および USSBS［1947b］pp. 66-67から筆者作成。

　分であったため、生産命令が出た時には、特殊工具、治具、熟練工が足りず」、
量産が遅れたのである（USSBS［1947c］p. 102）。その後生産は若干回復する
ものの、終戦時の月産250台レベルまで生産は急低下した。
　三菱重工業は、1941年 1 - 3 月の平均月産342台から、ほぼ順調に生産を伸ば
し、1943年 7 - 9 月の平均月産589台まで、14台／月の増産ペースであった。こ
の後、中島飛行機と同様に増産ペースが上がり、1944年 7 - 9 月のピーク平均
月産1,670台（単月最大は 6 月の2,310台）まで70台／月の増産ペースであった。
以降終戦に向かって月産台数は288台まで急低下する。
　中島飛行機の生産ピークは1944年 3 月、三菱重工業は1944年 6 月であった。
アメリカ軍の、エンジン工場への最初の空襲は、1944年11月24日の中島飛行機
武蔵工場に対してのものであったが、それ以前に中島飛行機、三菱重工業とも
エンジン生産はピークを越えていたことを指摘しておかねばならない。空襲以
前から、主要材料であるアルミニウム、特殊鋼の供給不足が生産に影響を与え
ていたことはすでに指摘したところである[34]。
　表4-6は1941-1945における機種別の年産台数である。エンジン生産工場の
標準的な「単位工場」とされる月産300台（年産3,600台）[35]に達した機種は、
中島飛行機が 2 機種（「栄」、「誉」）、三菱重工業が 3 機種（「金星」、「瑞星」、「火

機種別生産台数

菱

A10 火星	A18 MK 6 A	A20 MK 9 A
1,460–1,850	1,900–2,500	2,200
1,671	—	—
2,711	32	3
3,782	101	4
6,556	280	2
953	710	41
15,673	1,123	50

30,133台である。A20の生産台数は三菱のデータ（巻

星」）、それも生産ピークの2年間のみであった。三菱が「金星」、「瑞星」、「火星」をほぼ均等に生産していたのに対して、中島飛行機では1944年は「栄」と「誉」、1945年は「誉」の生産に集中した。

　アメリカ最大のエンジン・メーカーであった Pratt & Whitney 社の同時期の機種別生産台数を表4−7に示す。日本最大の量産エンジン1,000馬力級の「栄」の生産台数が他社生産分を入れても約3万台であるのに対して、同クラスのR-1830は1941-1945年間で約17万台、2,000馬力級の「誉」が約9千台に対して、同クラスのR-2800は11万台である。圧倒的な数量差が明確である。

（3）生産馬力

　生産台数にエンジンの出力を乗じた総生産馬力の増加について分析する。年次合計で見ると、中島飛行機は1941年が3.8百万馬力、1944年が20.5百万馬力で5.4倍である。三菱重工業の総生産馬力は1941年が6.2百万馬力、1944年が26.8百万馬力で4.3倍である。1941年−1945年8月までの合計では、中島飛行機が48.5百万馬力、三菱重工業が60.8百万馬力馬力で、三菱重工業は中島飛行機の1.25の馬力を生産したことになる（表4−5）。生産台数の伸びより総馬力の伸びが大きいのは、この間にエンジンの出力増大が図られたことを示している。

　アメリカと日本の生産力ギャップを確認するため、同期間で比較可能な1941年から1944年までの4年間を比較してみる。中島飛行機は41.6百万馬力、三菱重工業は55.7百万馬力、Pratt & Whitney 社は460.7百万馬力、Wright Aeronautical 社は332.3百万馬力である（表4−8）。日米両社合計の比較ではアメリカが日本の8.2倍の馬力を生産したことになる。1941年から1944年の総生産

表4-7 Pratt & Whitney 社の機種別生産台数

	R-985	R-1340	R-1830	R-2000	R-2800	R-4360
1941	4,551	5,418	6,441	9	1,733	0
1942	10,233	7,621	22,655	405	11,840	0
1943	14,357	6,012	59,561	1,449	23,726	11
1944	6,407	5,546	65,060	3,164	45,259	27
1945	488	318	12,787	5,755	31,515	114
Total	36,036	24,915	166,504	10,782	114,073	152
Grand Toatl	352,462					

出所：White, Graham [1995] p. 260による。

表4-8 Prat & Whitney、Wright Aeronautical の生産馬力

	Pratt & Whitney				Wright Aeronautical			
	戦前工場	分工場	ライセンシー	総生産量	戦前工場	分工場	ライセンシー	総生産量
工場数	1	1	4		1	2	2	
1938	1,956			1,956	2,346			2,346
1939	3,080			3,080	3,204			3,204
1940	7,500			7,500	6,963			6,963
1941	18,265		539	18,804	19,868	757		20,625
1942	40,196		31,610	71,806	30,012	24,557	8,540	63,109
1943	53,096	2	111,680	164,778	28,929	41,640	34,508	105,077
1944	43,106	7,081	155,147	205,334	22,506	67,018	53,950	143,474
1941-1944合計	154,663	7,083	298,976	460,722	101,315	133,972	96,998	332,285

出所：G. R. シモンソン [1978] p. 147、参照書類 I から筆者作成。

馬力の増加率をみると、Pratt & Whitney 社が10.9倍、Wright Aeronautical 社が6.9倍で、もともと母数が大きい上に増加率も中島飛行機、三菱重工業より相当に大きかった。

4.3 エンジン生産能率

　エンジンの生産能率を計る指標としては、出力は生産馬力および生産重量、入力は投入人員が適切であろう。機体の生産能率で試みたように、3ヵ月平均の生産能率を算出する。ただし、エンジン生産のリードタイムは、機体生産工程ほどは長くないので[36]、人員数は3ヵ月の平均値をそのまま使用した。また、中島飛行機および三菱重工業とも外注率の年次変化が不明であるので[37]、外注工場は含めず、工場従業員数を用いた。中島飛行機、三菱重工業両社の生産能

第 4 章　中島飛行機の航空エンジン事業　211

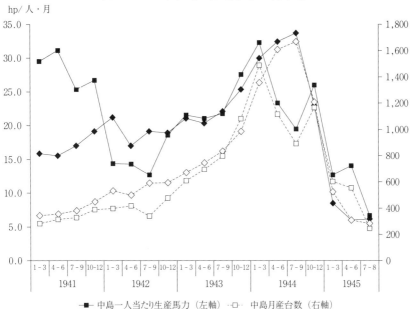

図 4-9　一人当たり生産馬力（3ヵ月平均）

出所：表 4-5 から筆者計算。

率の相対的比較は、これでも可能であると考える。表 4-5 から計算した一人当たり生産馬力を図 4-9 に、一人当たり生産重量を図 4-10 に示した。図には月産平均台数も関連性を見るため示してある。

　生産馬力当たりも生産重量当たりも、ほぼ同様の傾向であるので、図 4-9 一人当たり生産馬力により生産能率を分析する。まず月産台数と生産能率が相関していることが指摘できる。ただし、中島飛行機の1941年 1-3 月から1942年 7-9 月は月産台数との乖離が大きくなっている。海軍の要求で1941年11月から多摩製作所を稼働させたことで、先に指摘した通り人員が約 1 万人、70％も急増し、その後も増員が続いたにもかかわらず、生産台数が伸びなかったため、生産能率が約半分にまで落ち込んだのである。増産を見込んでの先行投資が、奏功しなかったといえる。

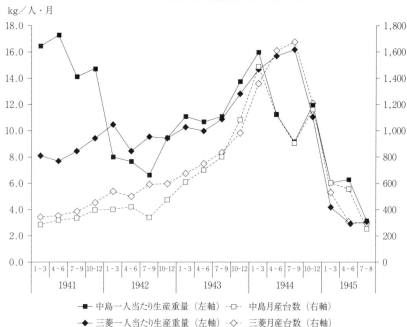

図4-10 一人当たり生産重量(3ヵ月平均)

出所:表4-5から筆者計算。

　1941年10-12月、多摩製作所稼働までの、中島飛行機の生産能率は約25.5から31.3hp/人・月で(以下hpと表示する)、この値は1944年1-3月のピーク値32.3hpとほぼ同等である。同時期に三菱重工業は15.6から19.2hpであり、中島飛行機が1.4倍から2倍の生産能率であった。この時期の中島飛行機の生産能率は三菱重工業に比して非常に高かった。

　1942年1-3月以降三菱重工業より悪くなった中島飛行機の生産能率は、1942年7-9月以降、月産台数の増加により、1942年10-12月にはほぼ三菱重工業の生産能率まで改善し、1944年1-3月のピークまでは三菱重工業を若干上回っていた。しかし、中島飛行機の生産能率は1944年7-9月の19.6hpまで再び急低下する。先に述べた「誉」の量産不具合による生産停滞のためであった。1944年10-12月には若干回復するものの、1945年7-8月には6.9hpにまで低下

した。三菱重工業の生産能率のピークは1944年7-9月の33.8hpであった。中島飛行機同様その後は1945年7-8月の6.3hpまで急低下した。

　総括していえることは、中島飛行機のエンジン生産能率は、多摩製作所増設前は三菱重工業を大幅に上回っていたこと、その後もほぼ三菱重工業と同等であったことで、先に分析した機体生産能率が三菱重工より低かった状況とは異なっていることである。

小　括

　中島飛行機が1924年にエンジン事業に進出して1937年に日本が戦時体制に移行するまでわずか13年、太平洋戦争開戦までででも17年である。この短期間に世界水準の航空エンジンを開発しようとしたことが、中島飛行機のエンジン事業の特質に現れているものと考えられる。三菱重工業がエンジン事業を開始したのが1916年であるから、中島は8年遅れのスタートである。アメリカのWright Aeronautical社は、ライト兄弟がエンジン開発を始めた1902年からの実績に裏付けられた技術の蓄積があった。Pratt & Whitney社は1925年の設立であるが、設立者のF. B. RentschlerはWright Aeronautical社の社長を務めた技術者で、Wright Aeronautical社のチーフ・エンジニア、チーフ・デザイナーも同時にPratt & Whitney社に移籍している（ガンストン［1996］162頁）。エンジン設計のノウハウは技術者の頭脳にあるわけで、Pratt & Whitney社も設立時点で十分な技術の蓄積があった。

　中島飛行機は、拙速で少し無駄（開発成功率の低さ）はあったが、多種類のライセンス導入、多種類のエンジン開発を同時並行的に進めたことで、時間を節約することができた。結果が出てから次の開発に移るという、直列的な開発では、軍の要求に間に合わなかったであろう。関根隆一郎は「かように低位の成功率では普通の営利本位の企業態では成り立つ余地がないのだが……」と述べているが（関根［1952］309頁）、それを可能にしたのは、中島一族が株式のほとんどを所有するという中島飛行機の閉鎖的経営と、営利を本位としない中

島知久平の経営方針であったといえよう。

　日米両国の実戦機に搭載されたエンジンは、単列9気筒から、2列14気筒さらに2列18気筒と性能向上が図られた。中島飛行機、三菱重工業およびアメリカの2社の代表的エンジンについて、離昇馬力、高空性能、排気量当たり馬力、正面面積当たり馬力、馬力当たり重量を比較した。中島飛行機の2列14気筒「栄」は零戦、「隼」などに搭載され、日本の最多量産エンジンとなった。日本初の実用2,000馬力エンジンである、中島飛行機の2列18気筒「誉」は、「小型・軽量」設計の極致で、単位当たりの効率では群を抜いていた。

　中島飛行機は1941-1945年に48.5百万馬力を生産した。三菱重工業は、中島飛行機の1.25倍、60.8百万馬力を生産した。中島飛行機のエンジン生産能率は、1941年末までは三菱重工業の1.4倍から2倍で非常に高かった。その後も一時期を除いてほぼ同等であった。1941年4月の機体生産能率が三菱重工業の4分の1程度でしかなかったことを想起すると[38]、中島飛行機ではエンジン工場の方が機体工場に比し、効率的な生産システムであったものと考えられる。

　注
1）　本節における記述は特記以外、中島飛行機は中川・水谷［1985］所収の中島飛行機エンジン史年表、エンジン一覧表およびビル・ガンストン［1996］149-155頁による。三菱重工業は松岡［1996］11-186頁およびビル・ガンストン［1996］143-148頁による。
2）　中島エンジンの社内呼称はアルファベットの3桁であった。1桁目は中島のN、2桁目のWは水冷（water cooled）、Aは空冷（air cooled）、Lは液冷（liquid cooled）、3桁目は開発順にアルファベットが付された。
3）　1932年以降、陸軍は国産発動機には、試作順に一貫した発動機番号（ハ番号）でハ1、ハ25、ハ115のように呼び、制式後は日本の紀元年号の末尾1～3桁の数字をとって、94式550馬力、100式1250馬力、2式1450馬力のように表示している（富士重工業［1984］52頁）。
4）　水冷列型エンジンの部品で最も製造が困難なのは、浸炭焼き入れした6クランク（直列6、V12、W18シリンダ用）の長いクランク・シャフトである。戦時中ダイムラー・ベンツのDB600シリーズ（液冷倒立V型12気筒）を川崎航空機（陸軍）、愛知航空機（海軍）がライセンス生産したが、部品供給が滞り生産遅れを生

じた。佐貫亦男［1998］266頁には、1943年ドイツ滞在中にダイムラー・ベンツ・エンジンのクランク・シャフト製作が困難なので、調達して潜水艦で送れ、と依頼されたことが述べられている。「クルップのクランク軸製造会社を見学したら、巨大なハンマーで何のこともなく鍛造し、仕上げていた。日本ではこんな巨大なハンマーと工作機械が不足、或いは不良であった」。

5） 海軍は、1930年以降は日本紀元年号の末尾二桁をとり90式、91式などと呼んだが、中島がジュピターの国産化に成功した発動機に「ジュ」をもじって、「寿」の文字を当て、「寿（ことぶき）」型と命名して以来、中島製は縁起のよい漢字一文字の光、栄、護、誉という名称を、三菱製には星の名の瑞星、金星、火星を日立（元東京瓦斯電機）製には風で初風、天風、神風、愛知製に所在地名の熱田とつけるようになった（富士重工業［1984］52頁）。ほかに、「ハ」で始まる陸海軍統合名称が付けられたエンジンもあり、例えば海軍名称「栄」は、統合名称では「ハ35」となる。

6） 「誉」の設計案は従来のエンジンに比して格段に性能向上が図られていたので、空技廠（海軍航空技術廠）の中でも、すばらしいという人と、できるとは考えられないという議論があった（中川・水谷［1985］88頁）。

7） ガソリンの、エンジン内での自己着火のしにくさ、ノッキングの起こりにくさ（耐ノック性・アンチノック性）を示す数値である。オクタン価が高いほどノッキングが起こりにくい。

8） 1936年東京帝国大学機械卒。「誉」エンジンの設計主務。戦後プリンス自動車を経て日産自動車専務取締役、日本自動車技術会会長。

9） 1939年に100オクタン価航空ガソリン製造を目的として設立された東亜燃料工業は、フードリー法の導入に努力していたが、モラル・エンバーゴの公布によって、契約寸前に阻止された。大戦中に日本で製造された航空ガソリンの最高は92オクタン価であり、100オクタン価を製造することはできなかった。徳山第3海軍燃料廠で、ごく少量が生産されたに過ぎなかった（奥田・橋本［1986］16頁）。

10） A. T. I. G Report No. 45［1945］ *Nakajima Engine Design and Development*, Air Technical Intelligence Group Advanced Echelon FEAF。

11） 松岡［1996］330頁から筆者が計算した。

12） 1929年から1934年にかけての6年間に、エンジン開発に当時の金額で数百万円を投入し、試作各種エンジンは10数種類、50台余、しかし基本型式として成功したものは皆無であった（松岡［1996］51頁）。

13） 合併は海軍航空本部と艦政本部の反対を押し切ってなされており軍の経営介入を防ぐ意味もあろう、という指摘がある（疋田［1977］73頁）。

14) 「瑞星」の離昇馬力は850馬力、「栄」は1,000馬力である。外径は各1,118mm、1,150mmである（巻末の付表7参照）。

15) A20の外径は1,230mm、離昇馬力は2,200馬力、「誉」は1,180mm、1,800-2,000馬力である。「誉」が直径にして50mm、4％小さかった。

16) 海軍は1938年に、92オクタン価ガソリンを製造する98式水素添加装置を完成した。しかしこの技術は陸軍に開示されなかった。陸軍関係者は、「海軍の発明が、海軍部内に密閉されたまま国益、国策のために使用されなかったことは、誠に惜しまれることであった」と述べている（防衛研修所戦史室［1976］280頁）。これも陸海軍の非協力の例といえる。

17) 以下（　）内は各機種シリーズの最大値である。

18) 少数生産レベルでは2,500馬力まである。

19) 過給機には、エンジンの出力軸から歯車などで取り出した出力で圧縮機を作動させるスーパーチャージャーとエンジンの排気エネルギーを利用してタービンを駆動し圧縮機を作動させるターボチャージャー（排気タービンとも呼ばれる）がある。ターボチャージャーは過給機の必要馬力を排気エネルギーでまかなうので、特に高空では性能上有利である。しかし、高温の排気ガスによりタービンを駆動するので、耐熱材料を必要とする。

20) キ-46、タイプIV（ル-302）（100式司令部偵察機）、キ-83（ル-303）、キ-74（ル-303）、烈風（改良型）（ル-303）などである（USSBS［1947h］p. 9-10）。

21) 前掲 A. T. I. G Report No. 45［1945］。

22) キ-87は高々度戦闘機であり、実際には海軍の「連山」と思われる。通訳あるいは証言者の誤認であろう。本章3．1節を参照。

23) A. T. I. G Report No. 24［1945］。

24) 岡村ほか編［1953］443頁には、「1930年頃のエンジン寿命は200-300時間、金星の4型時代には総運転時間2,000時間を超えるものも珍しくなく、総分解時間も大型機用は300時間以上にもできるようになった」という記述がある。

25) 前掲 A. T. I. G Report No. 45［1945］、A. T. I. G Report No. 24［1945］および A. T. I. G Report No. 39［1945］による。

26) 中島飛行機は A. T. I. G Report No. 45［1945］*Nakajima Engine Design and Development*, Air Technical Intelligence Group Advanced Echelon FEAF、三菱重工業は A. T. I. G Report No. 24［1945］*Design and Development of Mitsubishi Aircraft Engines*, Air Technical Intelligence Group Advanced Echelon FEAF、川崎航空機は A. T. I. G Report No. 39［1945］*Kawasaki Engine Design and Development*, Air Technical Intelligence Group Advanced Echelon FEAF。中島飛行機

の証言者は新山春夫（荻窪工場長）、小谷武夫（チーフデザイナー）、TYOICHI Nakejima（誉エンジン設計者）、上田茂人（試作エンジン長）、井上好夫（減速ギア設計）とリストされている。誉エンジンの設計者とされる TYOICHI Nakejima は中川良一の間違いではないかと考えられる。肩書きは終戦時のものであろう。

27) 1939年東京帝国大学機械科卒。戦後は富士精密工業からプリンス自動車、日産自動車。日産工機社長。

28) 関根隆一郎は成功率を23分の6としている（関根［1952］30頁）。しかし、関根は1941年以降の3機種を除いていると思われるのでここでは26機種とした。関根は中島エンジン技術者の草分けで、技師長となった。

29) 前間孝則は、「中島飛行機は軍用機生産で肩を並べていた三菱と比べて、技術開発の実現性が危ぶまれるような極めてリスクの高い軍からの要求に対しても、ひるまずチャレンジする姿勢が目立っていた。それを別の見方をすると、技術者として、または会社としての理にかなった判断はひとまず脇に置き、軍に気に入られて受注を得ること、もしくは自らの提案が受け入れられることを優先させる傾向があった。もっと厳しい言い方をするならば、軍に取り入る姿勢が強く、拙速気味の開発もあった」と批評している（前間［2013］178頁）。

30) Wright Aeronautical 社が、R-3350の開発中の問題解決のために、陸軍の開発プロジェクトを中止して技術者を集めたことを念頭に置いての指摘である。

31) 中島飛行機の設計担当者は「権限が絶大で、設計仕様の最終決定に所属長も口出しできなかった」（岡本［2001］）。

32) 中島飛行機では燃料の品質低下のため、最後の3年間で圧縮比は8.0から7.0に下げられ、6.7のケースもあった（A. T. I. G Report No. 45［1945］）。三菱重工業同様に、燃料品質のため圧縮比は約7.0に制限された。高質の燃料が使用可能なら、もっと高い圧縮比となったであろう（A. T. I. G Report No. 24［1945］）。

33) 武蔵野製作所が第三回行政査察用に作成した詳細な資料が残されている（武蔵野製作所［1943a-1943e］）。武蔵野製作所における流れ作業の実態については、佐々木［1998］に加えて、佐久間［1943a］がある。

34) 第3章4.4節参照。

35) 第3章3.3節参照。

36) 生産内示からさまざまな準備、生産そして完成・発送まで70日が必要であった（高橋［1988］114頁）。

37) 外注率に関する資料として、「エンジン製造業者は24％を下請に出した」（USSBS［1947c］p. 28）。中島飛行機の場合は、「機体関係60％、エンジン関係30％」（東洋経済新報社［1945］556頁）があるが、三菱重工業についての個別データは見あた

らない。
38) 第3章5.3（1）節を参照。

第5章　中島飛行機の経営

はじめに

　本章の課題は、中島飛行機の経営の実態について分析することである。まず経営の特徴について、閉鎖的経営であった理由、企業グループとしての中島飛行機は財閥であったのか、どのような社風であったのかを、論ずる。次いで、入手し得た経営数値に基づき、財務体質、収益性、機体およびエンジンの価格を分析する。

1　経営の特徴

1.1　閉鎖的経営

　中島飛行機の経営の特徴は閉鎖的経営であった。中島飛行機は、1931年12月以降は株式会社となったが、その株式は非公開で、中島知久平が一貫して51.53%、残部は中島喜代一をはじめとする4人の弟が所有し、中島一族で全株式のほぼ100%を所有した（麻島［1985a］17頁）。表2-4に示した株主構成は世間に向けてのもので、麻島によれば、実質的な株式所有状況は表5-1の如くで、中島知久平が一貫して過半数の株式を所有していた。麻島は、「世間に対して富士合名、中島商事による所有を印象づけ、中島一族の閉鎖的所有をカモフラージュした様に思われる」と指摘している（麻島［1985a］18頁）。こうした閉鎖的経営の理由としてあげられるのは、①軍事上の秘密保持に都合がよい、②株式が多くの株主に分散すれば、その中に営利を本位とする異質の

表5-1　中島飛行機の株主構成（実質）

株主名	1931.12 改組、資本金1,200万円		1937.3 2,000万円へ増資		1938.1 5,000万円へ増資		1945 富士産業	
	株　数	構成比	株　数	構成比	株　数	構成比	株　数	構成比
中島知久平	123,672	51.53	206,128	51.53	515,320	51.53	515,320	51.53
中島喜代一	40,872	17.03	68,128	17.03	175,552	17.56	178,072	17.81
中島門吉	33,024	13.76	55,040	13.76	137,600	13.76	137,600	13.76
中島乙未平	32,544	13.56	54,240	13.56	135,600	13.56	135,600	13.56
中島忠平	7,776	3.24	12,976	3.24	32,440	3.24	32,440	3.24
中島一族計	237,888	99.12	396,512	99.13	996,512	99.65	999,032	99.90
その他	2,112	0.88	1,376	0.34	3,488	0.35	868	0.09
合　計	240,000	100.00	400,000	100.00	1,000,000	100.00	1,000,000	100.00

備考：『富士産業株式会社の沿革』より計算のうえ作成。昭20（1945）年は「中島飛行機の全貌」（『東洋経済新報』昭
　　　20.12.1）7頁によるが、合計が100株不一致。
出所：麻島［1985a］17頁の第14表による。年号は西暦に改めた。

株主が現れ、運営上円滑を欠く恐れが生ずる、③戦争によって栄えた製造業は
戦争状態が終焉すれば、勝っても負けても経営規模を縮小せざるを得なくなり、
株価の激落を必来する。その場合、中島飛行機の株を握っている人に多大の迷
惑をかけることになる、という3点である（渡部［1955］327頁）。創業初期の
川西家との経営権争いの経緯から判断して②を最大の理由とするのが妥当な見
解であろう。さらに麻島は、非公開故に意思決定が早いことが、無理な注文を
する軍部と付き合う上で同業者より有利であったこと、中島知久平は、ワンマ
ン的意思決定と、時には資本の論理を超える経営行動を確保する体制として閉
鎖的出資関係に固執し、弟たちを自らの分身として活用する経営を生み出して
いった、と指摘しているが（麻島［1985a］19頁）、先に述べたZ機「富嶽」
の強引な推進はその一例といえるものである。中島知久平は1930年2月の総選
挙で当選し、代議士となった。1931年株式会社に改組した際に社長は次弟の中
島喜代一に譲り、取締役からも退いた。しかし、株式の過半数を握っていた中
島知久平が、思うままに会社を動かせたことに変わりはなかったのである。た
だし、「（1931年12月の株式会社化）以降は、企業に対する国家の影響力が増大
し、中島一族の中島飛行機を通じ日本経済界における指導的地位獲得というよ

り寧ろ、国家が偶々でき上がりつつあった航空企業の組織を、その緊急な需要を充足させるために、できるだけ巧みに利用し育成していった」、さらに次節で述べる通り日中戦争以降の驚異的膨張では、その資本のほとんどすべてが命令融資による借入金であったことをもって、「中島飛行機は企業の運営においても、資本の構成においても極めて国営的色彩が濃厚であって、中島一族の経済上の支配力といってもあくまで、この制限内にあるものであった」という見方があることを指摘しておかねばならない（富士産業［1948］130-132頁）。

1.2 財閥性

中島飛行機は、1945年11月6日に4大財閥と同時にGHQの解体指令が出されたため、戦後の早い時期には、例えば東洋経済新報社編［1945］は中島飛行機を「財閥」として記事にした。また、持株会社整理委員会は、中島飛行機について、「富士産業傘下の78.7％に及ぶ払込資本金の機械器具工業を擁する一大コンツェルンを形成したが、それが全国比率においては2.8％であったように産業支配権は他の財閥に比して低く、その全傘下払込資本金合計は全国において僅か0.6％を占めるといった比較的弱小財閥の一員であったにすぎない」と総括している（持株会社整理委員会［1951a］146頁）[1]。その後の研究では、「中島コンツェルンの実態は、1社だけ聳立する巨大な中島飛行機、中小規模の僅かな「同族会社」と多数の「関係会社」群の集団である」とする麻島［1985b］55頁の見方が定着しているのではないかと思われる。

富士産業［1948］は、持株会社整理委員会への説明用に中島飛行機関係者が作成したものであり、中島飛行機は財閥ではないという立場からまとめられているものであるが、中島財閥なるものについて大変客観的に分析している。まず、中島飛行機の関係諸会社が中島一族を中心に構成され、運営されていたという実態からみると、財閥と呼ばれる理由は十分にある。しかし、財閥という概念から必然的に想起される、巨大な蓄積資本による多角的経営形態の確立、特に金融資本的経済的支配機構、封建的な主従関係による統制組織などについては、中島飛行機の実態は頗る相違している、と指摘している（富士産業

［1948］135頁）。

　次いで、中島飛行機は「国家資本主義的性格」が極めて濃厚であったと指摘している。中島飛行機の急速な発展は、「国家的需要に基づいて、経済的には寧ろアブノーマルな方法によって成し遂げられたものであって、国家企業が時には採算を無視して特殊な目的を持つ事業を遂行するのと趣を一にしている。且つこの目的実現は極めて焦眉の急に迫られていたのであって、その結果企業拡張の原動力は国家権力に結びついていた。経営者はこの命令に基づいて与えられた資金を如何にその目的に適合するように使用するかという点に腐心すれば良かった。資本主義的打算の上に立ってまず企業の経済的地盤を鞏固にしその上で儲かる仕事として国家的需要を充たすとかとは、本質的に性格を異にしていた。此の意味では同社の経営は不合理乱脈だと非難された。これはその立場上当然なことであった」（富士産業［1948］135頁）。行き着く先が、第一軍需工廠という国営企業への移管ということであった。

　財閥の要件である多角化、傘下会社の支配についてはどうであったか。中島飛行機は徹底して飛行機の生産にのみに集中していたので、多角化の傾向は全くない。中島飛行機と中島一族で株式を100％所有していた千歳鉱山および中島産業が鉱山事業を営んでいたことは、一応財閥的形態を与えるものであるが、両社とも資本金一千万円で、中島飛行機の当時の企業規模と比較すれば、それほど重要な意味を持つものではない。また、同様に中島飛行機、中島一族が100％の株式を所有した中島航空金属、過半を所有した興和紡績についても、航空機生産と密接に結びついていた。中島航空金属の場合は、航空用品の鋳鍛造をもっぱらその事業内容としており、興和紡績についても株式を取得した動機は紡績業界に経済的地位を築き上げるための手掛かりとしようというようなことではなくて、ただこの所有する工場を航空機関係工場として適宜に転用しようとすること以外の何ものでもなかった。傘下会社の支配関係についても、中島関係企業の組織は、財閥的にしろあるいは非財閥的にしろ未だ一定の原則というものが確立していなかったとし、中島一族がその頂点に立ってはいたがその下部組織は比較的自由な立場から構成されており、財閥の支配を徹底する

地盤となる主従間の支配隷属というが如き封建的関係はなかった、と結論している（富士産業［1948］136頁）。

　中島飛行機を財閥と呼ぶには、航空機事業に集中して、事業の多角化はなされておらず、傘下企業の支配も隷属関係にはなく、比較的自由だったのである。

1．3　企業風土

　中島飛行機はわずか28年しか存続しなかった。28年というのは、「会社機構の内部に鞏固なしきたりを形作るためにはあまりにも短く、且つめまぐるしかった。したがって、中島飛行機には内部においてもまた、関係会社に対しても人事に関する取り決めとか経営についての慣習的なしきたりというようなものは、一切存在しなかった。企業の拡張に伴って続々と新入社員を入れ、しかもそれらの人々は種々雑多な色分けを持っていたので、その間に一つの伝統を凝固させるというようなことは事実不可能であって、却って異色ある自由な気風を醸し出していた」と総括できるであろう（富士産業［1948］136頁）。エンジン技術者であった中川良一も「中島飛行機には社訓、社是の類は一切なかった」と述べている（中川・水谷［1985］233頁）。その社風と伝統は内部の人間にとってどのようなものであったか。

　中島知久平は技術優先の思想で、技術者は優遇された[2]。したがって、中島飛行機は技術者にとって居心地のよい会社であった。中島知久平の近くにいた神戸精三郎は「中島知久平の基本的な考えは、「技術優先」であり、優秀な技術は何よりも優先すべきである、という確固たる信念の基に万事を進めていた。したがって、特に設計者は「将来の事業発展の基礎である」という見地から重視され、設計技術者の採用と教育については、多大の犠牲を無視して飛行機の優秀設計に尽瘁した」と述べている（神戸［1989］143頁）。技術者がどう考えていたか。まず機体技術者で、戦後富士重工業の第2代社長となった吉田孝雄[3]は「（中島知久平所長は──引用者）設計製図に重点を置き、強い権限と責任とを持たせる方針をとっていた。製図はもちろんのこと、材料部品の計画から、コストの算出までも製図工場の仕事であった。製作現場の中にまで、製

図工場の指示は強い力を持っていた。このような設計オールマイティ思想というものは終戦近くまで中島（特に機体側）の中に流れており、いわゆる学校出はほとんど全て設計部門に採用された。所長は若い技術者にどしどし仕事をまかせ、責任と誇りを持たせる主義であった」と述べている（前間 [1991] 74頁）。同じく機体技術者であった飯野優[4] によれば、「ほとんどが常に、より高性能の飛行機が要求され、その為の研究開発の費用が問われなかったという特別の環境が、大きな背景であったことは否めないけれども、設計研究活動の自由な雰囲気の中で若い技術者（技師長の小山悌氏は終戦当時45、6歳であった）がその目的の為に常にのびのびと燃えて失敗を恐れず、意気軒昂としてそれぞれの個性を発揮し、技術的に高いものを追求した挑戦の精神ではなかったか、そしてそれを認め、推進をはかった会社の、設計、生産を含めての技術者を育てようとする——夫れが謂わば中島の伝統ではなかったか」（飯野 [1989] 107頁）[5]。中川良一は、「「技術の向上」、「理屈より実戦」が全社員にみなぎっていた心構えであった」（中川・水谷 [1985] 233頁）、また「（多くの人が、あの頃は良かったといえるわけは——引用者）全体に流れる自由な社風である。もちろん組織はあるのだが、組織の中でも自由に話し議論することである。こと技術の議論だと先輩も後輩もない、部長も課長もなく自由に議論する空気である。……明るいのびのびとした自由の空気の中で若い連中が競争と強調の中で思い切った努力を傾けた。しかもベテラン諸氏のこれを生かし支えた大きな力が組み合ったのである」と回想している（中川・水谷 [1985] 261頁）。

　中島知久平の技術者優遇の負の側面としては、エンジン技術者であった岡本和理が、「（中島知久平は——引用者）大学新卒の能力を過大評価し、知久平が直接指揮したので、先輩、経験者は手が出せず若い技術者の群雄割拠の形になっていった」と指摘している（岡本 [1991]）。この指摘は、先に引用した澁谷中将が、「中島飛行機は一種の「ムッソリニズム」ともいうべき親分子分の関係で中島知久平を中心とする極端な情実人事で成立しており……群雄割拠で互いに協力する気持ちは著しく希薄である」[6] と断じたことに通じるものである。

2　経営数値の分析

2.1　経営規模の拡大と資金調達

　これまでにみてきたように、中島飛行機は日中戦争開始以降急激な生産力拡充を行い、機体およびエンジンの生産を伸ばした。生産拡大に必要となる資金はどのように調達したのか、中島一族の資金力はどの程度であったかを分析する。中島飛行機に関しては、きちんとした『営業報告書』が残されていない。表5-2は空欄が多いが、入手し得た限られた資料から筆者が作成した、中島飛行機の1935年11月から1945年8月までの貸借対照表である。

　総資本の変化をみると、1935年11月期は22.8百万円、1936年11月期は25.4百万円で2.6百万円の増加でしかない。しかし、日中戦争開始後の1938年6月期には116.0百万円と1年半で総資本は4.6倍にふくれあがった。2年半後の太平洋戦争開戦時1941年12月期は652.5百万円、1943年12月期は1,736百万円、1944年12月期は3,210百万円、終戦の1945年8月は3,633百万円と、日中戦争以前の1936年11月期の140倍、開戦時の5.6倍に膨張した。日中戦争、太平洋戦争を契機として、総資本が急膨張していることが明らかである。

　総資本増加の内、純資本の増加はどのようであったか。まず、増資である。中島飛行機は1931年12月に資本金1,200万円の株式会社に改組された。資本金はその後1937年3月に2,000万円、1938年11月に5,000万円（全額払込）と増額された。2,000万円への増資は、社債発行限度を100百万円まで引き上げ、設備拡張資金を調達しようとしたものであったが、当時の証券界の情勢に押されて、実際は30百万円を発行したに止まった（持株会社整理委員会［1951a］140頁）[7]。5,000万円の増資に当たっては、中島一族は払込資金30百万円を第一銀行から5百万円、興銀から25百万円を借入、払込を完了したが、その後第一銀行から借入金の返済を要求され、5百万円は興銀が肩代わりした。しかし、中島一族が借入をするに当たって、中島飛行機が同額の30百万円の預金をすることが条

表5-2 中島飛行機の貸借対照表

(単位：千円)

		1935年11月[1]	1936年11月[1]	1938年6月[2]	1941年12月[3]
借方	有形固定資産			38,269	218,799
	（内建設仮勘定）	8,843	9,269	（2,972）	
	長期出資			5,523	33,000
	棚卸資産			49,778	312,448
	当座資産			2,765	58,520
	仮払金	13,964	16,114	24,746	29,734
	その他			—	—
	計	22,807	25,383	121,081	652,501
貸方	資本金	12,000	12,000	20,000	50,000
	積立金	3,673	3,913	2,050	8,340
	長期負債	4,227	4,583	89,869	403,655
	短期負債	659	814	1,723	185,980
	その他		1,409	—	—
	利益	2,249	2,665	2,438	4,526
	計	22,807	25,383	116,080	652,501

		1943年12月[4]	1944年12月[4]	1945年6月[2]	1945年8月[3]
借方	有形固定資産			779,930	847,694
	（内建設仮勘定）			（301,104）	
	長期出資			259,381	246,243
	棚卸資産	不明	不明	1,655,103	1,330,267
	当座資産			520,769	882,755
	仮払金			43,313	10,201
	その他			334,417	316,183
	計			3,592,913	3,633,343
貸方	資本金	50,000	50,000	50,000	50,000
	積立金	13,000	20,000	18,430	18,430
	長期負債	859,000	1,321,000	1,536,300	1,536,465
	短期負債	768,000	1,738,000	1,846,961	1,869,830
	（内前渡金）	（619,000）	（1,006,000）		
	その他負債	37,434	72,805	136,043	153,464
	利益	8,566	8,195	5,179	5,154
	計	1,736,000	3,210,000	3,592,913	3,633,343

出所：＊1：「中島飛行機株式会社」JACAR（アジア歴史資料センター）Ref. C01004722500、陸軍省大日記、昭和14年「密大日記」第14冊（陸軍省一密大日記 s-14-14-8）別紙。＊2：東洋経済新報社編 [1945]。＊3富士重工業 [1984] 49頁。＊4日本興業銀行 [1982] 534頁の第251表から筆者作成。一部麻島 [1985a] からの推定を含む。

件とされ、その後会社の運転資金として一部使用が許可されたが、終戦後中島飛行機の解体に至るまで30百万円は預金されたままという類例のない特異形態がとられた（持株会社整理委員会［1951a］140頁）[8]。当時の、中島一族の資金力は2,000万円が限度で、株式を公開しないで増資するには、借入に頼るしかなかったのである。本音のところでは、中島兄弟は事業拡大に消極的であったと推測されるのは、すでに述べた通りである。中島飛行機の増資は1938年11月が最後で、資本金は終戦時まで5,000万円であった。

次に、資本金、積立金、利益を合計した純資産を表5-2から計算する。1935年11月期17.9百万円、1936年11月期18.6百万円、1938年6月期24.4百万円、1941年12月期62.6百万円、1943年12月期71.6百万円、1944年12月期78.2百万円、1945年8月73.6百万円である。終戦時の純資産は、日中戦争前の1936年11月期から55百万円増加したが、これは資本金の増加38百万円を差し引くと17百万円に過ぎない。戦時期に総資産が140倍にもなりながら、中島飛行機は純資産の蓄積がほとんどできず、総資産の増加は借入金（負債）の増加によるものであったことが明らかである。1937年3月に5,000万円に増資以降の中島飛行機は、借入金依存体質であった。

長期、短期、その他負債を合わせた負債合計は、1936年11月期5.4百万円で負債比率は37%に過ぎなかったが、日中戦争開始後の1938年6月期には91.6百万円と17倍にも急増する。その後は、1941年12月期590百万円、1943年12月期1,664百万円、1944年12月期3,131百万円、1945年8月には3,559百万円に達した。総資産の実に約98%が負債、負債比率4,800%という異常な財務状態であった。

中島飛行機はどこから資金を借り入れたのか。陸海軍の要求で三井物産との販売契約が打ち切られた（陸軍1937年4月、海軍1940年7月）のちは、三井物産に依存していた金融はほとんどが政府の命令融資による興銀からの借り入となった。中島飛行機に対する命令融資は1939年7月の80百万円が最初で、1945年8月における興銀の融資残高は2,604百万円（日本興業銀行編［1957］597頁）、長短期借入金合計3,406百万円の77%に達している。融資残高中、命令融資は

1,935百万円で、これは興銀全体の命令融資残高3,903百万円の49.5%にも達する（日本興業銀行［1957］604頁）[9]。こうしたことから、持株会社整理委員会は、中島飛行機を「他の如何なる大会社とも比較できぬほどの特徴、それは興銀と直結しただけに準国策会社的色彩を濃厚にしていたのであった」と評している（持株会社整理委員会［1951a］144頁）。

　投融資総額（長期出資）は、長短期合わせて1938年末の5,523千円から、1945年上期末の291,284千円[10]へと53倍弱となった。培養された会社は67社（統制会社3社を除けば64社）で、最大は、資本金24百万円の大宮航空工業、最小は160千円の桐生製氷であった。ほとんどが下請協力関係の会社で、資本規模の小なるものが大部分を占めた（東洋経済新報社編［1945］557頁）。投融資は協力工場の培養、会社従業員の福利厚生、副資材の取得、工場施設の拡張を目的としたもので、そのことごとくは協力工場助成資金として興銀より貸し出された資金でまかなわれた。終戦時、中島飛行機が株式30%以上を保有する会社は29社、指定時における傘下会社は68社、払込資金は209,768千円、富士産業（中島飛行機）の持株率は34.2%であった（持株会社整理委員会［1951a］141頁）。協力工場側としては、峻厳な銀行に依存するよりも、中島飛行機から融通を受けた方が面倒がなくて楽だという利便があるとともに、借入金のみに依存することは不可であり、暫時資本の増加をしなければならないことからも、中島飛行機にその一部を引き受けてもらい、あるいはまた遊休平和産業施設を活用するに当たって物件毎の買収手続きが煩雑なため、中島飛行機にその会社の株式を取得してもらうという事情もあった。さらにまた、従業員の福利厚生物資や、不足副資材の入手を中島自身の手で行わなければならなかったが、このための直営会社を必要とするなどの理由から、中島の資本参加もまた活発となったのである。中島飛行機とこれら下請の協力工場との間には、中島が資金の面倒を見てやる代わりに協力工場は作業上の協力に専念し、他社よりの容喙を排除するといった暗黙あるいは明確な了解がなされていた（東洋経済新報社編［1945］557-559頁）[11]。

　投融資効率についてみると、貸付利子は興銀よりの借入利子である4分6厘、

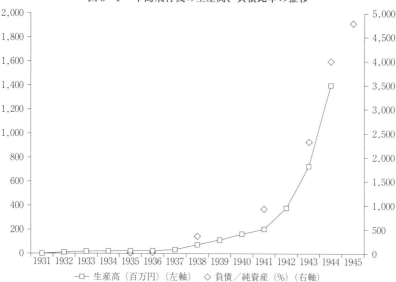

図5-1 中島飛行機の生産高、負債比率の推移

日歩1銭2厘7毛と同率であったが、貸付利子の未回収および資本参加会社の内無配当の会社があったので1945年6月期は差引赤字（2,914千円）となっていた（東洋経済新報社編［1945］558頁）。

　最後に貸借対照表から指摘できることは、建設仮勘定である。建設仮勘定は1938年6月期と1945年6月期のみ判明するが、注目すべきは1945年6月期の301百万円である。同期の有形固定資産780百万円の39%を占めており、中島飛行機は第1軍需工廠となった終戦直前においても急拡大の途上にあったのである。

　表2-1および表5-2から、中島飛行機の生産高と負債比率の推移を可視化したのが図5-1である。日中戦争期から生産高が拡大し、太平洋戦争期にさらに急拡大している状況がよくわかるが、負債比率が生産高の増加率よりも大きく増加していることが指摘できる。5千万円に増資した1938年には負債比率が374%であったが、1945年6月には実に4,800%にもなったのである。

　三菱重工業の状況はいかがであったか。三菱重工業の有価証券報告書による

と、1941年12月期の総資産は1,279百万円、資本金は240百万円、長短期借入金は92百万円[12] で、総資産に対する比率は 7 ％ であった。中島飛行機に比して総資産はほぼ 2 倍、資本金は4.8倍、借入金は 6 分の 1 である。1945年12月では、総資産は6,175百万円と4.8倍、資本金は1,000百万円で4.2倍、長短期借入金は2,430百万円[13] と26.4倍に急増し、総資産に対する長短期借入金の比率も39％と急増した。しかし、総資産増加4,896百万円中、約50％ の2,338百万円を長短期借入の増加でまかなったことになり、ほぼ100％ を借入に頼った中島飛行機と対照的である。ただし、三菱重工業は航空機以外に艦船、兵器、船舶、タービンなど各種製品を製造しており、ここで示した各数字は、航空機事業の体質そのものを示すものではないことに留意しておかねばならない。三菱重工業は政府の命令融資には頼らず、三菱財閥内の三菱銀行による融資であった。金融面での政府からの独立性は、中島飛行機とは比較にならないくらい高かったといえる。

2.2 収益性

収益性はどうであったか。表 5 - 3 は戦時期の中島飛行機、三菱重工業の売上高および純利益の推移である。図 5 - 2 は表 5 - 3 から計算した売上利益率、資本金利益率を示すものである。ただし、三菱重工業はセグメント別の売上、利益が不明で、航空機事業だけでなく他の事業も含む数値である。

1936年12月期についてはすでに若干触れたが、中島飛行機の年間生産高は、日中戦争開始後の1937年12月期は36.2百万円、太平洋戦争開始の1941年12月期は207百万円、 4 年間で5.7倍の伸びであった。1944年12月期の生産高は1,398百万円、 3 年間で6.8倍と飛躍的な伸びである。表には示していないが、この間、機体事業とエンジン事業の生産高はほぼ拮抗していた。三菱重工業の年間売上高は、1941年12月503百万円、1944年12月2,163百万円で4.3倍の伸びであった。

中島飛行機の年間純利益は、1935年12月期から1937年12月期は 2 百万円前後、1938年12月期は約 4 百万円、以降は生産高の急増にもかかわらず 5 - 8 百万円前後しかない。当然の帰結として、生産高純益率は1936年12月期の10.4％ か

第5章　中島飛行機の経営　231

表5-3　中島飛行機と三菱重工業の売上、利益の推移

決算期 （6月期と12月期合計）	中島飛行機			三菱重工業		
	資本金 (百万円)	生産高 (千円)	純益金 (千円)	資本金 (百万円)	売上高 (千円)	純利益 (千円)
1935.12	12	26,772	2,249	60		
1936.12	12	25,656	2,664	60	120,298	9,813
1937.12	20	36,249	1,895	120	146,396	11,268
1938.12	50	74,646	3,668	120	211,305	13,816
1939.12	50	118,894	5,596	120	329,010	19,312
1940.12	50	167,628	6,265	120	393,842	33,198
1941.12	50	206,516	5,367	240	502,941	37,773
1942.12	50	384,011	5,053	480	796,151	56,115
1943.12	50	726,648	8,566	480	1,303,247	88,779
1944.12	50	1,397,602	8,195	483	2,163,070	86,426

注：三菱重工業はセグメント別は不明で、全社のデータである。
出所：中島飛行機は、麻島［1985a］6頁の第3表による。三菱重工業は、第38期-第55期『営業報告書』による。年号は西暦に改めた。

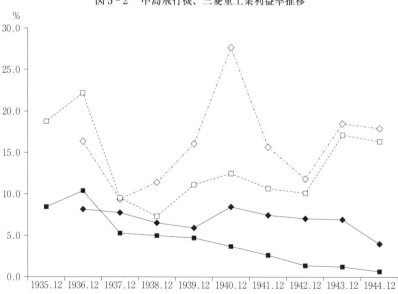

図5-2　中島飛行機、三菱重工業利益率推移

表5-4　中島飛行機および三菱

年（年度）	中島飛行機（生産高）						受注額（千円）
	生産高（千円）	生産機数	機体単価（千円）	1941年＝100	重量単価（円／kg）	1941年＝100	
1938	39,307	887	44.3	0.52			98,141
1939	58,839	1,187	49.6	0.58			95,234
1940	83,482	785	106.3	1.24			170,411
1941	78,374	916	85.6	1.00	67.5	1.00	205,289
1942	215,582	2,215	97.3	1.14	68.5	1.02	346,587
1943	366,353	4,473	81.9	0.96	61.9	0.92	533,022
1944	780,653	7,896	98.9	1.16	67.6	1.00	1,226,888
1945		4,019					249,518

注：中島飛行機は暦年、三菱重工業は年度である。重量単価の計算に使用した重量は「戦闘機換算重量」であ
出所：中島飛行機の生産高は、麻島［1985］6頁第3表。生産機数、構造重量はUSSBS［1947c］から筆者が計
　　［1987］91頁表2-15による。三菱重工業の受注機体重量は、データが得られなかったので、筆者計算によ
　　2,400kg）を用いて計算した。空欄は不明である。

　ら低下を続け、1944年12月期には0.6％にまでなった。資本金利益率は、1936
年12月期の22.2％がピークで、以降はほぼ10％程度、1944-1945年は15％を越
えた。この間、配当率は1938年6％、以降は7％に固定されていた。中島飛行
機の総務部長であった藤生富三は、「1938年になって借金を始めたので6％に
してもらった、それでも矢張り株主（中島一族──引用者）は赤字になってし
まう。7％にしてもらって、とんとん位だったと思う」と述べている[14]。配
当率を決めて、原価調整がなされていたわけで（持株会社整理委員会［1951a］
144頁）、自己資本が異常に低い状態で、配当率が決められた結果の低収益性で
あったものと考えられる[15]。
　三菱重工業の純利益は1936年12月期の9.8百万円から、売上高の伸びにほぼ
比例して増加し、1943年12月は89百万となった。1944年は1943年とほぼ同程度
の純利益であった。この間、純利益率は7～8％前後を維持し、1944年12月期
になって4％と落ち込んだ。三菱重工業は中島飛行機に比べて、売上高純利
益率の落ち込みは小さく、資本金利益率も中島飛行機より高い水準を維持して
いた。

重工業の機体単価

三菱重工業（受注高）

受注機数	機体単価 （千円）	1941年 = 100	重量単価 （円／kg）	1941年 = 100
1,125	87.2	0.87		
1,096	86.9	0.86		
1,741	97.9	0.97	48.9	0.97
2,038	100.7	1.00	50.4	1.00
3,287	105.4	1.05	52.7	1.05
3,656	145.8	1.45	72.9	1.45
10,259	119.6	1.19	56.9	1.13
1,450	172.1	1.71	71.7	1.42

る（第3章5.2節参照）。
算した（第3章5.2節参照）。三菱重工業の受注額、受注機数は三島他
戦闘機換算平均重量（1940-43年度2,000kg、1944年度2,100kg、1945年度

2.3 機体およびエンジン価格

陸海軍は原価主義で発注していたので、機体、エンジンの価格は会社の経営効率、コスト体質を最終的に表すものといえる。

まず、機体価格について考察する。表5-4は中島飛行機および三菱重工業の機体単価、重量単価を筆者が計算したものである。得られるデータの制約から、中島飛行機は暦年での生産高、三菱重工業は年度での受注価格ベースである。重量当たり単価を計算する際に使用した重量は、「戦闘機換算重量」である[16]。

表には機体単価と重量単価（円／kg）を示したが、機体単価は機種構成、機体重量によるので、両社の価格体質を比較するには、重量単価で比較するのが妥当であろう。1941年の重量単価は中島飛行機67.5円／kg、三菱重工業50.4円／kgで、中島飛行機は三菱重工業の1.34倍の単価であった。1941-1945年4年間の平均でも中島飛行機が66.4円／kg、三菱重工業が58.2円／kgで1.14倍であった。中島飛行機の重量単価は1941-1944年間ほぼ一定であったが、三菱重工業の重量単価は平均値で15％上昇した。両社の機体生産能率の推移から判断すれば、この程度の価格差はうなずけるものである。

次にエンジン価格を筆者が計算した結果を表5-5に示す。1台当たりの平均価格と馬力単価を示してあるが、機体の場合と同様に馬力単価で比較するのが妥当であろう。中島飛行機は暦年での生産高、三菱重工業は年度での受注価格ベースである。1941年の中島飛行機の馬力単価は34.1円／hp、三菱重工業は22.7円／hpである。中島飛行機の馬力単価は三菱重工業の1.50倍である。

234

表5-5　中島飛行機および三菱

年	中島飛行機						受注台数
	生産台数	生産高 (千円)	平均価格 (千円)	1941年 = 100	馬力単価 (円 /hp)	1941年 = 100	
1938	1,548	35,339	22.8	0.70			1,306
1939	2,538	60,001	23.6	0.73			2,542
1940	3,144	84,146	26.8	0.82			4,236
1941	3,931	128,142	32.6	1.00	34.1	1.00	5,790
1942	4,897	168,429	34.4	1.06	35.9	1.05	9,909
1943	9,556	360,295	37.7	1.16	39.4	1.16	16,180
1944	14,014	616,949	44.0	1.35	46.0	1.35	15,498
1945	3,983						5,407

注：三菱重工業のデータは「年度」である。したがって、中島のデータとは3ヵ月のズレがある。また、受注
ンがあったとされる。
出所：三菱の受注台数、代価は松岡久光［1996］307-312頁、中島の生産高は麻島［1985a］6頁第3表、生産台
算した。

1941-1945年の平均値でみると、中島飛行機38.9円/hp に対して三菱重工業は
21.1円/hp で[17]、中島飛行機は三菱重工業の1.84倍となる。4年間で中島飛
行機の馬力単価は1.35倍に上昇したが、三菱重工業は1.07倍であった。馬力当
たりの生産能率では拮抗しながら、価格でこれほどの差が出るのは不思議なこ
とである。数値的に明らかにすることは困難であるが、労務単価、材料費、材
廃率、工廃率、直接・間接経費などが三菱重工業に比して余程高かったものと
考えられる。

　以上をまとめると、太平洋戦争期間中の機体、エンジンとも単位価格でみる
と中島飛行機が三菱重工業に比して高価格であったといえる。特にエンジンは
相当に高価格であった。価格は原価を反映したものであるから、中島飛行機の
製造コストが三菱重工業に比較して、高かったということである。

小　活

　本章ではまず、中島飛行機の経営の特徴である閉鎖的経営に、なぜ中島知久
平がこだわったのかを考察した。次いで、中島飛行機が企業集団として財閥の

重工業のエンジン価格

三菱重工業

代価（千円）	平均価格（千円）	1941年＝100	馬力単価（円/hp）	1941年＝100
35,573	27.24	0.89		
66,061	25.99	0.85		
122,953	29.03	0.95		
176,958	30.56	1.00	22.7	1.00
294,991	29.77	0.97	21.4	0.94
355,401	21.97	0.72	15.8	0.70
577,949	37.29	1.22	24.4	1.07
230,058	42.55	1.39	25.9	1.14

台数であり、実際の生産台数ではない。終戦時には16,000台の未消化エンジ

数は第4章表4-4による。中島、三菱とも馬力単価は同表の生産馬力から計

要件を備えていたかを考察し、財閥とはいえないと結論づけた。中島飛行機の企業風土は、従業員の証言などから、「技術優先」、「自由な雰囲気」、「群雄割拠」で特徴付けることができる。

中島飛行機の経営数値として、貸借対照表、収益性、機体およびエンジン価格を分析した。貸借対照表から明らかになったことは、中島飛行機は1938年11月に2千万円から5千万円に増資してからは、増産資金を命令融資に頼り、急速に借金体質となったことである。太平洋戦争期に「日本の航空機産業は膨大な戦時利得を上げた」といわれるが（林［1957］272頁）、敗戦までに中島飛行機が新たに蓄積できた純資産はわずか17百万円と推定でき、「膨大な戦時利得」を手にしたわけではなかった。

生産高純利益率は、戦時期に生産高が急増したにもかかわらず低下を続け、1944年12月期には0.6％にまで下がった。しかし、資本金利益率は三菱重工業よりは低いものの、ほぼ10％程度以上を維持している。自己資本が異常に低い状態で、配当率が決められていたゆえの低収益性であった。

太平洋戦争期の機体の重量単価の平均値は、中島飛行機が三菱重工業の1.14倍であった。エンジンの馬力単価の平均値は、中島飛行機が三菱重工業の1.84倍であった。価格は原価を反映したものであるから、重量単価、馬力単価を基準とした場合は、中島飛行機の製造原価は三菱重工業より高かったものと考えられる。

注

1) 中島飛行機の、他の業種における払込資本金の全国比率は、鉱工業0.4%、金属工業0.1%、化学工業0.1%、製糸業0.2%、繊維工業1.3%、農林水産食品業0.4%であった（持株会社整理委員会［1951a］146頁）。繊維工業とあるのは、繊維工場を航空機工場として使用するため興和紡績に出資したものである。

2)「職員の給与、待遇、昇進などは設計を筆頭に現場職員、専門工は特に優遇され、事務系の職員はこれらに準ずる待遇であった」（神戸［1989］144頁）。「1935年頃、三菱重工業の工学系学生の初任給が70円であったのに対し、中島飛行機は80円から85円で、東大航空学科卒は95円だった」（前間［2013］144頁）。

3) 1924年東京帝大航空学科卒業。中島飛行機最初の大学卒入社である。海軍機設計。中島飛行機取締役。富士重工業第2代社長。

4) 1936年東北帝国大学機械卒。陸軍機設計部、戦後富士重工業常務取締役。

5) 小山悌は1925年東北帝国大学機械卒。陸軍機設計責任者、技師長、中島飛行機取締役。戦後岩手富士産業取締役。

6) 第2章3.2（3）節を参照。

7) 社債の発行は1938年9月、1939年3月、同年12月の3回で各1,000万円であった。発行条件は、各年の最多発行例に含まれるもので、中島飛行機社債は二流債に位置していた（麻島［1985a］36頁）。

8) この記述は、東洋経済新報社編［1945］によっているものと思われる。第一銀行からの借入金について渡部一秀は、「全額を興銀と第一銀行とから借りて（両行から1千5百万円ずつ借りたが、後に興銀が第1銀行の分のうち1千万円肩代わりした）払い込んだ。その借り入れをする際、担保として中島飛行機の株を3千万円に相当するだけ提出させられ、なお中島飛行機として興銀に3千万円を預金させられた」と若干異なる（渡部［1955］326-327頁）。

9) 興銀の命令融資の75%が航空機工業に対するものであった。つまり、航空機工業に対する命令融資の3分の2は中島飛行機に割り当てられた。中島飛行機への1937年7月の命令融資80百万円は、太田、武蔵野、田無、小泉各工場の拡張資金であった。三菱重工業に対する融資も同時に検討されたが、有力財閥であることから、遠慮させられた。以降、1940年には太田、武蔵野、および小泉工場新設拡張資金として145百万円、1941年には前出の工場および中島航空金属の拡張資金として180百万円、1944年には工場拡張資金として433百万円、1945年ににも1,107百万円が融資された（日本興業銀行［1957］466-467頁）。

10) 表2-7の1945年6月期長期出資金と整合しないのは、中島航空金属の勘定との合計で計算しているためである。

11) 東洋経済新報社は、中島飛行機の協力工場依存度として、約50%（機体関係60%、エンジン関係30%）としている（東洋経済新報社編［1945］557頁）。

12) 三菱重工業［1941］『第49期報告書』。

13) 三菱重工業［1945］『第57・8期報告書』。

14) 持株会社整理委員会など文書・財閥役員審査関係資料・財閥関係役員審査委員会議事録（富士関係）13の9（国立公文書館）JACAR（アジア歴史資料センター）Ref. A04030987100。

15) 中島飛行機の1945年6月期の生産高は不明である。純利益は2,111千円であった（麻島［1985 b］52頁）。

16) 機体規模の違いによるコスト差を反映するためである。第3章5．2節を参照。

17) 前田裕子によれば、三菱重工業の航空エンジンの平均製造原価は馬力当たり16円とされているので（前田［2001］182頁）、毎年相当の利益を出していたと考えられる。

終　章　中島飛行機の残したもの

1.　中島飛行機の解体

1945年8月15日、終戦である。中島飛行機は8月17日に社名を「富士産業株式会社」に改称し、定款も変更して民需産業に転換することになった。この際の事業目的は、紡績、漁網、農具および車両の製造販売であった[1]。8月18日には中島乙未平が新社長となった。26日には第一軍需工廠が廃止され、経営が富士産業に返還された。以降、富士産業はGHQの指令により解体の過程にはいる。

占領軍が構想していたことは、非軍事化を除けば、①日本の軍事生産の中核的な支柱となって、軍事態勢を支えてきた財閥の解体、②日本の軍事進出をその社会的基底として推進した「封建的」な地主・小作制の解体、③日本の民主的運動の担い手であるべき労働運動の抑圧からの解放、の3点と考えてよいであろう（通商産業省［1994］18頁）。富士産業は「軍需産業的性格の最も濃厚な中島飛行機の後身」であったため（持株会社整理委員会［1974］189頁）、占領軍から特別にマークされ、4大財閥並みに扱われ、4大財閥と同様に解体の対象となった。以下に、占領軍の施策と富士産業解体の過程を追ってみる。

1945年9月24日、GHQは「降伏後における初期の対日方針」を公表、10月11日には「独占企業の排除と経済機構の民主化」を指令した。さらに、11月2日には「財閥の解体と15財閥の資産凍結」を指令し、同月18日には覚書を発し、航空機の生産・研究・実験をはじめとした一切の航空に関する活動が禁止された。以降1952年2月に兵器、航空機、艦艇の生産禁止が解除されるまで、航空

機研究、生産の空白が続くことになる。25日には「軍需補償の打切り」を指令
した。

　富士産業は、終戦時に25万人を超えた従業員について、整理業務に必要な最
小限の人員以外は順次整理する方針であった。その結果、1945年10月30日には
6,962名、1946年1月4日には3,197名に減少した。工場はすべて第一軍需工廠
から返還されたが、太田、小泉工場や太田飛行場はGHQに接収され、こうし
た接収工場および破壊の著しい武蔵工場など合計77工場が閉鎖された。さらに、
1946年1月20日には「日本航空機工場、兵器廠および研究所の管理支配並びに
保護維持に関する件」が発令され、45工場が第一次賠償施設の指定を受け、同
年5月28日には40工場が追加指定を受け、企業再建に大きな制約となった（富
士重工業［1984］54頁）。

　1945年11月6日に、GHQ「持株会社の解体に関する覚書」により4大財閥
の解体が指令された。同日「富士産業株式会社の解体に関する指令」も出され、
日本政府はこれに基づき、富士産業に解体計画を上申させた。富士産業は11月
24日には制限会社の指定を受けた。同日には三菱本社も制限会社の指定を受け
ている。整理案は、1946年5月20日附中央終戦事務局覚書第2428号「富士産業
株式会社整理案」としてGHQ宛に提出された（高石［1973］683-684頁）。富
士産業はこれに基づきGHQ経済科学局反トラスト・カルテル部と打ち合わせ、
最終的に政府を通じて「富士産業株式会社の整理実施に関する覚書」をGHQ
宛に提出した。これを承けてGHQは1946年6月29日、「富士産業株式会社の
整理に関する指令」を日本政府に発出した。主要点は下記の如くである（持株
会社整理委員会［1951］202-203頁）。

　(1) 整理は富士産業自身が行う。日本政府提案の整理受託のための新会社設
　　　立は拒否された。

　(2) 現役員は全部解任。取締役6名、監査役1名とし、債権者興銀から3名、
　　　会社から3名選出する[2]。

　(3) 新重役は就任後15日以内に新会社設立案を提出すること[3]。

　(4) 保有株式の処分。当該会社発行総株数の1割以上の保有株式は会社にお

いて従業員処分をなすこと[4]。

(5) 新会社設立完了と同時に日本商法に従う整理申請書を提出すること。これも (3) と同様、整備法によることになった。

(6) 保有株式に伴う議決権行使の中止。これは委員会に委任された。

(7) 覚書の条項を実行するため富士産業はGHQ経済科学局との直接交渉を認められた[5]。

1946年7月26日、「戦後経済の再建整備に関する件」が閣議決定され、新旧勘定に分離することになった。勘定の分離に当たっては、会社の資産のうち爾後の民需経営に必要なものを新勘定に移管し、爾後の民需経営に必要でない資産および従来の債務は旧勘定に属させるものとした。新勘定はこの移管資産について、旧勘定に対して適当なる利子を負担するものとするとともに、新勘定によって爾後の民需経営を行うものである（大蔵省財政史室編 [1981] 770-773頁）。1946年8月11日付富士産業の旧勘定は2,211,147千円、新勘定は150,256千円であった（持株会社整理委員会 [1951] 228頁)[6]。

1946年9月6日、富士産業は三井、三菱、住友、安田の4大財閥とともに持株会社に指定された[7]。富士産業の指定日での公称資本金は5千万円、公債、持分、株式などへの投資額は73,414千円（内株式73,308千円）で中島一族5名で発行株式の全部を保有していた。1946年10月19日に、「戦時補償特別措置法」、「金融機関再建整備法」、「企業再建整備法」が交付され、同月30日に施行された。

1947年12月18日、「過度経済力集中排除法」が公布・施行され、1948年2月には「同法に基づく指定業者」に指定された。このため富士産業は同法による再編計画書の作成に切り替えた。しかし、1949年4月28日に第40回持株会社整理委員会総会で「富士産業に対する過度経済力集中排除法に基づく指定取消に関する件」が決定され（高石 [1973] 689頁）、再び持株会社整理委員会令に基づく整備計画を早急に提出することになった。

持株会社整理委員会は、設立せらるべき第二会社の経営の健全性に重点を置き、従来会社側の希望である15会社案（富士重工業 [1984] 55頁)[8]に対し、より少数の会社に整理することを要望した（持株会社整理委員 [1951] 203頁)。

委員会は「新会社の設立後に、また経営不振問題が起こってはならないから、その基礎を堅実な基礎の上に置かねばならない」と主張、「2～3の少数の会社にまとめ上げようと」考えたのである。これに対して富士産業側の主張は、「戦後、傘下の15工場は、事実上独立して独立採算制のもとに、経営を行ってきた。その歴史も、今日になっては長いものといわなければならない。それを今整理統合しようとすれば、いろいろな悶着が起こる。それをかりに収めることができたとしても、その後がうまくいかないだろう」というものであった（高石［1973］690頁）。委員会は、会社側の主張を斟酌し、「航空機会社の常として発動機、機体、組立の各系統はそれぞれ独立した組織であり、加うるに陸海軍関係は完全な対立状態にあったことは周知のことであり、これらの要因が縦横複雑に入り乱れているので、各工場の統合は事実上困難でもありこれを避けることが無難でもあった」ことから、最終的に11社に落ち着き（持株会社整理委員会［1951］204頁）、1949年4月30日に整備計画書を提出した。高石末吉は、「同じものを生産する工場でも、戦争中は陸軍工場、海軍工場用に分かれていて、互いに対立・抗争を続けながら生産をづけてきたのである。働く者の気持ち、自然、対立感情にとらわれる。戦後も同じだ。——それなのに「経営の健全化」を理由にして、その名の下に、画一的に統合したら、どういうことになるか。いわずとしれた内部不統一だ。人の和がない所に経営の健全などあり得ない」と15社分割に理解を示している（高石［1973］690頁）。

表終-1に示す15工場と表終-2の第二会社11社の関連をまとめると、太田と三鷹が富士工業、小泉が富士自動車工業、半田が愛知富士産業、宇都宮が宇都宮車両、前橋と大谷が富士機器、荻窪と浜松が富士精密工業、大宮が大宮工業（のち大宮富士工業）、岩手が岩手富士産業、四日市が富田機器製作所、三島（沼津）が富士機械工業、田沼が田沼木材工業となる。八戸は新会社との対応がつかないが、地域的に岩手富士産業となったのではないかと推測される。

整備計画では、特別損失は評価換後1,753,766千円、資本金の90％、債権の69％を切り捨てることになっていた。計画の特損中には第一軍需工廠から返還を受けた資材420百万円に対する戦時補償特別税が含まれておらず、税務当

局で研究中であったが、1949
年9月に追徴税を加えて594百
万円の更正が決定した。1950
年2月1日、前記特損を見込
み、修正整備計画を提出した。
ここで資本の100%、債権の
94.4%切り捨てに変更された。
1950年5月31日、第二会社設
立を含む整備計画が認可され
た。旧会社（富士産業）は解
散することになった。清算人
は野村清臣、戸沢栄一、小口
彦七で、全員興銀系である。
第二会社11社は1950年7月

表終-1　富士産業の民需転換計画

（単位：千円）

工場名	資本金	生産高（月）	売上品目
太田	29,700	6,200	自転車、スクーター
小泉	14,000	3,177	バスボディー、自転車
半田	27,000	3,810	電車、客車修理
宇都宮	28,000	4,350	客車、貨車修理
前橋	16,500	2,760	耕耘機、自動秤
荻窪	34,000	6,670	内燃機関、工具
三鷹	3,000	3,625	発動機、スクーター
大宮	3,000	4,478	車両、舶用機関
浜松	13,000	4,500	ミシン
岩手	12,000	1,832	製材、建築
四日市	8,000	1,280	ディーゼルエンジン
大谷	1,200	350	木工、家具、製材
三島	13,500	2,325	ディーゼルエンジン
田沼	4,700	1,000	家具、什器
八戸	2,400	800	水産加工、鋳造物

出所：富士重工業［1984］55頁による。

から8月にかけてそれぞれ独立した。表終-2に東京富士産業とあるのは、分
離第二会社ではなく、1948年7月に富士産業本社業務課を中心に設立した商事
会社である。

　さて、三菱重工業の解体である。終戦時の社長であった玉井喬介によれば、
「戦争末期の三菱重工業の従業員は約40万人、徴用工が24〜25万人、常備は16
〜17万人であった。航空機に重点を置いて整理する方針を定め、全従業員は4
〜5万人とするつもりだった。……名古屋だけは何年か先には航空機の仕事も
やり得るだろうという気持ちもあり、優秀な技師、工具も多く抱えて居り惜し
いので、名古屋の整理は航空機整理工場と発動機整理工場の2つに整理するこ
とにし」と、将来の航空再開に向けた布石をしている（三菱重工業［1956］
697頁）。三菱重工業の解体は23社案、6社案もあったが最終的に東、中、西の
3地域会社への分割が持株会社整理委員会から提示された。1949年11月30日に
整備計画が認可され、1950年1月11日付で第二会社3社（東日本重工業、中日
本重工業、西日本重工業）が発足した（三菱重工業［1990］708-712頁）。さら

244

表終-2　整備計画による第二

新会社名	新資本金（千円）	旧工場名	設立年月日	社長
富士工業株式会社	80,000	太田・三鷹	1950. 7 .13	佐久間次郎
富士自動車工業株式会社	30,000	（小泉）伊勢崎	1950. 7 .12	松林敏夫（専務）
宇都宮車両株式会社	22,000	宇都宮	1950. 7 .20	濱田　昇
愛知富士産業株式会社	38,000	半田	1950. 7 .15	三竹　忍
富士機器株式会社	12,000	前橋、大谷	1950. 7 .18	田中正利
岩手富士産業株式会社	20,000	岩手、水沢、木崎	1950. 8 . 1	大谷正博
富士精密工業株式会社	55,000	荻窪・浜松	1950. 7 .13	新山春夫（専務）
大宮工業株式会社	25,000	大宮	1950. 8 . 7	中尾　晃
富士機械工業株式会社*1	20,000	沼津	1950. 7 .24	加藤健次
田沼木材工業株式会社	5,000	田沼	1950. 8 . 1	木村久寿
株式会社富田機器製作所	5,000	四日市	1950. 8 . 4	木村好太郎
東京富士産業株式会社*2	2,100	―	1948. 7 . 2	藤生富三

注：*1 持株会社整理委員会［1951］204頁では「沼津産業株式会社」となっている。認可から設立までに社名が
　　*2 東京富士産業は、富士産業本社業務課を中心に設立した商事会社で、第2会社11社には含まれない。当
　　円となった。
出所：富本25第95号（1950. 8 .26）第二会社設立の件報告（JACAR（アジア歴史資料センター）Ref. A 04030434600

　に、1952年には3社がそれぞれ三菱日本重工業、新三菱重工業、三菱造船と改
称し、1964年には3社が合併して新生（第2代）三菱重工業が発足した。
　会社分割の経緯をみると、富士産業（中島飛行機）と三菱重工業の対応は対
照的である。富士産業は、第二会社の経営の健全性を考えて、少数会社を要望
した持株会社整理委員会に従わず、会社側の意志で小規模な11社への分割を選
択した。一方、三菱は財閥支配力を弱めようと多数社に分割しようとする動き
が恐らくあったと推測される中で、地域分割の3社分割という形に落ち着いた。
新興企業中島飛行機には遠心力が働き、財閥の一部門であった伝統企業三菱重
工業には求心力が働いたのである。創立後高々28年、それも日中戦争期から急
膨張した中島飛行機には、共通した企業文化を育てる時間はなかったものと思
われる。12製作所のなかでも、半田は1943年、宇都宮、大谷、黒沢尻、三鷹、
三島、浜松は1944年の設立で、終戦までには新設後1、2年しか経過していな
い。一体感もなかったであろう。まして、持株会社整理委員会と交渉を担当し
た富士産業の役員はすべて興銀の関係者であった。将来の中島飛行機の再興へ
の思い入れよりは、興銀の債権回収が優先で、当面の「悶着」を避け、整理を

終　章　中島飛行機の残したもの　245

会社11社（1950年5月31日認可）

主要生産品目
ラビット・スクーター、ラビット自転車、小型発動機、化学繊維機器、自動鋸
バス・ボディー
車両
車両、バス・ボディー、織機
衡器、量器、農機具、自動車部品
自動トロ、山林機械、床板、木工品、製材
陸海用内燃機、リズムミシン、映写機、高級工具
各種内燃機関、軽車両、土木、農工機械
焼玉エンジン、空気圧縮機
木工品、製材
漁労機、水産加工機器
リズムミシン、ラビット号自転車、各種エンジン、車両その他の機械の国内販売及貿易業務

変更されたものと考えられる。
初資本金は100万円であったが、「整備計画」の定めるところによって富士産業が110万円を出資し、新資本金が210万
所収）から筆者作成。

　進めようとする意識であったものと考えられる。したがって、会社側の主張も
当時としては当然のことであったかもしれぬが、中島知久平というカリスマが
公職追放となった状態では、「群雄割拠」といわれた中島飛行機には、将来の
再興の意志を持ちそれを実行に移し得る経営者が不在であったといえる。
　富士産業の整理には、中島飛行機の創設者である中島知久平は、何の権限も
なかった。中島知久平は1945年8月17日、東久邇内閣軍需大臣（26日廃止）、
商工大臣（26日新設）に就任した。12月2日、A級戦犯容疑者として逮捕命
令が出たが、疫病（糖尿病）のため猶予された。1946年1月4日、公職追放と
なった。さらに1947年3月に財閥家族指定を受けた。1947年7月20日には中島
飛行機社長であった次弟の中島喜代一が死去した。9月1日にはA級戦犯の
指定解除となった。1949年10月29日死去。66歳であった。中島知久平の戦後は
わずか4年であった。死去までに中島知久平が語ったとされる予言的な話はさ
まざま伝えられているが[9]、ここでは富士産業に関する2例を挙げておく。太
田繁一は、時期は明確ではないが、富士産業の土地課長となって、「整理促進
要綱」に基づき速やかに資産を処分して借入金の返済に充てることなったと報

告した時、中島知久平は次のようなことを述べたと証言している。「戦後は必ずインフレが来る。戦勝国、戦敗国を問わず来る。特に戦敗国のインフレはすさまじい。第一次大戦後のドイツの例。物価はたちまち5倍、10倍、いやいや百倍、千倍、ものによっては一万倍を超すようなものも出るかもしれん。ところが借金は何時までも32億円で止まっている。だから資産の処分は遅らせば遅らせる程値段が上がるから、借金の返済は楽になる。土地については、日本の国はそうでなくても非常に狭小で、しかも山林が多い。……なかなかまとまった土地は入りにくい。手に入れたとしても莫大な費用がかかる。だから土地はなるべく後に処分しろ。急いではいかん。中島には日本でも最新鋭の工作機械が集まって、みんなこれを宝物の様に思っているけれども、こんなものは3年か5年もたてば次々新しい性能の優れた機械ができて、たちまち陳腐化してしまう。だから、機械とか資材は先に処分して、土地は最後の最後にしろ」（太田地区都市開発推進協議会・富士重工業群馬製作所［1998］18-19頁）。太田は、重役からは叱られながらも、スローペースでことを処理したと述べている。その後の1960年代初頭の高度経済成長期における土地価格高騰は[10]、中島知久平が正しかったことを示している。さらに富士産業の将来については、「今度は地上に目を向けて自動車工業を盛んにすべきだ。これからは輸送であれ乗用車であれ、日本もアメリカのような自動車の時代が来る。したがって富士産業では自動車の政策を推進すべきだ」と語っている（豊田［2014］445頁）。

　第二会社独立後について、若干触れておかねばならない。富士産業の第二会社が発足する直前、1950年6月25日には朝鮮戦争が勃発、1952年3月8日には、GHQが兵器、航空機、艦艇の生産禁止を解除、同年7月16日には航空機製造法が公布、施行された。こうした状況の変化を受けて、戦前の航空機製造各社は再度航空機産業の再開に取り組むことになった。旧中島飛行機系では、1952年秋になって「元来、同一会社であったものがいくつもの小規模の会社に分散・独立していては、産業構造の変化に効果的に対応できない」と興銀がまとめ役として登場し、1952年12月24日に富士工業、富士自動車工業、大宮富士工業、東京富士産業の4社が合併することで合意した。翌1953年5月には、宇都

終　章　中島飛行機の残したもの　247

宮車両を加えて5社合併を決定、7月15日には5社が出資して富士重工業を設立した。合併の「旗印」は航空機生産であった（富士重工業［1984］70頁）[11]。わずか2年半前には、2～3社にまとめることを拒否しながら、今さらの方向転換であったが、それだけ独立各社の経営の先行きが見通せなかったともいえよう。1955年4月1日になって、富士重工業が5社を吸収合併し、ここに旧中島系企業の再合同が完了した。富士重工業の主力事業は自動車と航空機生産となった。

　終戦直後の人員整理および企業解体、再合同における富士産業と三菱重工業の対応の相違が、航空再開以降の航空機製造業界の勢力を決する大きな要因となったものと考えられる。富士重工業の航空機部門の売上は三菱重工業のそれを決して上回ることはなく、約4分の1となったのである。

2．中島飛行機という存在

　本書では、従来の中島飛行機研究では対象とされなかった、機体およびエンジンの技術面および生産面にまで研究の範囲を広げ、且つ競合会社であった三菱重工業と対比することで、中島飛行機の実態をより明らかにすることができた。

　中島知久平は「戦争に勝っても負けても、中島飛行機はつぶれる」と語っていたと伝えられる（前間［1991］367頁）。その通り終戦とともに中島飛行機は消滅した。軍用機専業であったゆえに、日本軍の崩壊と同時にその存在意義をなくしたのである。中島飛行機が存続した28年間をどのように総括すべきであろうか。航空機産業の民営化を旗印に、中島知久平により創立された個人企業が、太平洋戦争期には日本最大の航空機製造会社となるまでに急膨張するが、その過程で国策会社的性格を強め、最終的には民有国営化された歴史と捉えることができるであろう。また、「中島一族の中島飛行機を通じ日本経済界における指導的地位獲得というより寧ろ、国家が偶々でき上がりつつあった航空企業の組織を、その緊急な需要を充足させるために、できるだけ巧みに利用し育

成していった」ともいえる（富士産業［1948］130頁）。数ある航空機製造会社の中から、なぜ中島飛行機が利用されたのか。株式は中島一族が所有し、一族の長である中島知久平は旧軍人であり、企業の利益よりは国益重視の人物であったことによるものと考えられる。中島飛行機は陸海軍にとって、使い勝手の良い会社であった。

中島飛行機は政府および陸海軍から「放漫経営」であると批判された。太平洋戦争開始以降は、航空機増産が至上命題であり、経営効率追求は二の次で、がむしゃらに工場を建設し、ただただ作ることにのみ勢力を注いだ。その結果、民間企業として当然の、儲けるという観念からは「全く遠ざかってしまった」（富士産業［1948］135頁）のである。

中島飛行機に期待されたのは、企業としての経営効率よりは、技術開発力と生産力であった。まず技術開発では中島飛行機は、世界水準の航空機、エンジンを生み出した。陸軍戦闘機「隼」は戦争末期まで陸軍航空戦力を支え、1944年に制式化された「疾風」はアメリカ軍の飛行テストで、その高性能を評価された。4発大型爆撃機「連山」は、性能的にはアメリカ軍爆撃機に迫ったものの、量産直前で敗戦となった。「栄」エンジンは零戦、「隼」に搭載され、日本の最多量産エンジンであった。1942年9月に量産に入った「誉」は中島エンジンの最高到達点で、戦争末期の主力戦闘機、爆撃機の多くに搭載された。中島飛行機の技術の特徴は、性能最優先で、小型・軽量化を徹底したといえる。

生産力はどうであったか。陸海軍は中島の生産力に頼り、自社開発機のみでなく、転換生産で三菱重工業あるいは海軍航空技術廠が開発した機体の量産も担当させた。特に零戦は、開発した三菱重工業の1.6倍の機数を生産した。中島飛行機は、太平洋戦争末期の1945年には日本の戦闘用航空機の約50%を生産したのである。一方で、生産能率という観点からは、機体生産能率では、生産の伸びに対応して改善を続けたものの三菱重工業に劣り、エンジン生産能率ではほぼ同程度であった。機体の重量当たり単価およびエンジンの馬力当たり単価とも、三菱重工業よりも高価であった。企業経営の効率は三菱重工業より劣っていたといわざるをえない。こうした点からは、「放漫経営」という中島

終　章　中島飛行機の残したもの　249

飛行に対する批判は、ゆえなしとしない。しかし、これをもって、中島飛行機が日本の航空機産業の発展、さらに日本の陸海軍航空戦力の増強に果たした貢献は減ずるものではない。まさに時間の切迫した「緊急」増産が喫緊の課題であった状況下では、「準国策会社的」となっていた中島飛行機では、経営効率よりは増産対策が最優先とされたのである。

　中島系会社の合同後1958年に至り、継承会社である富士重工業は自動車ではスバル360、航空機では国産初のジェット中間練習機 T-1 と、戦後産業史に残る製品を生み出した。戦後日本の防衛産業に関わる会社を評して流布した4文字熟語がある。筆者は出典をつまびらかにしないが、富士重工業を評して「技術優先・唯我独尊」というのである[12]。さらに富士重工業の広告には「最高の性能でサービス」というキャッチコピーが1970年代まで付されていた。これらはまさに、中島飛行機にもあてはまる4文字熟語とキャッチコピーではないかと考えられる。また岡本和理によれば、「「経営の根本義は品質にある」、「ソロバンより品質だ」という中島知久平の経営信条は、戦後 GHQ の指令により中島飛行機が多数の民生産業会社に分割されても色濃く残った。しかし、中島知久平の経営法は平時の民生産業界では通用せず、大多数の新会社は事業に失敗し消滅した」（岡本［2001］）。生き残った主な会社は富士重工業と、最終的には日産自動車に合併された富士精密工業（合併時はプリンス自動車）である。これらの企業に、中島飛行機の遺産がどのように生かされたのか、これはまた別の研究課題である。

　注
　1）　1945年10月31日に GHQ 宛提出された民需転換の方針は、①使用施設は土地建物10% 以内、機械8% 以内を使用する、②統一的な会社とせず、業種別に第二会社を設立する、③第二会社としての規模は、地方的会社の限度とする、④生産品目は工場ごとの設備・資材を勘案した暫定のものと同時に恒久的生産品目を選択する、というものであった（富士重工業［1984］57頁）。
　2）　取締役社長野村清臣（興銀推薦）、取締役戸沢栄一（興銀）、小口彦一（興銀）、中島喜代一、栗原甚五、澁谷金藏（以上旧中島）、監査役広田佐次郎（興銀）が選

任された（富士重工業［1984］56頁）。その後財閥家族指定、死亡などで会社側側役員は零となった。1949年9月末役員は、野村清臣、小口彦七、戸沢栄一、広田佐次郎、榊原国雄の5名であった。

3）　設立案は、1946年8月7日に一応提出されたが、会社整理応急措置法、企業再建整備法の公布に伴い、別途作成することになった。

4）　この指令により、持株会社整理委員会設立後も富士産業に関しては、委員会には株式の譲渡をしないことになっていたが、1948年3月21日覚書で同社の監督指導の一切が委員会に移管され、有価証券の譲渡を受けることになった。

5）　このため、他の制限会社と異なり大蔵省を経由せず、直接GHQの指導監督の下に立ち、この状態は持株会社として指定後も変更なく、持株会社整理委員会とは無関係であった。これは極めて異例であった。しかし、一元化する必要が認められ、1948年の過度経済力集中排除法による指定を機としてその指導監督はすべて委員会に委ねられることになった。

6）　1946年8月10日時点の三菱重工業の旧勘定は5,898,962千円、新勘定は未整理受取勘定と未整理支払勘定1,102,609千円が相殺されて0円であった（三菱重工業［1956］706頁）。

7）　これは第一次指定である。以降、1946年12月7日に第二次40社、1946年12月28日に第三次20社、1947年3月15日に第四次2社、1947年9月26日に第五次16社が指定された。

8）　持株会社整理委員会［1951］204頁および高石［1973］690頁では14社としているが、これは間違いであろう。ここでは富士重工業社史に従い、15社としておく。

9）　第2章で挙げた渡部［1997］、豊田［2014］、高橋［2003］による評伝を参照。

10）　日本不動産研究所「市街地価格指数」による。

11）　宇都宮車両が遅れて参加したのは、航空機事業を再開するには飛行場の保有が必須条件であったが、太田飛行場は接収中で使用できず、宇都宮飛行場が返還され、1953年8月に宇都宮車両が航空機整備事業を開始したことによる。分離会社中、資本金で第2位の富士精密工業が、1951年4月に石橋正二郎が株式のほとんどを買い取ることで、石橋傘下となり、合併に加わらなかったことは、その後の旧中島飛行機系合同企業の発展に不利な状況となったといえる。富士精密工業は、1954年4月に旧たま自動車が改称したプリンス自動車工業と合併、その後1966年8月に日産自動車と合併（実質は吸収合併）することになる。

12）　戦後の航空機製造業界は長らく機体3社体制といわれた。4文字熟語では、第1位の三菱重工業は「価格第一・民尊官卑」、第2位の川崎重工業は「気宇壮大・実行無視」というのである。

補　章　航空再開初期の航空機産業

　航空再開後の航空機業界の動き、特に戦後の業界序列を決定づけることになった約10年間の動きについて、中島飛行機を継承した富士重工業を中心に若干触れておきたい。

　終章ですでに一部述べたことであるが、富士産業が第二会社11社に分割されたのは1950年夏、内5社が富士重工業を設立したのが1953年7月、富士重工業が5社を吸収合併して旧中島系が再合同したのが1955年4月であった。設立時の資本金は5千万円、直ぐに増資して2億円、1955年9月には8億5百万円となった。1955年度の売上は約6.3億円で、売上比率は自動車部門が44%、航空機部門が12%、バス、産業機器、車両の3事業部門が56%であった。以降、航空機部門の売上比率はほぼ10%強で推移し、1960年代後半には6%に低下した（富士重工業［1984］450-451頁）。事業構成は中島飛行機時代とは大きく異なり、自動車を主体とする多角経営となったのである。富士重工業の初代社長となったのは、北謙治であった。興銀出身の北は1942年4月から戦時金融公庫総裁、戦後は山陽パルプ監査役であったが、1953年3月から富士合同委員会の委員長であった。中島家との関係では、中島知久平の弟である中島乙未平が取締役に、息子の中島源太郎が監査役となった。北は1954年7月25日に急逝し、社長を補佐してきた専務取締役の吉田孝雄が社長となった。吉田は旧中島飛行機出身の技術者であった。吉田は1963年5月まで社長を務めた。

　三菱重工業が東日本重工業、中日本重工業、西日本重工業の地域3社に分割されたのは1950年1月で、航空機部門は中日本重工業が引き継いだ。3社が社名を変更して三菱日本重工業、新三菱重工業、三菱造船となって三菱の名前が

復活したのは1952年、3社が再合同して新生三菱重工業が発足したのは1964年であった。分割時の資本金は、東日本重工業7億円、中日本重工業13億円、西日本重工業9億円であった（三菱重工業［1956］696-721頁）。

　川崎航空機工業は1937年に川崎造船所（1939年に川崎重工業と社名変更）から独立したが、1946年5月に川崎産業株式会社と社名を変更し、1949年11月に企業再建整備計画が認可され、1950年3月から5月にかけて株式会社川崎都城製作所、川崎機械工業株式会社、川崎岐阜製作所の3社が分離・独立した。その後、1954年3月に3社が合併して川崎航空機工業が復活した。資本金は8億76百万円であった（川崎重工業［1959］867-875頁）。川崎航空機工業は1969年には川崎重工業に吸収合併された。元の鞘に収まったのである。

　こうした経緯をみると、弱小の11社に分割された旧中島飛行機は、3社への分割であった三菱重工業、川崎航空機に比べて航空機技術者の雇用維持、確保という点で不利であり、航空再開にあたって、より困難な状況であったと思われる。

　先に述べた通り、朝鮮戦争が始まったのは1950年6月、同年9月には対日平和講和条約が調印された。GHQが航空機の生産許可を日本政府に指令したのが1952年3月であった。対日講和条約は1952年4月28日に発効した。航空機製造法が公布されたのは1952年7月で11月に施行された。航空機製造法は、1953年6月には航空機製造事業法と改称され、同年9月に施行となった。こうした状況下で、戦前の航空機製造会社の再結集、航空機事業の再生が図られたのである。日本の航空研究が禁止されていた1952年3月までの空白期間中に世界の航空機産業はジェット機時代に入り、1947年10月には音速の壁も突破されていた。日本の航空機産業は、戦前と同様に再度外国技術の導入から始めざるを得なくなったのである。技術習得の端緒となったのは朝鮮戦争特需に基づくアメリカ軍機の修理、オーバーホール作業であった。1952年7月に昭和飛行機がアメリカ軍機の修理を開始した。1953年1月に川崎岐阜製作所がアメリカ空軍と航空機のオーバーホール契約を締結した[1]。続いて4月には新三菱重工業が同様に、アメリカ空軍と航空機修理、オーバーホール契約を締結した[2]。他の主要機体メーカーでは日本飛行機がアメリカ海軍から、新明和興業（のちに新明

和工業）がアメリカ空軍および海軍から、機体のオーホールを受注した。しかし、富士重工業はこうした作業を受注できなかった。太田飛行場は占領軍に接収中で使用できず、宇都宮飛行場の修復工事が完了したのが1953年8月になってからであったので、出遅れたのである。

次に来るのがアメリカ軍機のライセンス生産であるが、三菱、川崎、富士の3社が取り組んだ生産機種がその後の業界序列を決定的としたものと考えられる。ライセンス生産では富士重工業が先行した。1953年10月に保安庁（のちに、防衛庁）からT-34メンター練習機30機の発注内示を受けたのである。T-34メンターの製造権については、伊藤忠商事の斡旋で富士重工業が1953年9月にビーチクラフト社と製造権導入に関する契約（期間は6年間）を締結していた。メンターは当初航空自衛隊、海上自衛隊の初級練習機として150機が生産され、改良型の連絡機として陸上自衛隊のLM-1、TL-1、海上自衛隊のKM-2、後継機の航空自衛隊T-3を含めると300機近く生産され（日本航空宇宙工業会 [1987] 20頁）、息の長いプロジェクトとなった。三菱重工業と川崎航空機はジェット機のライセンス生産から始めた。防衛庁は1955年度から3カ年計画でノースアメリカンF-86F戦闘機およびロッキードT-33練習機を国内生産する方針を決定し、8月に新三菱重工業にF-86Fを80機、川崎航空機にT-33を97機の発注を内示したのである。最終的にはF-86Fは1961年2月までに300機、T-33は1959年3月までに210機が生産された。こののち、新三菱重工業は1960年から1967年までロッキードF-104J戦闘機230機（DJ型20機を含む）をライセンス生産した。川崎航空機は、大型対潜哨戒機のライセンス生産に進み、1959年から1965年までにロッキードP2V-7を48機生産した（日本航空宇宙工業会 [1987] 24頁）。各社ともライセンス生産により、アメリカ流の新しい航空機の設計技術、生産技術、品質管理技術に習熟することができたが、富士重工業のライセンス導入先であったビーチクラフト社は軽飛行機が主体で、第二次世界大戦中から主要な軍用機メーカーであったノースアメリカン社およびロッキード社に比べれば、2流のメーカーであった。売上規模としても、T-34は2,078百万円、F-86Fは18,518百万円、T-33は6,670百万円と三菱重工業が

表補-1　防衛庁の固定翼機発注金額

(単位：百万円)

年度	富士重工業			三菱重工業		川崎航空機		
	T-34	T-1A	L-19	F-86F	F-104J	T-33A	P2V-7	KAL
1954	1,331							41
1955	418			1,670		2,110		
1956	329	270		6,990		3,096		
1957		500	39	9,858		1,464		
1958			129				11,855	
1959		2,090	96					
1960		1,740			48,095			

出所：通商産業政策史編纂委員会［1990a］第5-6-5表。

富士重工業の9倍、川崎航空機が3倍と相当の差が生じた（表補-1）。この間の事情については、「新三菱、川崎がジェット機をやっていくのに対し、富士重工業はプロペラエンジンの初歩練習機に重点を置いて行く方針である」と報じられている。(実業の日本［1955］82頁)。

　新三菱重工業がF-86F、川崎航空機がT-33、P2V-7のライセンス生産に取り組んでいる間に、航空自衛隊のジェット中間練習機T-1の国産開発が決定した。防衛庁は、1956年3月末を期限として富士重工業、新三菱重工業[3]、川崎航空機、新明和工業の4社に設計提案書の提出を要求し、同年7月に富士重工業の提案が採用された。富士重工業の案は、要求されたM0.85という遷音速域の飛行を達成するために日本初の後退翼を採用するものであった。T-1の初飛行は1958年1月18日で、戦後初の国産ジェット機を、試作の発注後わずか1年半で飛行させたことになる。新三菱重工業、川崎航空機の協力を得たとはいえ、ジェット機の技術情報へのアクセスで不利であった富士重工業が、戦後初の国産ジェット機の開発に短期間で成功したということは、特筆すべきことである。設計には、主任設計者である内藤子生が中島飛行機時代の知見を簡潔にまとめた各種の設計基準が使用された[4]。中島飛行機の技術遺産が生かされたといえよう。T-1は高性能を発揮し、可動率も良好な優れた練習機となったが、当初予想された200機以上の生産計画は、航空自衛隊のパイロット養

成計画の変更等もあり、最終的には66機の生産に留まった。富士重工業は、「国産初のジェット機を開発した会社」という名誉は得たが、ビジネスとしては成功しなかったといえる。

T-1はエンジンも、日本ジェットエンジンで開発中のJ-3（推力1,200kg）を搭載する予定であった。しかしT-1の開発に間に合わないことがはっきりしたため、試作機および最初の46機にはイギリス・ブリストル社製のオルフュースMK805（推力1,815kg）が搭載された。J-3エンジンを搭載した、名実ともに純国産となった機体は1962年から20機が生産された。戦後最初にジェットエンジンの国産化に取り組んだのは旧中島飛行機の大宮富士工業であった。航空解禁の1952年4月には通産省から補助金320万円を得てJO-1エンジンの試作研究を開始したのである。この時期に、中島飛行機の技術者で戦後は東北大学の教授であった渋谷巌が大宮富士工業に復帰している[5]。一方、石川島重工業（のち、石川島播磨重工業）なども個別に研究を開始していた。各社の研究を統合するため1953年7月、石川島重工業、富士重工業、富士精密工業、新三菱重工業の4社（のちに川崎航空機も参加し5社）の出資で日本ジェットエンジンが設立され、J-3の開発に至るのである[6]。日本ジェットエンジンは1960年4月に活動を休止し、J-3の量産は石川島播磨重工業に引き継がれた。新三菱重工業、川崎航空機はジェットエンジン事業を続けたが、富士重工業はジェットエンジン事業から撤退した。機体とエンジンを生産していた中島飛行機時代とは異なり、機体専門メーカーとなったのである。

1950年代の富士重工業のもう一つの機体プロジェクトは、陸上自衛隊の連絡機L-19であった。富士重工業は1955年6月に、セスナ社とL-19A製造に関する技術援助契約締結し政府の認可を受けた。1957年度に試作機2機を納入、量産機を1958年度12機、1959年度に8機納入した。L-19は100機を量産する予定であったが、22機で調達終了となった。このクラスの連絡機は今後ヘリコプターを使用するというアメリカ軍の方針に従い、1959年に陸上自衛隊もヘリコプター調達に変更したのである。富士重工業は原価を100機生産で計算していたため、この調達中止で7千万円の損失を受けた（『実業の世界』1961年8月、

表補－2　航空再開後の航空機生産機数

会社	機種		開発区分	1952	1953	1954	1955	1956	1957	1958	1959	1960	1961	1962	1963	1964	1965
富士重工業	練習機	T-34	ライセンス			47	41	18	20	22	15						
		KM-2 (含TL)	改造											10	6	6	3
		T-1 A/B	開発						3	1		14	19	21	6		
	連絡機	LM	改造					24	3	5							
		L-19	ライセンス				2		2	12	8						
	ヘリコプター	204B/-2	ライセンス												5	4	
	ビジネス機	FA-200	開発														1
三菱重工業 (新三菱重工業)	戦闘機	F86F	ライセンス					16	80	93	59	52	9				
		F-104J/DJ	ライセンス										1	34	69	97	
	ヘリコプター	S-55	ライセンス							3	7	20					
		S-62	ライセンス											5	3	4	2
		S-61 (HSS-2)	ライセンス											2	1	3	9
	練習機	T-33	ライセンス				2	49	93	66	3						
	対潜哨戒機	P2V-7	ライセンス								3	10	14	15		3	3
川崎重工業 (川崎航空機)	ヘリコプター	47G-3 BKH 4	ライセンス											5	23	25	24
		47D-1.G			1	9	5	19	15	17	25	22	52	31	17	2	6
		V-107, KV-107												2	5	5	2
	軽飛行機	KA	開発		1	4	1										
日本航空機製造	旅客機	YS-11	開発											2		3	14

出所：日本航空宇宙工業会［1987］142-143頁から筆者作成。

補　章　航空再開初期の航空機産業　257

図補-1　航空機産業の売上推移

百万円

- ‒▲‒ 売上：日本全体（左軸）　‒■‒ 売上：富士重工業（左軸）　‒◇‒ シェア：富士重工業（右軸）

出所：日本航空宇宙工業界（[1987] 144-145頁）、富士重工業（[1984] 398、450-451頁）から筆者作成。

110頁）[7]。

　最後に航空機業界に占める位置を生産機数および売上からみておこう。まず生産機数である（表補-2）。固定翼機は既述であるが、川崎航空機がいち早くヘリコプターのライセンス生産に乗り出して、1965年までにベル47型を300機近く生産している。さらにボーイング・バートル社の大型ヘリコプターのライセンス生産も行っている。三菱重工業も遅れはしたが、1958年からシコルスキー社の大型ヘリコプターのライセンス生産を担当し、1965年までに69機を生産した。富士重工業がベル社のヘリコプター204B（陸上自衛隊向けはHU-1B）のライセンス生産を開始したのは1963年になってからで、三菱、川崎に比して相当に遅れた。

　1955年の航空機産業全体の売上は2,993百万円、富士重工業は770百万円、売上シェアは26％であった。10年後は全体が72,736百万円、富士重工業は2,797百万円で売上シェアは5％にまで低下した（図補-1）。航空機産業全体の売

上が24.3倍になったのに、富士重工業の売上は3.6倍にしか増加しなかったために、シェアが5分の1にまで低下したのである。事業対象の見極めが悪かったのか、予定の生産機数が削減されるなど、政治的影響力に欠けたのか、中島飛行機時代とはこと異なり、富士重工業の航空機事業はこの間停滞し、三菱重工業、川崎航空機に大きく差をつけられた業界第3位の位置が固定することになったのである。

注

1） 機種は、F-51戦闘機、T-6練習機、H-13小型ヘリコプターであった。のちに、T-33ジェット練習機、F-80、F-84、F-94ジェット戦闘機のオーバーホールも発注された（日本航空宇宙工業会［1987］17頁）。
2） 機種は、B-26爆撃機、C-46輸送機、F-86F戦闘機であった（同前）。
3） 新三菱重工業は前年に決定していたF-86Fのライセンス生産に集中するため辞退した。
4） 安定操縦性では「空力虎の巻」、翼型設計では「空力竜の巻」、構造、艤装設計では「設計猫の巻」、後退翼応力計算では「象の巻」（T-1開発記録編集委員会［2005］63-67頁）。
5） 渋谷巌は1937年東京帝国大学航空学科卒業、中島飛行機入社。富士重工業常務取締役。長く富士重工業の航空機部門のトップを務めた。
6） この間の経緯は、日本ジェットエンジン［1967］に詳しく述べられている。J-3の開発を防衛庁から初受注したのが1956年3月末、J-3を搭載したT-1が初飛行したのは1960年4月であった。
7） 50年後にも同様のことが起きた。富士重工業がライセンス生産していた陸上自衛隊の攻撃ヘリコプターAH-64Dが62機調達予定のところ13機で打ち切りとなったのである。富士重工業の受けた損害は350億円に達し、顧客が防衛庁に限られる防衛事業では異例のことであるが、富士重工業は損害賠償を求めて国を提訴した。2015年12月に最高裁判所で富士重工業の勝訴が確定した。

付表1-1　中島飛行機の

機番号	機種名	制式化 （完成）	エンジン 名　称	重量 全備重量	生産 生産数
陸軍機					
	中島式5型練習機	1920	ホールスコットA-5A	1,130	118
	陸軍2型滑走機	1919	―	502	5
	陸軍甲式3型練習機	1919	ルローン	630	102
	陸軍甲式2型練習機	1920	ルローン	710	40
	陸軍甲式4型戦闘機	1922.11	三菱イスパノスイザ	1,160	608
	中島ブレゲー19B-2試作軽爆撃機	(1926.2)	ローレン2型	2,150	2
	中島 N-35試作偵察機	(1927.2)	ローレンW-18	不明	2
海軍機					
	横廠式ロ号甲式水上偵察機	(1917)	三菱ヒ式	1,628	106
	アブロ式練習機	(1922)	瓦斯電ルローン120hp	849	250
	ハンザ式水上偵察機	1922	三菱ヒ式200hp	2,100	30
K1Y1	13式練習機	1925.10	瓦斯電ベンツ	928-1,056	40
E1Y1-3	14式水上偵察機	1926.1	ローレン1型	2,600	47
	中島ブレゲー19A-2B水上偵察機	(1925)	ローレン2型	3,240	1
	中島ファルマンF.140シュペール・ゴリアット水上雷撃機	―			
E2N1-2	15式水上偵察機1型、2型	1927.5	三菱ヒ型300hp	1,950	50
A1N1	3式1号艦上戦闘機	1929.4	ジュピター6型	1,450	50
A1N2	3式2号艦上戦闘機	1930	ジュピター7型	1,375	50
E4N1	90式2号水上偵察機1型	1930.12	ジュピター6型	1,950	2
民間機					
	中島式1型複葉機	1918	ホールスコットA-5	1,200	1
	中島式3型複葉機	1918	ホールスコットA-5	1,100	1
	中島式4型複葉機	1919.2	ホールスコットA-5a	1,200	1
	中島式5型複葉機	1919	ホールスコットA-5A	1,130	(17)
	中島式6型複葉機	1919.8	リバティー・ホールスコットL-6	1,300	1
	中島式7型複葉機	1920.2	スターテヴァント5A	1,300	1
	中島式B-6複葉機	1922.4	ロールス・ロイス イーグル8型	1,950	1
	中島 N-36旅客輸送機	1927.4	ジュピター6型	2,800	2
	中島式漁業用水上機	1930.7	三菱イスパノスイザV8	2,013	2

注：網掛けはライセンス購入、中島で国産化または軍工廠、他社で開発、中島飛行機で転換生産。空欄は不明。
出所：野沢編［1963］、日本航空学術史編集委員会編［1990］附録第1表、第2表、航空情報編［1955］より筆者作成。

開発・生産機種（模倣期）

数・期間 期　間	設計者 （主務）	特徴等
1919.4-1921.5	中島知久平指導、佐久間一郎、奥井定次郎	陸軍から民間の飛行機工場へ発注された最初の日本人設計の生産型飛行機。生産数には試作1機、民間機17機を含む。
1921	ライセンス改造（陸軍航空部）	地上滑走専用、陸軍設計、所沢補給部でも10機生産、合計15機
1921-1923	ライセンス	ニューポールを陸軍で国産化、1921.11甲式3型練習機と改称、中島でも生産。総生産数は308機。
1922.3-1922.7	ライセンス	ニューポールを陸軍で国産化、所沢でも生産。
1923.12-1932.1	ライセンス	ニューポール29C-1戦闘機を中島でライセンス生産。中島生産期以外に輸入機110、陸軍砲兵工廠46機。
1925	ライセンス	当時としては高価な全金属製骨組機体。
1927	三竹忍	自主開発、中島には試作命令出ず。仏のマリー、ロバン技師の指導。
1920-1924	中島知久平指導、馬越喜七大尉設計	横廠、愛知で80機生産、合計218機。海軍で100機以上生産された、最初の日本人設計の機体。
1922-1924	ライセンス	海軍がライセンスを購入。愛知航空機でも水上方を30機生産。
1923-1925	ライセンス改造	他に愛知航空機で150機を生産。
1925	横須賀海軍工廠（橋本技師）	横須賀海軍工廠、川西航空機、渡辺飛行機でも生産、中島を含む合計生産機数は104機。
1925-1928	横須賀海軍工廠（志村少佐）	データはE1Y1、横廠、愛知でも1934年まで生産、合計320機。
1925	ライセンス	海軍から長距離水上偵察機の審査要求。三菱重工業、川崎航空機、中島飛行機とも失格。
		模型製作まで。
1927-1930	吉田孝雄	民間型3機を含む。川西航空機でも30機生産。
1929-1930	吉田孝雄	中島飛行機、三菱重工業、愛知航空機の競争試作。中島機が採用された。
1930-1932	吉田孝雄	
1930.2～	三竹忍	2機で中止。
1918.7	中島知久平指導、佐久間一郎、奥井定次郎	初飛行で大破、改修3回。
1918.12		中島民間機で最初に成功した機体。
1919.2		中島飛行機として初めて良好な実用性能。
		陸軍中島式5型練習機の民間バージョン。機数は中島式5型練習機の内数である。
1919		5型の性能向上型。
1920.2		帝国飛行協会の注文。6型の改造型。
1922.3	ライセンス改造	ライセンス取得のブレゲー14B-2爆撃機をモデルとした。住友軽銀使用。中島で実験として使用。
1927.5-1929.4	ライセンス改造	ブレゲー36旅客輸送機を原型。
1930		海防義会からの注文。海軍15式水上偵察機を改造。

付表1-2　中島飛行機の

機番号	機種名	制式化(完成)	エンジン 名称	重量 全備重量	生産数・期間 生産数	期間
陸軍機						
	91式戦闘機	1931	ジュピター7型	1,530	350	1929-1934.9
	中島ブルドッグ戦闘機	(1931.5)	ジュピター7型	1,600	2	1931.5～
	中島フォッカー患者輸送機	(1932秋)	ジュピター6型	2,500	5	1932.10-1938.5
キ-4	94式偵察機	1934.7	94式(ハ8)	2,616	200	1934.3-1939.2
キ-6	95式2型練習機	1935	ジュピター7型	2,820	20	1935-1936
キ-8	試作戦闘機	(1934)	94式550hp Ⅱ/寿三型	2,111	5	1934-1935
キ-11	試作戦闘機（PA）	(1935)	94式550hp Ⅱ/寿三型	1,560	4	1935
キ-12	試作戦闘機	(1936.10)	イスパノスイザ	1,900	1	1936
海軍機						
E4N2	90式2号水上偵察機2型	1931.12	寿2型改1	1,800	約85機	1931-1936
A2N1-3	90式艦上戦闘機	1932.4	寿2型改1	1,400	約40	1932-1936
E4N3	90式2号水上偵察機3型	1933	寿2型	1,800	約5	1933-1936
NAF-1	中島6試艦上複座戦闘機	(1933)	寿2型	1,710	2	1933
	中島6試艦上特殊爆撃機	(1932.11)	寿2型	2,300	2	1932-1933
	中島7試艦上戦闘機	(1932秋)	寿5型	1,600	1	1932
	中島7試艦上攻撃機	(1933)	寿3型旧	3,500	2	1933
	中島7試特殊爆撃機	(1933)	寿2型改1	2,300	1	1933
C2N1,N2	フォッカー式陸上偵察機	1933.5	寿改1、改2	2,700	約20	1933-1934
NAF-2	中島8試艦上複座戦闘機	(1934.3)	寿2型	1,844	1	1934.3
D2N1	中島8試特殊爆撃機	(1934)	寿2型改1	2,500	2	1934
E8N1	95式水上偵察機	1935.9	寿2型改2	1,900	707	1934-1940
A4N1	95式艦上戦闘機	1936.1	光1型	1,760	221	1935-1940
K5Y1	93式中間練習機	1934.1	天風11型瓦斯電	1,500	24	1935-1936
	中島9試単座戦闘機	(1935)	94式550hp Ⅱ/寿三型	1,560	1	1935
	中島LB-2試作長距離爆撃機	(1936.3)	光2型	9,630	1	1936.3
B4N1	中島9試艦上攻撃機	(1936)	光1型		2	1936
B4Y1	96式艦上攻撃機	1936.11	光2型	3,500-3,600	37	1937-1938
A3N1	90式艦上練習戦闘機	1936	寿2型改1	1,400	66	1936-1939
民間機						
	中島フォッカー式スーパーユニバーサル旅客輸送機	1931.3	寿2型改1	2,700	47	1931.3-1936.10
	中島式P-1郵便機	1933.5	ジュピター6型	1,992	9	1933.5-
	中島ダグラスDC-2旅客輸送機	1936.2	ライト・サイクロンSGR-1820-F52	8,160	6	1936.2-1936
	中島AT-2旅客輸送機	1936.9	寿7型	5,250	33	1937-1940

注：網掛けはライセンス購入、中島で国産化または軍工廠、他社で開発、中島飛行機で転換生産。空欄は不明。
出所：野沢編［1963］、日本航空学術史編集委員会編［1990］附録第1表、第2表、航空情報編［1955］より筆者作成。

付　表　263

開発・生産機種（満州事変期）

設計者（主務）	特徴等
大和田繁二郎、小山悌	中島飛行機、川崎航空機、三菱重工業の競争試作。石川島飛行機でも100を生産。
ライセンス	ブリストル・ブルドッグ戦闘機のライセンス購入、基本として開発。強度不足、所長命令で飛行禁止。吉田ブルドッグ戦闘機とは関係なし。
ライセンス改造	中島フォッカースーパーユニバーサル旅客機改造。
大和田繁治郎	他に立川飛行機で57機、満洲1飛行機で26機を生産。
ライセンス改造	原型は、スーパーユニバーサル旅客輸送機。
大和田繁治郎、松田敏夫	陸軍による審査で、安定性不十分、舵破損などの故障続発、複座戦闘機に対する陸軍内部方針未確立で不採用。
小山悌指導、井上真六	張索式低翼単葉機。川崎航空機のキ-10が95式戦闘機として採用された。
森重信	低翼単葉機。日本最初の引き込み脚を採用。フランス技師ロベル、ベジョ技師の指導。

ライセンス改造（明川清）	ボート・コルセア水偵の改造。川西航空機でもで67機を生産。
栗原甚吾	日本人設計の最初の艦上戦闘機。これ以前に吉田孝雄設計のNY海軍戦闘機試作、不採用。
ライセンス改造（明川清）	E4N2を陸上偵察機に改造。
明川清	朝日新聞社に払い下げ。
山本良造	基礎設計は海軍航空技術廠長畑順一郎、1号機墜落により中止、日本初の急降下爆撃機。
小山悌	陸軍91戦闘機を艦上化。
吉田孝雄	三菱とともに不合格、空技廠B3Y1採用、92式艦上攻撃機に。
山本良造	6試特殊爆撃機を改修、再設計、長畑順一郎。
ライセンス	フォッカー　ユニバーサル輸送機の海軍版、ライセンス生産。
明川清	6試複機から発達。
山本良造	航空技術廠との共同開発。
三竹忍	川西航空機でも48機生産、データは後期型。
森重信	90式艦戦の後継機。96式艦戦が整備されるまで第一線の戦闘機として使用。
（航空技術廠、川西航空機）	海軍機製作会社8社で生産、総生産数5,591機で海軍練習機としては空前絶後の生産数。1934-1945まで生産。
小山悌、井上真六	キ-11と同様の試作戦闘機を海軍向けに。三菱との競争試作、三菱採用、96式艦戦に。中島最後の試作艦戦。
松村健一	満洲航空に引き渡し。「暁」号。
吉田孝雄、福田安雄	空技廠機が採用された。
（福田安雄、山本良造）	空技廠設計。三菱、広工廠生産期をあわせると約200機。
	90式戦闘機の複座練習機型。

ライセンス改造	フォッカー式スーパーユニバーサル旅客輸送機のライセンス生産。データは後期「寿」型。
	日本航空輸送からの発注。海軍90式2号水上偵察機3型を基準、設計変更。
ライセンス（明川清、西村節朗、中村勝治）	日本航空向けにライセンス生産。
明川清	陸軍型はキ-34 97式輸送機。データは初期型。

付表1-3　中島飛行機の

機番号	機種名	制式化 (完成)	エンジン 名称	重量 全備重量	生産数・期間 生産数	期間
陸軍機						
キ-19	試作重爆撃機	(1937.3)	ハ5甲	7,360	4	1937-1938
キ-27	97式戦闘機	1937	97式650hp/ハ1乙	1,790	2,017	1936-1942
キ-34	97式輸送機（AT-2型）	1937	97式650hp/ハ1乙	5,250	19	1937-1940
キ-21	97式1型重爆撃機	1937	97式850hp（ハ5改）	7,492	351	1938.8-1941.2
キ-58	試作護衛戦闘機	(1940.12)	ハ109（中島）		3	1940.12-1941.3
海軍機						
C3N1	97式艦上偵察機	1937.9	光2型	3,000	2	1936
B5N1	97式1号艦上攻撃機	1937.11	光3型	3,650-3,700	870	1937-1941
B5N2	97式3号艦上攻撃機	1939.12	栄11型	3,800		1940-1941
D3N1	中島11試艦上爆撃機	(1938.3)	光1型改	3,400	2	1937-1939
E12N1	中島12試2座水上偵察機	(1938末)	瑞星	2,850	2	1938
J1N1	13試双発戦闘機	(1941.3)	栄21型	7,250		1941.3以降
G3M1	96式陸上攻撃機	1936.6	金星3型	7,642	412	1941-1943

注：網掛けはライセンス購入、中島で国産化または軍工廠、他社で開発、中島飛行機で転換生産。空欄は不明。
出所：野沢編［1963］、日本航空学術史編集委員会編［1990］附録第1表、第2表、航空情報編［1955］より筆者作成。

開発・生産機種（日中戦争期）

設計者（主務）	特徴等
松村健一（西村、松田）	三菱重工業キ21との競争試作で、キ21が採用され97式重爆となった。
小山悌（太田稔、糸川秀夫）	左右一体翼、前後胴分割、水滴風防。1943年以降は立川飛行機、満州飛行機で転換生産、生産数は1,379機。
明川清	AT旅客輸送機の陸軍向け。DC-2参考。中島生産は19機、立川で299機。
（三菱重工業）	三菱設計、陸軍の重爆としては最も長く、最も多く使用された。
松村健一	キ-49改造、爆撃機編隊の翼端掩護機。
福田安雄	太田製作所試作工場。97艦攻を偵察機にも使用することになり、中止。
中村勝治	愛知、広工廠でも380機生産。複葉固定脚から低翼単葉引き込み脚へ革新的。海軍単発としては最初の引き込み脚。
山本良造	愛知、中島、三菱の競作。愛知が勝利。中島に払い下げ、エンジンのテストベッドとして使用。
井上真六	中島、愛知競作。内藤子生独特の構造解析法→後博士号。中島の水偵はこれが最後。
中村勝治→大野和夫	戦闘機としては不適格と審査結果。
（三菱重工業）	三菱で636機、合計1,048機。

付表1-4 中島飛行機の開発・

機番号	機種名	制式化（完成）	エンジン 名称	重量 全備重量	生産数 生産数
陸軍機					
キ43	1式戦「隼」Ⅰ型	1941.6	99式950hp（ハ25）	2,043	716
	1式戦「隼」Ⅱ型	1942	2式1,150hp（ハ115）	2,590	2,492
	1式戦「隼」Ⅲ型	1944.12	2式1,150hp（ハ115）	2,725	(10)
キ-44	2式戦「鍾馗」Ⅰ型	1942.9	100式1,250hp（ハ41）	2,571	50（試作機含む）
	2式戦「鍾馗」Ⅱ型	1942末	2式1,450hp（ハ109）	2,766	1,177
	2式戦「鍾馗」Ⅲ型	―	ハ145		少数
キ-49	100式重爆撃機「呑龍」Ⅰ型	1941.3	ハ41（中島）	10,225	139
	100式重爆撃機「呑龍」Ⅱ型	1943.6	ハ109（中島）	10,680	618
	100式重爆撃機「呑龍」Ⅲ型	(1942.9)	ハ117（中島）	13,500	6
キ-80	試作多座戦闘機	(1941.10)	ハ109（中島）		2
キ-84	4式戦闘機　疾風	1944.4	ハ45-11、-21（中島）	3,750	3,482
キ-87	試作高々度戦闘機	(1945.4)	ハ44-12ル	6,100	1
キ-113	試作戦闘機	(1945.7)	ハ45-21（中島）	3,950	1
キ-115	特殊攻撃機「剣」	1945.6	ハ115（中島）	2,630	105
キ-201	試作戦闘攻撃機　火龍	未完成	ネ130または（ネ230）	7,000	―
海軍機					
G5N1	13試陸上攻撃機「深山」	(1941.2)	火星12型	28,150	2
G5N2	14試陸攻「深山」改	(1941)	護11型	32,000	4
J1N1-R	2式陸上偵察機	1942.7	栄21型	7,250	486
J1N1-S	夜間戦闘機「月光」21型	1943.8	栄21型	6,900	
L2D2	零式輸送機	1941	金星43型	10,900	71
A6N2～5	零式戦闘機（零戦）		栄21型	2,700	6,215
A6M2-N	2式水上戦闘機	(1941.12)	栄12型	2,460	327
B6N1	艦上攻撃機「天山」11型	1943.8	護11型	5,200	133
B6N2	艦上攻撃機「天山」12型	1944.3	火星25型	5,200	1,133
C6N1	艦上偵察機「彩雲」11型	1943.5	誉22型	4,500	398
C6N2	艦上偵察機試製「彩雲改」	1945.2	誉24型、ル212付	4,725	
P1Y1	陸上爆撃機「銀河」11型	1944.10	誉11型	10,500	1,002
J5N1	18試局地戦闘機「天雷」	(1944.6)	誉21型	7,300	6
G8N1	18試陸上攻撃機「連山」	(1944.10)	誉24型ル	26,800	4
G10N1	超重爆撃機「富嶽」	計画のみ	中島ハ505	145,000	―
	試作特殊攻撃機「橘花」	(1945.8)	ネ20ターボジェット	3,549	1

注：網掛けはライセンス購入、中島で国産化または軍工廠、他社で開発、中島飛行機で転換生産。空欄は不明。
出所：野沢編［1963］、日本航空学術史編集委員会編［1990］附録第1表、第2表、航空情報編［1955］より筆者作成。

付　表　267

生産機種（太平洋戦争期）

期　間	設計者（主務）	特徴等
1941.4-1944.9 1942.2-1944.9 1944.5-1945.8	小山悌（太田稔、青木邦宏、糸川秀夫）	97式戦闘機の後継として開発。爆撃機を掩護する長距離戦闘機の必要性に迫られた。総製作数は5,751機（内、立川飛行機で2,545機）。
1942.1-1942.10	小山悌（森重信、内田政太郎、糸川英夫）	日本最初の本格的重戦。
1942.8-1944		生産期の大半はⅡ型。
		小数機で中止。
1941.8-1942.8	小山悌（西村、木村、糸川）	97式重爆の後継として、戦闘機の護衛を必要としない高速、強武装を目標。
1942.8-1944.12		立川で50機製作（機種不明）。
1943.3-1943.12		
1941.10~		キ-49改造、爆撃機編隊の戦闘指揮官機。
1943.4-1945.8	小山悌（西村節朗、飯野優、近藤芳夫）	アメリカの第一線戦闘機よりも優れた性能で、防空、制空、襲撃共に可能な万能戦闘機を目標。大東亜決戦機といわれた。
1945.4	小山悌指導、西村節朗他	高々度対爆撃機用戦闘機。排気タービン付き。
1945		キ84の鋼製化。重量200kg増加、工数約20%増加。
1945	青木邦宏	体当たり特攻機。生産数は、USSBSによれば113機。
（1945）		計算値。Me262参考。ターボジェット搭載。
1941 1941	松村健一	DC4E試作機（失敗作）ベース。
1941-1944	中村勝治→大野和夫	
1941-1942.7	ライセンス	DC-3ライセンス生産、エンジンは金星に換装。昭和飛行機担当で425機生産。中島でも生産。
1941.1-1945.8	（三菱重工業）	データは52型。
1941.12-1943.9	主務三竹忍、田島	零戦に浮船追加。
1943.2-1943.7	主務松村健一	14試艦攻、試作機8機。
1943.6-1945.8		11型、12型総計1,266機の内、小泉で296機、半田で970機。軍需省飼料では生産実績数1,262機。
1943.4-1945.8	指揮は技術部長山本良造、主務	17試艦上偵察機。小泉で19機、半田で398機。日本飛行機でも65生産。
	福田安男	ル212（日立92型排気タービン付き）、テスト中に終戦。
1943.8-1945.8	（航空技術廠）	空技廠設計。
1943.3-1945.2	主務中村勝治→大野和夫	
1944.10-1945.6	主務松村健一	天山経験者、翼型は内藤子生。
	総責任者小山悌	1943.1.29必勝防空研究会。Z機計画。計算値。
1945.6	松村健一（大野和夫、山田為治）	小泉製作所、1945.8飛行。戦前飛行した日本唯一のジェット機。

付表 2‐1　三菱重工業の

機番号	機種名	制式化 (完成)	エンジン 名　称	重量 全備重量	生産 生産数
陸軍機					
	甲式 1 型練習機	1919	ローン	760	57
	巳式 1 型練習機	1924. 3	ローン	800	145
2 MB 2	試作鷲型軽爆撃機	(1925)	三菱イスパノスイザ	3,640	1
2 MB 1	87式軽爆撃機	1925	三菱イスパノスイザ V12	3,300	48
2 MR 1	試作鳶型偵察機	(1927. 7)	三菱イスパノスイザ V12	2,500	2
2 MF 2	試作隼型戦闘機	(1928. 5)	三菱イスパノスイザ V12	1,800	3
2 MR 7	試作近距離偵察機	(1929)	三菱イスパノスイザ V 8		1
海軍機					
1 MF 1 ～ 5	10式艦上戦闘機	1921	三菱ヒ式 V 8	1,140	128
2 MR 1 ～ 3	10式偵察機	1922	三菱ヒ式 V 8	1,320	159
1 MT 1 N	10式艦上雷撃機	1922	ネビア「ライオン」	2,500	20
2 MT1,4, 5	13式艦上攻撃機	1923	ネビア	2,697	402
1 MF 9	試作鷹型戦闘機	(1927. 7)	三菱ヒ式 V12	1,855	2
	試作 R 型飛行艇	(1927)	三菱ヒ式450hp	5,940	1
2 MR 5	試作特殊艦上偵察機	(1927)	三菱イスパノスイザ		2
民間機					
	アンリオ28練習機	1924？	ルローン	800	
	R-12練習機	1926以降？	三菱ヒ式 V 8	1,450	
	R-22練習機	1926以降？		1,455	
	R- 4 測量機	1926以降？			1
	F 3 B 1 練習機	1921年以降		1,135	
	T-12通信連絡機	1921以降？	ネビア「ライオン」	2,600	
FT-12	雲雀型練習機	1925	三菱ヒ式 V 8		1
2 MS 1	蜻蛉型練習機	1927	モングース	850	1
	MC- 1 旅客輸送機	1928	三菱アームストロング・ シドレー「ジャガー」	2,600	1

注：網掛けはライセンス生産または改造国産化。空欄は不明。
出所：野沢編［1958］、松岡［1993］より筆者作成。

付　表　269

開発・生産機種（模倣期）

数・期間 期間	設計者（主務）	特徴等
1922-1923	ライセンス	ニューポール式。
1924-1927	ライセンス	アンリオのライセンス生産。
1925.12	バウマン指導、仲田信四郎	三菱、川崎、中島競争試作。
1926-1929	松原元	13式艦上攻撃機を改造。
1927	バウマン指導、仲田信四郎	中島、三菱、川崎、石川島4社。
1928	バウマン指導、仲田信四郎	中島、三菱、川崎競争試作。
1929	服部譲次	自主開発、社用機として使用。
1921.10-1928.12	ソッピース社ハーバート・スミス他8名	海軍最初の制式戦闘機。
1922-1930	ハーバート・スミス	海軍最初の国産艦上偵察機。
1922-1923	ハーバート・スミス	
1923-1933	ハーバート・スミス	三菱の海軍機における基礎確立。広工廠でも約40機生産。データは13式1号。3号まであり。
1927	服部譲次	中島、愛知との競争試作。中島機が採用された。
1927	ライセンス	独ロールバッハ社と技術提携。
1927	バウマン指導、仲田信四郎	
	ライセンス	陸軍巳式一型練習機の民間版。
		海軍10式偵察機の民間練習機版。
		海軍10式偵察機の民間練習機版。
		海軍10式偵察機の民間測量機版。
		海軍10式艦上戦闘機ノブ荘を取り除き、曲技機としたもの。
		海軍13式艦上攻撃機を、新聞社の通信連絡機に改造。計3機種あり。
1925		10式艦上偵察機を中間練習機に再設計。
1927	ライセンス改造	アンリオ28のエンジン換装。
1928		逓信省航空局の国産旅客輸送機試作に応募。

付表2-2　三菱重工業の

機番号	機種名	制式化 (完成)	エンジン 名　称	重量 全備重量	生産 生産数
陸軍機					
キ-20	92式重爆撃機	1931	ユ式 V12	25,448	6
2 MR 8	92式偵察機	1932	92式400hp（A 5）	1,770	130
キ-1	93式重爆撃機	1933	93式700hp	8,100	118
キ-2	93式双軽爆撃機	1933	ジュピター450hp	4,550	174
キ-7	試作機上作業練習機	(1933)	92式400hp（A 5）	2,000	2
キ-18	試作戦闘機	(1935.8)	寿 5 型	1,422	1
キ-33	試作戦闘機	(1936.8)	ハ 1 甲	1,462	2
海軍機					
3 MR 4	89式艦上攻撃機	1932.3	三菱ヒ式 V12	3,600	204
4 MS 1 , 2	90式陸上機上作業練習機	1931.10	「天風」	1,900	74
3 MT 5	93式陸上攻撃機	(1932.9)	A 4	6,350	11
3 MT10	試作 7 試単発艦上攻撃機	(1932.10)	ロールス・ロイス「バザード」	4,400	1
1 MF10	試作 7 試艦上戦闘機	(1933.2)	A 4	1,578	2
—	試作 8 試複座戦闘機	(1934.1)	寿 2 型	1,700	2
G 1 M 1	試作 8 試特殊偵察機	(1934.4)	91式500hp	7,003	1
	試作 9 試艦上攻撃機	(1934.8)	三菱 8 試空冷	3,827	1
—	試作 9 試単座戦闘機	(1935.1)	寿 3 型	1,470	6
—	試作 9 試中型陸上攻撃機	(1935.6)	金星 2 型	7,350	21
G 3 M 1 ～ 2	96式陸上攻撃機	1936.6	金星 3 型	7,642	615
F 1 M 1 ～ 2	零式水上観測機	1940	瑞星13型	2,550	528
A 5 M 1 ～ 4	96式艦上戦闘機	1936	寿 4 型	1,671	782
民間機					
	89型作業機	1932以降？	三菱ヒ式 V12	3,600	不明
	2 MR 8 練習機	1931以降？	92式400hp（A 5）	1,770	1
	MS-1 旅客輸送機	1931以降？	ジュピター 6 型	2,100	
	鳩型測量機	1936	A 5	1,900	1
	ひなづる型旅客輸送機	1936	三菱アームストロング・シドレー「リンクス 」	2,664	11
	鵬型長距離連絡機	1936	寿 3 型	2,800	1

注：網掛けはライセンス生産または改造国産化。空欄は不明。
出所：野沢編［1958］、松岡［1993］より筆者作成。

付　表　271

開発・生産機種（満州事変期）

数・期間 期　間	設計者（主務）	特徴等
1931-1935	ライセンス改造	ユンカース K-51のライセンスを購入、改造。
1930-1933	ベルニス	陸軍工廠でも100機生産。
1933-1936	仲田信四郎	
1933-1938	仲田信四郎	ユンカース K-37双発万能機を基礎。
1933	水野正吉	海軍90式機上作業練習機を改造。
1935		海軍9試単戦を陸軍用に改造
1936	堀越二郎	キ-18をベース。中島、川崎との競争試作。中島機が採用、97式戦闘機。

1930-1935	（英国ブラックバーン社）	三菱、中島、愛知、川崎競争試作の形だが、予算削減で試作は三菱のみで他社は設計書類とモックアップのみ。
1930-1935	服部譲次	データは4MS2。
1932-1933	ベティ指導、松原元	不合格、量産されず。
1932	松原元	三菱、中島競争試作。両社不採用。
1933	堀越二郎	三菱、中島競争試作。両社不採用。
1934	服部譲次	三菱、中島競争試作。両社不採用。
1934	本庄季郎	
1934	松原元	三菱、中島、両社不採用。
1935	堀越二郎	三菱、中島。最初に沈頭鋲使用。制式化されて96式艦上戦闘機となった。データは2号機。
1935	本庄季郎	8試特殊偵察機を発達実用化。制式化され96式陸攻となった。
1935.6-1941.2	本庄季郎	1941-1943年間、中島で412機生産。
1936.4-1943	佐野栄太郎	佐世保工廠でも約180機生産。データはF1M2。
1937-1940	堀越二郎	データはA5M4。試作9試単戦の制式化。

		海軍89式艦上攻撃機を民間に払い下げ多用途作業機とした。
		陸軍92式偵察機の試作機1機を民間用練習機としたもの。
		海軍90式機上作業練習機と同型の1機を旅客機に改造。
1936		鉄道省発注。
1936-1938		英エアスピード社「エンヴォイ」の国産化。
1936	田中治郎	朝日新聞社発注。キ-2-Ⅱ改造。

付表2-3　三菱重工業の

機番号	機種名	制式化 （完成）	エンジン 名　称	重量 全備重量	生産 生産数
陸軍機					
キ-15	97式司令部偵察機	1937.5	94式（ハ8）	2,033	437
キ-21	97式Ⅰ型重爆撃機	1937	97式850hp（ハ5改）	7,492	431
	97式Ⅱ型重爆撃機	1940	ハ101	9,710	1,282
キ-30	97式軽爆撃機	1937	97式850hp（ハ5）	3,322	636
キ-51	99式襲撃機（99式軍偵察機）	1939	ハ26Ⅱ（瑞星）	2,798	1,472
キ-46	100式司令部偵察機Ⅰ型	1940	ハ26Ⅰ（瑞星）	4,822	34
	100式司令部偵察機Ⅱ型	1941.3	ハ102	5,050	1,093
キ-57	100式輸送機Ⅰ型	1940	97式850hp（ハ-5改）	7,860	97
海軍機					
B5M1	97式2号艦上攻撃機	1937.8	金星43型	4,000	65
C5M1～2	98式陸上偵察機	1938	栄12型	2,345	50
K7M1	試作11試機上作業練習機	(1938)	天風	3,800	2
A6M1	試作12試艦上戦闘機	(1939.3)	瑞星13型	2,343	2
A6M2	零式艦上戦闘機	1940.7	栄12型、21型	2,336	64
G4M1	試作12試陸上攻撃機	(1939.10)			2
民間機					
	雁型通信連絡機「神風」	1937	94式（ハ8）	2,300	1
	三菱式双発旅客輸送機	1939以前？	金星		
	MC-20旅客輸送機	1939	ハ5改	8,300	
	MC-21貨物輸送機	1940			

注：空欄は不明。
出所：野沢編［1958］、松岡［1993］より筆者作成。

開発・生産機種（日中戦争期）

数・期間 期　間	設計者（主務）	特徴等
1936-1940	河野文彦（久保富雄、水野正吉）	陸軍最初の司令部偵察機。
1936-1940	仲田信四郎	中島キ-19との競争試作。
1940-1944		
1936-1940	河野文彦（大木喬之助、水野正吉）	川崎、三菱競争試作。三菱はキ-15を基礎。立川工廠でも約50機生産。
1939-1943	大木喬之助（水野正吉）	1944.2からは立川工廠でも生産。99式軍偵察機は全く同一の機体で艤装の一部を変更した偵察機としたもの。
1939-1940	久保富雄	日本初のタクトシステムによる生産。
1940-1944	久保富雄	
1940-1942		97式重爆を改造。
1936-1940	高橋巳治郎	三菱、中島競争試作。広工廠でも数10機生産。
1938-1940		陸軍97式司偵の海軍版。データはC5M2。
1938	由比	
1939	堀越二郎	三菱、中島へ要求。中島は実大模型作成前に辞退。零式艦上戦闘機として制式化。
1939.12-1945.8	堀越二郎	中島で約6,545機生産。データはA6M2。
1939.10-1940.2	本庄季郎	1式陸攻として制式化。
1937		朝日新聞社亜欧連絡飛行用、キ-15使用。
		海軍96陸攻から発達した民間輸送機。
		97式重爆から発達した高性能旅客機。陸軍100式輸送機と同等。
		97式重爆改造。

付表 2 - 4　三菱重工業の開発・

機番号	機種名	制式化(完成)	エンジン 名称	重量 全備重量	生産数・ 生産数
陸軍機					
キ-46	100式司令部偵察機Ⅲ型	1943. 3	ハ112Ⅱ	5,722	611
	100式司令部偵察機Ⅳ型	1944. 2	ハ112Ⅱル	5,900	4
キ-57	100式輸送機Ⅱ型	1942. 5	ハ102（瑞星）	8,173	410
キ-67	4式重爆撃機「飛龍」	1944	ハ104	13,765	606
キ-109	試作特殊防空戦闘機	(1944. 8)	ハ104	10,800	22
キ-83	試作遠距離戦闘機	(1944.10)	ハ211-ル	8,795	4
キ-95	試作司令部偵察機	—	ハ211-ル	8,500	0
キ-97	試作輸送機	—	ハ104	13,000	0
—	イ号1型甲無線誘導機	(1944)	液体ロケット	1,400	10
海軍機					
A6M3-M6	零式艦上戦闘機	1940. 7	栄12型、21型	2,336	3,880（M2-M7計）
G4M1～3	1式陸上攻撃機	1941. 4	火星11型	9,500	2,416（M1-M4計）
G6M1	1式大型陸上練習機				30
J2M1	試作14試局地戦闘機	(1942. 2)	火星13型	2,861	8
J2M2～6	局地戦闘機「雷電」21型	1942. 9	火星23型甲	3,440	470
A7M1～2	17試艦上戦闘機「烈風」	1945. 6	誉22型	4,410	8
J8M1（キ-201）	試作局地戦闘機「秋水」	(1945. 6)	特ロ2号液体ロケット	3,900	5
G7M1	16試陸上攻撃機「泰山」	試作中止			—
J4M1	17試局地戦闘機「閃電」	試作中止			—
Q2M1	19試陸上哨戒機「大洋」	試作中止			—

注：空欄は不明。
出所：野沢編［1958］、松岡［1993］より筆者作成。

付　表　275

生産機種（太平洋戦争期）

期間 期　　間	設計者（主務）	特徴等
1943-1945	久保富雄	
1943-1945	久保富雄	
1942-1944		
1942-1945	小沢久之丞	試作内示は1940.9。川崎でも約990機生産。
1944.8-1945.3	小沢久之丞	キ-67改造。
1944.10-1945.4	久保富雄	爆撃機掩護用遠距離戦闘機。
完成せず	久保富雄	100式司令部偵察機に代わる高々度遠距離偵察機。キ-83の一部を改造
1944.9中止	小沢久之丞	キ-67を基礎。
1944	小沢久之丞	投下試験まで。
1939.12-1945.8	堀越二郎	中島で約6,545機を転換生産。データはA6M2。
1939.10-1945.8	本庄季郎	当初、インテグラル・タンク。データはG4M1。
1940		G4M1に武装強化。
1942	堀越二郎→高橋巳治郎	
1942-1945	堀越二郎	データはJ2M2。
1944-1945	堀越二郎	1944.8海軍から中止命令。A-20（MK9A）に換装して試験継続、制式化。量産前に終戦。データはA7M1。
1944-1945	高橋巳治郎	Me163資料を基礎。性能は計算値。
(1944)	本庄季郎→高橋巳治郎	
(1944)	佐野栄太郎	
(1945)	本庄季郎	木型まで。

付表3-1　戦時期陸軍戦闘機、偵察機の機体諸元・性能

	中島	中島	中島	中島	川崎	中島	川崎	三菱
開発会社	97式戦闘機	1式戦闘機「隼」1型	1式戦闘機「隼」2型	2式戦闘機「鍾馗」2型	3式戦闘機「飛燕」	4式戦闘機「疾風」	5式戦闘機	100式司令部偵察機
原型制式化	1937	1941	1942	1942	1943	1944	1945	1940
搭載エンジン	ハ1乙	ハ25	ハ115	ハ109	ハ40	ハ45-11	ハ112-II	ハ102
離昇馬力 (hp)	710	990	1,150	1,520	1,175	2,000	1,500	1,080
エンジン基数	1	1	1	1	1	1	1	1
全長 (m)	7.53	8.83	8.92	8.90	8.75	9.92	8.82	11.00
全幅 (m)	11.31	11.44	10.84	8.85	12.00	11.24	12.00	14.70
主翼面積 (m²)	18.56	22.00	21.40	15.00	20.00	21.00	20.00	32.00
全備重量 (kg)	1,790	2,043	2,590	2,766	2,950	3,750	3,495	5,050
自重 (kg)	1,110	1,580	1,910	2,095	2,210	2,680	2,525	3,263
翼面荷重 (kg/m²)	96.4	92.9	121.0	184.4	147.5	178.6	174.8	157.8
馬力荷重 (kg/hp)	2.52	2.06	2.25	1.82	2.51	1.88	2.33	4.68
最大速度 (km/h)	460	491	515	605	592	624	580	604
航続距離 (km)	627	1,200	1,760	1,200	1,100	1,745	1,400	2474/5.5
実用上昇限度 (m)	12,250	11,750	11,200	11,300	11,600	12,400	11,000	10,720
武装 (機関銃・砲) 口径×数	7.7mm×2	7.7mm×1 12.7mm×1	12.7mm×2	12.7mm×2 7.7mm×2	12.7mm×4	20mm×2 12.7mm×2	7.7mm×2 20mm×2	7.7mm 旋回×1
20mm 換算威力	0.33	0.67	0.67	1.00	1.33	2.67	2.67	0.17
爆弾搭載量 (kg) (代表例)	—	250kg×2	250kg×2	30-100kg×2 /250×1	—	30-250kg×2	250kg×2	—

注：1式戦闘機「隼」の航続距離は増槽付のデータである。20mm換算威力は、12.7mmを20mmの3分の1、7.7mmを6分の1として換算したものである。

出所：中島飛行機は野沢編 [1963]、三菱重工業は野沢編 [1958]、川崎航空機は野沢編 [1960] による。

付表3-2 戦時期海軍戦闘機、偵察機の主要諸元・性能

開発会社	三菱	三菱	三菱	三菱	中島	川西	中島
名称	零式艦上戦闘機11型	零式艦上戦闘機32型	局地戦闘機[雷電]11型	零式艦上戦闘機52型	夜間戦闘機[月光]	[紫電改]	艦上偵察機[彩雲]
原型制式化	1939	1942	1942	1943	1943	1945	1943
搭載エンジン	栄11型	栄21型	火星23型	栄21型	栄21型	誉21型	誉22型
離昇馬力 (hp)	940	1,130	1,800	1,130	2,260	2,000	2,000
エンジン基数	1	1	1	1	2	1	1
全長 (m)	9.06	9.06	9.95	9.12	12.77	9.35	11.00
全幅 (m)	12.00	11.00	10.80	11.00	16.98	12.00	12.60
主翼面積 (m²)	22.44	21.53	20.05	21.30	40.00	23.50	25.50
全備重量 (kg)	2,389	2,679	3,435	2,733	6,900	3,800	4,500
自重 (kg)	1,671	1,863	2,490	1,876	4,852	2,540	2,875
翼面荷重 (kg/m²)	106.5	124.4	171.3	128.3	172.5	161.7	176.5
馬力荷重 (kg/hp)	2.54	2.37	1.91	2.42	3.05	1.90	2.25
最大速度 (km/h)	534	540	570	565	507	595	609
航続距離 (km)	3,500	2,380	不明	1,920	2,544	1,716	3,080
実用上昇限 (m)	11,050	11,050	11,700	11,740	9,320	11,250	
武装（機関銃・砲）口径×数	7.7mm×2 20mm×2	7.7mm×2 20mm×2	20mm×4	7.7mm×2 20mm×2	20mm×4	20mm×4	7.92mm旋回×1
20mm換算威力	2.33	2.33	4.00	2.33	4.00	4.00	0.17
爆弾搭載量 (kg)（代表例）	30kg または 60kg×2	30kg または 60kg×2	30kg×2	30kg または 60kg×2	250kg×2	250kg×2	—

注：零式艦上戦闘機「零戦11型」、「零戦32型」の航続距離は増槽付のデータである。20mm換算威力は、12.7mmを20mmの3分の1、7.7mmを6分の1として換算したものである。

出所：中島飛行機は野沢編 [1963]、三菱重工業は野沢編 [1958]、川西航空機は野沢編 [1959] による。

付表 3 - 3　戦時期陸軍攻撃機、爆撃機の主要諸元・性能

開発会社	三　菱	三　菱	中　島	三　菱
名称	97式重爆撃機	99式襲撃機	100式重爆撃機「呑竜」	4式重爆撃機「飛龍」
原型制式化	1937	1939	1941	1944
搭載エンジン	ハ101	ハ26 II	ハ109	ハ104
離昇馬力（hp）	1,500	940	1,520	1,900
エンジン基数	2	1	2	2
全長（m）	16.00	9.21	16.81	18.70
全幅（m）	22.50	12.10	20.42	22.50
主翼面積（m²）	69.60	24.02	69.05	65.85
全備重量（kg）	9,710	2,798	10,680	13,765
自重（kg）	6,070	1,873	6,540	8,649
翼面荷重（kg/m²）	139.5	116.5	154.7	209.0
馬力荷重（kg/hp）	3.24	2.98	3.51	3.62
最大速度（km/h）	478	424	470	537
航続距離（km）	2,700	1,060	2,400	3,800
実用上昇限（m）	10,000	8,270	9,300	9,470
武装（機関銃・砲） 口径×数	7.7mm 旋回 × 4	7.7mm 固定 × 2 7.7mm 旋回 × 1	20mm × 1 7.92mm 旋回 × 5	20mm × 1 13mm × 4
20mm 換算威力	0.67	0.50	1.83	2.33
爆弾搭載量（kg）（代表例）	1,000kg	200-250kg	750-1,000kg	800kg または魚雷800kg

注：20mm 換算威力は、12.7mm を20mm の3分の1、7.7mm を6分の1として換算したものである。
出所：中島飛行機は野沢編［1963］、三菱重工業は野沢編［1958］による。

付表3-4　戦時期海軍攻撃機、爆撃機の主要諸元・性能

開発会社	三菱	中島	三菱	中島	中島	中島	空技廠	中島
名称	96式陸上攻撃機	97式3号艦上攻撃機	1式陸上攻撃機11型	試作陸上攻撃機「深山」	艦上攻撃機「天山」12型	試作陸上攻撃機「連山」	陸上爆撃機「銀河」	Z機（富嶽）
原型制式化（完成）	1936	1939	1941	(1941)	1943	(1944)	1944	計画のみ
搭載エンジン	金星3型	栄11型	火星11型	火星12型	火星25型	誉24型ル	誉11型	
離昇馬力 (hp)	910	1,000	1,530	1,530	1,850	2,000	1,820	5,000
エンジン搭載数	2	1	2	4	1	4	2	6
全長 (m)	16.45	10.30	20.00	31.02	10.78	22.94	15.00	45.00
全幅 (m)	25.00	15.52	25.00	42.14	14.90	32.54	20.00	65.00
主翼面積 (m²)	75.00	37.70	78.10	201.80	37.20	112.00	55.00	350.00
全備重量 (kg)	7,642	3,800	9,500	28,150	5,200	26,800	10,500	162,410
自重 (kg)	4,770	2,200	6,800	20,100	3,010	17,400	6,650	67,300
翼面荷重 (kg/m²)	101.9	100.8	121.6	139.5	139.8	239.3	190.9	464.0
馬力荷重 (kg/hp)	4.20	3.80	3.10	4.60	2.81	3.35	5.77	5.41
最大速度 (km/h)	349	378	445	392/3.0	492	593/8.0	537	721/9.0
航続距離 (km)	2,870	1,020/4.1	6,100	1,905	3,037	2,130	4,260	16,000
実用上昇限度 (m)	7,480	7,640	9,220	9,050	9,800	10,200	9,600	12,800
武装（機関銃・砲）口径×数	7.7mm×3	7.7mm×1旋回	7.7mm×2 20mm×1	7.7mm×4 20mm×2	旋回13mm×1 旋回7.92mm×1	13mm×4 20mm×6	胴体20mm×2	13mm×7 20mm×3
20mm換算威力	0.50	0.17	1.33	2.67	0.50	7.33	2.00	4.17
爆弾搭載量 (kg)（代表例）	800kg	800kg×1または 260kg×6	800kg	1,500kg×2	800kg×1または 250kg×2	2,000kg×2	800kg×1または 500kg×2	10トン（過荷20トン）

注：20mm換算威力は、12.7mmを20mmの3分の1、7.7mmを6分の1として換算したものである。
出所：中島飛行機は野沢編 [1963]、三菱重工業は野沢編 [1958] による。

280

付表 4 - 1 戦時期アメリカ軍戦闘機の主要諸元・性能

開発会社	Curtiss-Wright	Lockheed	Curtiss-Wright	Republic	North American	Grumman	Chance Vaught	Grumman
軍	陸					海		
名称	P-36	P-38	P-40	P-47D	P-51D	F4F	F4U	F6F
制式化	1938	1941	1939	1942	1942	1940	1941	1942
搭載エンジン	R-1830-17	V-1710*2	V-1710	R-2800-59	V-1650	R-1830	R-2800-8	R-2800
離昇馬力 (hp)	1,050	3,040	1,150	2,000	1,590	1,200	2,000	2,000
エンジン基数	1	2	1	1	1	1	1	1
全長 (m)	8.70	11.53	9.68	11.00	9.75	8.50	10.15	10.20
全幅 (m)	11.40	15.86	11.36	12.40	11.27	11.60	12.50	13.00
主翼面積 (m²)	21.92	30.40	21.90	27.90	21.66	24.20	29.17	31.00
全備重量 (kg)	2,732	7,040	3,960	5,675	4,540	3,365	5,185	5,714
自重 (kg)	2,076	5,766	2,974				4,073	4,190
翼面荷重 (kg/m²)	124.6	231.6	180.8	203.4	209.6	139.0	177.8	184.3
馬力荷重 (kg/hp)	2.60	2.32	3.44	2.84	2.86	2.80	2.59	2.86
最大速度 (km/h)	500	662	582	704	712	509	671	640
航続距離 (km)	1,006	736	1,920	1,290	2,755	1,480	1,633	2,880
実用上昇限度 (m)	9,967	10,680	10,060	12,200	12,200	10,615	11,247	11,530
武装 (機関銃・砲) 口径×数	7.6mm×1 12.7mm×1	20mm×1 12.7mm×4	12.7mm×6	12.7mm×8	12.7mm×6	12.7mm×6	12.7mm×6	12.7mm×6
20mm換算威力 (kg)	0.50	2.33	2.00	2.67	2.00	2.00	2.00	2.00
爆弾搭載量 (kg) (代表例)	45kg max	—	45-270kb	454kg×2	454kg	113kg×2	910kg	454kg×2

注：20mm換算威力は、12.7mmを20mmの3分の1、7.7mmを6分の1として換算したものである。
出所：Jane's [1946/1947] による。

付表 4-2　戦時期アメリカ軍攻撃機、爆撃機の主要諸元・性能

	攻撃機		爆撃機				
開発会社	Grumman	Douglas	Boeing	Consolidated	North American	Boeing	Consolidated Vultee
軍	海	陸	陸	陸	陸		空
名称	TBF Avenger	A-26 Invader	B-17 Flying Fortress	B24 Liberator	B25 Mitchell	B-29 Superfortress	B36 Peacemaker
制式化	1941		1938	1941	1941	1944	1949
搭載エンジン	R-2600	R-2800×2	R-1820×4	R-1830-65×4	R-2600-13×2	R-3350×4	R-4360-53＋J47
離昇馬力 (hp)	1,700	4,000	4,800	4,800	3,400	8,800	
全長 (m)	12.20	15.47	22.80	20.50	16.13	30.20	49.40
全幅 (m)	16.50	21.35	31.60	33.50	20.60	43.10	70.12
主翼面積 (m^2)	45.50	50.00	132.00	97.40	56.60	161.50	443.50
全備重量 (kg)	7,053	12,247	27,240	27,240	15,210	61,290	186,000
自重 (kg)			14,855		9,580	33,800	75,530
翼面荷重 (kg/m^2)	155.0	244.9	206.4	279.7	268.7	379.5	419.4
馬力荷重 (kg/hp)	4.15	3.06	1.42	1.42	2.24	1.74	
最大速度 (km/h)	445	552/1.5	472/8	475	485	560以上	672
航続距離 (km)	1,450		1,760	2,465		6,560	16,000
実用上昇限 (m)	6,890		10,670	8,540	7,380	10,680	13,300
武装 (機関銃・砲) 口径×数	12.7mm×6	12.7mm×6	12.7mm×13	12.7mm×10	12.7mm×12-18	12.7mm×10 20mm×1	
20mm換算威力	2.00	2.00	4.30	3.30	6.00	4.30	
爆弾搭載量 (kg) (代表例)	900kg	1,800kg	2,724kg	3,630kg	1,360kg	9,080kg	39,000kg

注：20mm換算威力は、12.7mmを20mmの3分の1、7.7mmを6分の1として換算したものである。
出所：Jane's [1946/1947] による。

付表 5　中島飛行機のエンジン開発

ライセンス導入開始年／設計開始年	エンジン名称（陸／海軍名称）	形　式	気筒（シリンダ）			離昇馬力 Hp	生産数（量産数）	生産期間
			数	内径 mm	行程 mm			
ライセンス導入								
1924	（仏）Lorraine450馬力	水冷 W 型	12	120	180	485	127	1927-1929
1925	（英）Bristol Jupitar	空冷星形単列	9	146	190	500-545	約600	1928-1934
1928	（仏）Lorraine500/900馬力	水冷 W 型	不明					契約のみ
	（米）Wright Wirlwind J-5	空冷星形単列	9	114	140	220		契約のみ
1929	（米）P&W Wasp C	空冷星形単列	9	146	146	600		契約のみ
	（米）P&W Hornet A	空冷星形単列	9	156	162	589		契約のみ
1930	（英）Bristol Mercury	空冷星形単列	9	146	165	612		契約のみ
1934	（米）Wright 1820F	空冷星形単列	9	156	174	890		契約のみ
1935	（仏）Gnome Rhone Mistral Major K14	空冷星形 2 列	14	146	165	996		契約のみ
自主開発								
1926	NWA	水冷 W 型	18	146	170	1,100		試作のみ
	NWA-G	水冷 W 型	18	146	170			試作のみ
1927	NAA	空冷星形単列	7	146	160			設計材料準備まで
	NAB	空冷星形単列	9	120	140			設計材料準備まで
	NAC	空冷星形単列	5	146	160			設計材料準備まで
	NAD	空冷星形単列	5	120	140			設計材料準備まで
1929	NAE	空冷星形単列	9	146	160	600**		試作のみ
	NAH（ハ1／寿）	空冷星形単列	9	146	160	570-710	約7,000	1931-1943
1930	NWB	水冷 V 型	12	135	140	650		試作のみ
1931	NAP（ハ8／光）	空冷星形単列	9	160	180	640-770	2,130	1934-1940
	HS（寿 5 型）	空冷星形単列	9	146	160	440***		試作のみ
1932	NAL（ハ5，41，109／-）	空冷星形 2 列	14	146	160	950-1,260	5,535	1937-1944
	NAF	空冷星形単列	9	160	160	685		試作のみ
	NWD	水冷 V 型	12	160	170	1,050		試作のみ

付　表　283

1933	NWB改	水冷V型	12	135	140	720		試作のみ
	NAM（ハ25, 115／米）	空冷星型2列	14	130	150	940-1,150	21,166	1939-1945
	NAZ	空冷星型単列	7	110	125	170		試作のみ
1935	NAR	空冷星型2列	18	140	160	1,200***		試作のみ
1937	NA1	空冷倒立V型	12	135	150	600***		試作のみ
1937	NAK（ハ103／護）	空冷星型2列	14	155	170	1,870	200	1941-1944
	NAT-1	液冷倒立V型*	12	100	120	700		試作のみ
1938	NAS	空冷星型単列	9	135	150	800		試作のみ
	NAU	空冷倒立V型	12	130	150	800		試作のみ
1939	NLF	液冷倒立V型	12	140	150	600**		試作のみ
	NWE	水冷W型	18	146	170	2,000		試作のみ
1940	NBA（ハ45／誉）	空冷星型2列	18	130	150	1,800-2,000	8,747	1942-1945
	NAN	空冷星型2列	18	150	180	2,500		試作のみ
1941	NLH-11	液冷倒立W型	18	146	170	2,100		試作のみ
1942	NBD	空冷星型2列	18	155	170	3,000		試作のみ
1943	NBH	空冷星型2列	18	146	160	2,450		試作のみ

注：網掛けは水冷／液冷エンジンを示す。*ディーゼルである。**高度公称出力。***地上公称出力。他社による転換生産数は、NAL（ハ5）が三菱で1,851台、NAM（米）が川崎航空機で6,681台、石川島で2,286台である。

出所：中川・水谷 [1985] 54-91頁の中島飛行機エンジン一覧表 (1) (2) (3) から作成。

付表6　三菱重工業

ライセンス導入／設計開始年	エンジン名称（陸／海軍名称）	形　式
ライセンス導入		
1917	（仏）三菱イスパノ200馬力	水冷V型
*1920	（仏）三菱イスパノ300馬力	水冷V型
*1925	（仏）三菱イスパノ450馬力	水冷V型
1926	（英）Armstrong Sydley Mongoose 130馬力	空冷星型単列
1928	（独）Junkers L88	水冷V型
1931	（仏）三菱イスパノ650馬力	水冷V型
1935	（米）P&W Hornet（明星）	空冷星型単列
自主開発		
1929	A 1	空冷星型2列
	A 3	空冷星型単列
*1929	A 2	空冷星型単列
1930	A 4	空冷星型2列
	A 5	空冷星型単列
*1935	A 9	空冷星型単列
1932	7試倒立300馬力	水冷
	B 1	水冷V型
1933	B 2	水冷V型
	A 7 （震天）	空冷星型2列
	A 6 （ハ6／震天改）	空冷星型2列
1934	B 2改	水冷V型
	B 3	水冷V型
*1936	B 3改	水冷V型
*1937	B 4	水冷
*1938	B 5	水冷倒立V型
1935	A 8 （ハ112／金星）	空冷星型2列
1936	A 14 （ハ26、102／瑞星）	空冷星型2列
1938	A 10 （ハ101、111／火星）	空冷星型2列
1939	A 18 （ハ104/MK 6 A）	空冷星型2列
1941	A 20 （ハ211/MK 9 A）	空冷星型2列
1943	A 21 （ハ50/-）	空冷星型2列

注：1）網掛けは水冷エンジンを示す。*はライセンス導入年、設計開始年が明確でないため、試作年を示す。
　　2）最初に製作したエンジンは1917年海軍から依頼を受けたルノーV型空冷8気筒70馬力である。
出所：松岡［1996］31-186、324-331頁から筆者作成。

付　表　285

のエンジン開発

気筒（シリンダ）			離昇馬力 Hp	生産数（量産数）	生産期間
数	内径 mm	行程 mm			
8	120	130	200	154	1920-1926
8	140	150	300	710	1920-1931
12	140	150	600	439	1925-1935
5	127	140	162	52	1927-1931
12	160	190	820	18	1932-1933
12	150	170	800	271	1931-1935
9	156	162	800	107	1935-1939
14	155	185	1,024		試作のみ
9	160	175	680		試作のみ
9	127	140	338		試作のみ
14	140	150	800-830	88	1931-1936
9	145	150	475	212	1931-1935
9	140	159	550		試作のみ
6	150	170	385		試作のみ
12	150	170	810	367	1932-1937
12	130	150	740		試作のみ
14	140	160	920		試作のみ
14	140	160	875-1,100		試作のみ
12	130	150	740		試作のみ
12	160	170	900		試作のみ
12	160	170	1,100		試作のみ
12	140	140	900		試作のみ
12	140	140	860		試作のみ
14	140	150	840-1,500	15,124	1936-1945
14	140	130	850-1,80	12,795	1936-1944
14	140	170	1,460-1,850	16,901	1938-1945
18	150	170	1,900-2,500	2,860	1940-1945
18	140	150	2,200	77	1941-1945
22	150	170	3,100		試作のみ

付表 7　戦時期中島飛行機および

形式		単列 9 気筒			
会社名		中　島			中
社内略号		NAH	NAK		NAL
生産開始年		1937	1941	1937	1940
海軍名称 陸軍名称		寿41型 ハ1乙	護11型 ハ103	ハ5	ハ41
シリンダ	内径 mm	146	155	146	146
	行程 mm	160	170	160	160
	行程容積 l	24.1	44.9	37.5	37.5
	圧縮比	6.7	6.5	6.7	6.9
離昇出力	馬力 hp	710	1,870	950	1,260
	回転数 rpm	2,600	2,600	2,200	2,500
	ブースト圧 mmHg	200	400	50	250
寸法	直径 mm	1,295	1,380	1,260	1,260
乾燥重量 kg		435	870	625	630
リットル当たり馬力 hp/l		29.5	41.6	25.3	33.6
正面面積当たり馬力 hp/m²		539	1,251	762	1,011
馬力当たり重量 kg/hp		0.61	0.47	0.66	0.50
形式		2 列14気筒			
会社名		三菱			
社内略号		A 8		A14	
生産開始年		1940	1940	1936	1936
海軍名称 陸軍名称		金星51型	金星62型 ハ112-Ⅱ	瑞星11型	瑞星21型 ハ102
シリンダ	内径 mm	140	140	140	140
	行程 mm	150	150	139	139
	行程容積 l	32.3	32.3	28.0	28.0
	圧縮比	7.0	7.0	6.5	7.0
離昇出力	馬力 hp	1,300	1,500	850	1,080
	回転数 rpm	2,600	2,600	2,540	2,700
	ブースト圧 mmHg	330	500	160	270
寸法	直径 mm	1,218	1,218	1,118	1,118
乾燥重量 kg		642	675	542	540
リットル当たり馬力 hp/l		40.2	46.4	30.3	38.5
正面面積当たり馬力 hp/m²		1,116	1,288	866	1,101
馬力当たり重量 kg/hp		0.49	0.45	0.64	0.50

出所：中川・水谷［1985］、中島飛行機エンジン一覧表（1）（2）（3）、松岡［1996］324-331頁、日本航空学術史

三菱重工業のエンジン主要諸元・性能

2列14気筒

島			三菱	
NAM			A 8	
1941	1939	1941	1936	1936
ハ109	栄11型 ハ25	栄21型 ハ115	金星3型	金星41型
146	130	130	140	140
160	150	150	150	150
37.5	27.9	27.9	32.3	32.3
6.7	7.2	7.2	6.0	6.6
1,500	1,000	1,130	840	1,000
2,650	2,550	2,750	2,350	2,500
300	250	300	70	150
1,260	1,150	1,150	1,218	1,218
720	530	590	544	560
40.0	35.8	40.5	26.0	30.9
1,204	963	1,088	721	859
0.48	0.53	0.52	0.65	0.56

2列18気筒

中島				三菱
A10		NBA		A18
1938	1941	1942	1942	1940
火星11型 ハ101	火星21型	誉11型 ハ45-11	誉21型 ハ45-21	MK6A ハ104
150	150	130	130	150
170	170	150	150	170
42.1	42.1	35.8	35.8	54.1
6.5	6.5	7.0	7.0	6.7
1,530	1,850	1,800	2,000	1,900
2,450	2,600	2,900	3,000	2,450
270	450	400	500	270
1,340	1,340	1,180	1,180	1,370
725	780	835	835	944
36.4	44.0	50.3	55.9	35.1
1,085	1,312	1,647	1,830	1,290
0.47	0.42	0.46	0.42	0.50

編集委員会編［1990］附録第3表より筆者作成。

付表 8　戦時期アメリカの

形式		単列 9 気筒			2 列
会社名		Pratt & Whitney	Wright Aeronautical		Pratt & Whitney
シリーズ		R-1340 Wasp	R-1820 Cyclone 9		R-1830 Twin Wasp
番号		SIHI	F52	G202A	S1C3-G
生産開始年		1930	1935	1937	1939
シリンダ	内径 mm	146	156	156	140
	行程 mm	146	174	174	140
	行程容積 l	22	29.88	29.88	30
	圧縮比	6.0	6.4	6.7	6.7
離昇出力	馬力 hp	600	890	1,200	1,200
	回転数 rpm	2,250	2,200	2,500	2,700
寸法	直径 mm	1,314	1,378	1,378	1,222
乾燥重量 kg		392	454	595	652
リットル当たり馬力 hp/l		27.3	29.8	40.2	40.0
正面面積当たり馬力 hp/m²		443	597	805	1,024
馬力当たり重量 kg/hp		0.65	0.51	0.50	0.54

出所：Jane's［1946/47］、Victor Bingham［1998］、Graham White［1995］より筆者作成。生産開始年は一

付　表　289

エンジン主要諸元・性能

14気筒		2列18気筒		
Wright Aeronautical		Pratt & Whitney		Wright Aeronautical
R-2600 Cyclone 14		R-2800 Double Wasp		R-3350 Cyclone 18
A 2 B	C14BA	-5	-59	C18-BA
1937	不明	1939	1940	1941
156	156	146	146	156
160	160	152	152	160
42.7	42.7	45.96	45.96	54.56
6.3	6.3	6.65	6.65	6.9
1,600	1,700	1,850	2,000	2,200
2,400	2,500	2,600	2,700	2,800
1,397	1,397	1,342	1,342	1,420
878	900	1,070	1,070	1,212
37.5	39.8	40.3	43.5	40.3
1,044	1,110	1,309	1,415	1,390
0.55	0.53	0.58	0.54	0.55

部筆者の推定を含む。

参考文献一覧

論　文

相川美雄［1941］「決戦体制下に於ける生産管理」『産業能率』（14）３日本能率連合会。

麻島昭一［1985a］「戦時体制下の中島飛行機」『経営史学』第20巻第３号、１-37頁。

麻島昭一［1985b］「第２次大戦末期の中島飛行機」『専修大学研究所報』第65巻。

荒川憲一［2001］「日本の戦時工業労働力──航空機工業を中心に」『防衛学研究』第26巻、43-60頁。

有森三雄「航空工業の育成と航空行政機関の統合について」『日本航空学会誌』第12巻130号、387-392頁。

粟野誠一［1990］「４.６航空用原動機」日本航空学術史編集委員会編『日本航空学術史（1910-1945）』丸善株式会社、所収406-411頁。

安藤良雄［1950］「日本戦争経済の白書──米国戦略調査団報告を中心として──」『経済評論』第５巻８号、41-49頁。

安藤良雄［1951］「舊日本軍事工業について──その序説（一）──」『経済学論集』第20巻２号、１-29頁。

安藤良雄［1955］「戦時日本航空工業に関する二つの資料」『経済学論集』第23巻第２号、158～176頁。

飯野優［1889］「私の社会生活の幕開けとなった中島入社から終戦までのあれこれ」『飛翔の詩』宇都宮中島会、所収87-109頁。

石田憲治［2006］「日本初のジェット機「橘花」と松根油」『日本マリンエンジニアリング学会誌』第41巻第１号、62-65頁。

宇野博二［1973a］「アメリカにおける航空機工業の発達（その１）」『学習院大学経済論集』第９巻第３号、13-36頁。

宇野博二［1973b］「アメリカにおける航空機工業の発達（その２）」『学習院大学経済論集』第10巻第３号、３-27頁。

大石直樹［2010］「三菱における航空機事業と三菱重工業の設立」『三菱資料館論集』第11号、103-126頁。

大河内暁男［1993］「中島飛行機とロール・スロイス──戦間・戦中期の技術開発と企業化──」大河内暁男ほか『企業化活動と企業システム』東京大学出版会、所収259-281頁。

大河内暁男［1996］「イギリス民間航空機工業の凋落——不毛の産業政策とその帰結
　　——」『大東文化大学経済論集』第67巻第 6 号、91-111頁。

太田稔［1955］「米国ビーチクラフト社の生産方式」『日本航空学会誌』第 3 巻第19号、
　　184-195頁。

岡崎哲二［2008］「第二次世界大戦期における三菱重工業の航空機生産と部品供給」『三
　　菱資料館論集』第 9 巻、321-347頁。

奥田章順［2001］「米国の航空機産業の過去・現在・今後の動向について」『日本造船学
　　会誌』第860号、27-37頁。

奥平六朗［1990］「戦時中の航空機の整備取り扱いの状況について」日本航空学術史編
　　集委員会編『日本航空学術史（1910-1945）』丸善株式会社、所収368-384頁。

笠井雅直［2000］「1920年代における航空機産業の研究開発と生産システム——三菱・
　　航空機部門の事例を中心に」『名古屋学院大学論集社会科学編』第37巻第 1 号、89-
　　100頁。

笠井雅直［2001］「戦時下における航空機産業の研究開発と生産システム——三菱・航
　　空機部門の事例を中心にして」『名古屋学院大学論集社会科学編』第37巻第 3 号、
　　93-103頁。

河内衛［1942］「機械工業に於ける流れ作業とその応用」『日本能率』第 1 巻第 3 号、
　　210-213頁。

河村宏明［2007］「航空機産業の現在・過去・未来——前編——」『共立総合研究所』調
　　査部編第117号、17-30頁。

河村宏明［2007］「航空機産業の現在・過去・未来——後編——」『共立総合研究所』調
　　査部編第118号、24-37頁。

閑林亨平［2004］「航空機産業における技術革新と競争戦略——ボーイングＢ767および
　　Ｂ777の共同開発と生産において」『中央大学大学院研究年報』第34巻、63-79頁。

閑林亨平［2004］「航空機産業における企業の技術革新と競争戦略について——エアバ
　　スの共同開発・生産体制（Ａ300からＡ340まで）」『中央大学大学院論究　経済学・
　　商学研究科編』第36号、37-44頁。

閑林亨平［2007］「航空機産業における戦略的提携と競争戦略の研究——ボーイング
　　Ｂ787の開発と生産において」『中央大学大学院研究年報』第37巻、 1 -11頁。

閑林亨平［2008a］「現代戦略問題研究会　航空機産業における技術革新と競争戦略につ
　　いての研究——日本の新型民間航空機の開発・生産における競争戦略」『中央大学
　　経済研究所年報』第38巻、151-160頁。

閑林亨平［2008b］「航空機産業の技術革新と競争戦略の研究——日本の航空機産業の生
　　産分担構成」『中央大学大学院研究年報』第38巻、 1 - 9 頁。

神戸三郎［1989］「中島知久平氏と栗原甚五氏」宇都宮中島会編『飛翔の詩』、所収143-
　　148頁。

河内衛［1944］「航空発動機の多量生産」『多量生産研究下巻』兵器工業新聞出版部。

木村秀政［1954］「過去半世紀における飛行機設計の進歩」『日本航空学会誌』第 2 巻第
　　6 号、122-134頁。

金光男［2005］「『大日本帝国』における燃料消費・需要に関する政治的一考察」『茨城
　　大学人文科学紀要　社会学論集』第42号。

国本隆［1958］「ジェット中間練習機 T 1 F 2 の計画と試作」『航空学会誌』第 6 巻第37号、
　　291-298頁。

久保富雄［1957］「設計の立場から見た遷音速機の製作について」『日本航空学会誌』第
　　5 巻第43号、224-228頁。

近藤次郎［1964］「航空技術の専門教育」『日本航空学会誌』第12巻第130号、374-380頁。

坂出健［1998］「アメリカ航空機産業のジェット化における機体・エンジン部門間関係」
　　『富大経済論集』1998. 3 、713-741頁。

佐久間一郎［1943a］『半流れ生産方式に関する研究』『日本能率』第 2 巻第 7 号。

佐久間一郎［1943b］「流れ作業実施に関する条件の検討」『日本能率』第 2 巻第 8 号、
　　29-33頁。

佐々木聡［1992］「第 2 次世界大戦期の日本における生産システム合理化の試み――中
　　島飛行機武蔵野製作所の事例を参考に――」『経営史学』第27巻第 3 号、57-77頁。

佐藤達男［2012］「戦前日本軍機の特質と戦後の自動車開発に関する一考察」『技術と文
　　明』第17巻第 1 号、47-78頁。

佐藤達男［2013］「戦時期中島飛行機の航空エンジン事業――三菱重工業との比較にお
　　いて――」『立教経済学研究』第67巻第 1 号、107-140頁。

佐藤達男［2015］「太平洋戦争期中島飛行機の機体事業と生産能率」『経営史学』第50巻
　　第 3 号、26-51頁。

佐藤千登勢［2000］「第二次世界大戦の航空機工業における女性労働」社会経済史学会
　　第69回全国大会報告、2000年10月。

佐藤千登勢［2000］「第二次大戦期の航空機産業における女性労働(1) アメリカ合衆国
　　と日本――比較女性労働史の試み――」『西南学院大学　国際文化論集』第15巻第
　　1 号、63-88頁。

佐藤千登勢［2001］「第二次大戦期の航空機産業における女性労働(2) アメリカ合衆国
　　と日本――比較女性労働史の試み――」『西南学院大学　国際文化論集』第15巻第
　　2 号、225-246頁。

佐藤千登勢［2001］「第二次大戦期の航空機産業における女性労働(3) アメリカ合衆国

と日本——比較女性労働史の試み——」『西南学院大学　国際文化論集』第16巻第
　　1号、113-141頁。

佐貫亦男［1979］「ライト兄弟から航空3／4世紀」『日本機械学会誌』第82巻第727号、
　　56-61頁。

下川浩一［1971］「米国自動車産業経営史序説（上）——大量生産体制確立の技術的基
　　盤と経済的背景の歴史的検討を中心に」『経営志林』第8巻第3号、15～32頁。

下川浩一［1972］「米国自動車産業経営史序説（下）——大量生産体制確立の技術的基
　　盤と経済的背景の歴史的検討を中心に」『経営志林』第8巻第4号、15～32頁。

新治毅［2001］「戦後日本の航空機産業」『防衛大学校紀要社会科学分冊』第82号、151-
　　171頁。

新治毅［2001］「航空戦力の造成と日本航空機産業——大東亜戦争に関わる航空機産業
　　崩壊要因を中心にして」『防衛学研究』第26号、23-42頁。

新治毅［2011］「生産現場から見た太平洋戦争　航空決戦と「航空機産業」の崩壊」
　　Diamond Harvard Business Review 2011.1、102-114頁。

鈴木孝ほか「「ハ51型」星型シリンダエンジンとガス電航空エンジンの系譜」『日本機械
　　学会論文集（C編）』第74巻第746号、69-76頁。

関根隆一郎［1952］「中島飛行機発動機20年史」『航空情報』酣燈社、1952.7。

高岡迪「T1F2ジェット中間練習機の試験飛行経過」『航空学会誌』第6巻37号、299-
　　302頁。

高橋泰隆［1983］「中島飛行機株式会社の成立」『松平記念・文化研究所紀要』第1号、
　　23-43頁。

高橋泰隆［1999］「資料　中島飛行機関係者に聞く（1）」『関東学園大学経済学紀要』第
　　26集第2号、105-115頁。

高橋泰隆［2003a］「戦時下の中島飛行機」『大阪産業大学経済論集』第4巻第3号、
　　45-68頁。

高橋泰隆［2011］「中島知久平と中島飛行機そしてスバル」『企業研究』中央大学企業研
　　究所第20号、81-95頁。

高柳昌久［2008］「中島飛行機三鷹研究所——その建設まで——」『アジア文化研究』第
　　34号、123-151頁。

高柳昌久［2011］「中島飛行機三鷹研究所——その疎開と終焉——」『アジア文化研究』
　　第37号、63-94頁。

立川京一［2004］「旧日本海軍における航空戦力の役割」『戦史研究年報』第7巻、22-32
　　頁。

建部宏明［2012］「戦時下における航空機工場の原価計算規定——立川飛行機、中島飛

行機株式会社の両原価計算規定に寄せて――」専修商学論集第94号、79-103頁。

田中稟三「Ｊ３開発中の技術的問題について」『日本航空学会誌』第９巻第86号、85-91頁。

谷一郎［1964］「基礎研究について」『日本航空学会誌』第12巻第130号、380-382頁。

谷光太郎［1997］「日本における航空機産業の成立：人間的側面からの考察」『山口經濟學雜誌』第45巻第３号、275-322頁。

塚本勝也［2004］「戦間期における海軍航空戦力の発展――山本五十六と軍事革新」『戦史研究年報』第７巻、33-46頁。

辻猛三［1944］「航空発動機多量生産技術と戦時急速増産に就いて」『日本航空学会誌』第11巻第107号、193-206頁。

徳田昭雄［1998］「民間航空機産業の構造変化と戦略的提携の誘因」『産業学会研究年報』第14号、51-61頁。

戸田康明［1982］「内燃機関からロケットへ――ある技術者の回想――」『日本機械学会誌』第85巻第769号、27-32頁。

内藤子生［1993］「彩雲（C6n1）の思い出」『可視化情報』第13巻、Suppl. No. 1、３-６頁。

長尾克子［1995］「戦後日本工作機械工業の展開――昭和20～40年代」『経済学研究』北海道大学、第45巻第２号、30-45頁。

長尾克子［1999］「日本工作機械工業の歴史　第20回　航空機と発動機［Ⅰ］」『機械技術』第47巻第13号、89-93頁。

長尾克子［2000ａ］「日本工作機械工業の歴史　第21回　航空機と発動機［Ⅱ］――発動機部品と工作機械――」『機械技術』第48巻第２号、105-109頁。

長尾克子［2000ｂ］「日本工作機械工業の歴史　第22回　航空機と発動機［Ⅲ］――三菱名古屋発動機製作所――」『機械技術』第48巻第３号、105-109頁。

中川良一［1982］「航空機から自動車へ――内燃機関技術者の回想」『日本機械学会誌』第85巻第759号、88-94頁。

永野治［1962］「航空発動機発達の経過と趨勢」『日本航空学会誌』第10巻第101号、192-203頁。

西川純子［1993］「アメリカ航空機産業の初期段階1903-1939年」『土地制度史学』第35巻第２号、１-19頁。

西川純子［2000］「アメリカ航空機産業における量産体制の成立と下請生産」『独協経済』通号72、53-74頁。

西川純子［2002］「戦争とアメリカの企業――航空機産業を中心に――」『歴史地理教育』第641巻、18-23頁。

西川純子［2003］「アメリカ航空機産業における下請生産の再編成――戦時体制の解体から朝鮮戦争まで――」『商学論纂（中央大学）』第44巻第６号、１-34頁。

日本興業銀行調査部編［1950］「日本自動車工業の沿革と歴史的特質」『産業金融時報』
　　通巻第30号、4-38頁、工業新聞社。

橋川文三［1965］「革新官僚」神島二郎編集『現代日本思想体系10　権力の思想』筑摩
　　書房、所収251-273頁。

橋本毅彦［1998］「10年後の飛行機を求めて：戦間期英国における航空機の研究開発」『技
　　術と文明』第11巻第1号、13-30頁。

八田桂三［1992］「日本の航空エンジンの技術の歴史」『日本航空宇宙学会誌』第40巻第
　　459号、188-191頁。

八田龍太郎［1940］「実用航空発動機について調査したオクタン価の効果および燃料消
　　費低減に関する一問題」『燃料協会誌』第19巻第219号、1079-1086頁。

濱田昇［1942］「飛行機工場に於ける工程管理改善」『日本能率』第1巻第1号、56-65頁。

疋田康行［1977］「戦前日本航空機工業資本の蓄積過程」『一橋論叢』第77巻第6号、
　　67-86頁。

吹春俊隆［1990］「日米欧経済摩擦：自動車産業」『神戸大学経済学研究年報』通号37、
　　21-84頁。

藤田誠久［2014］「三菱における航空機事業の専業と経営実態——三菱航空機株式会社
　　時代を中心に——」『三菱資料館論集』第15号、1-24頁。

藤本隆宏、ジョゼフ・ティッド［1993］「フォード・システムの導入と現地対応——日
　　英自動車産業の比較研究——」大河内暁男ほか『企業化活動と企業システム』東京
　　大学出版会、所収282-310頁。

古川由美子［1998］「行政査察に見る戦時中の増産政策」『史学雑誌』第107巻第1号、
　　56-79頁。

洞口治夫・行本勢基・神原浩年［2011］「世界の航空機産業——企業関係に関する序論
　　的考察（1）」『経営志林』第48巻第2号、61-76頁。

洞口治夫・行本勢基・神原浩年［2011］「世界の航空機産業——企業関係に関する序論
　　的考察（2）」『経営志林』第48巻第3号、53-74頁。

洞口治夫・行本勢基・神原浩年［2012］「世界の航空機産業——企業関係に関する序論
　　的考察（3）」『経営志林』第48巻第4号、81-95頁。

堀一郎［1979］「第2次大戦期におけるアメリカ戦時生産の実態について（1）」『経済学
　　研究』第29巻第3号、731-777頁。

堀一郎［1980］「第2次大戦期におけるアメリカ戦時生産の実態について（2）」『経済学
　　研究』第30巻第2号、547-614頁。

堀越二郎［1964］「航空機工業と日本」『日本航空学会誌』第12巻第130号、382-386頁。

御園謙吉［1989］「戦時統制経済期における独占的重工業資本の蓄積過程」『企業法研究』

通号 1 、157-186頁。

三輪宗弘［2007］「戦前期の航空機用揮発油の技術開発」特定領域研究『日本の技術革
　　　新──経験蓄積と知識基盤化──』第 3 回国際シンポジウム研究発表会論文集、
　　　2007年12月。

三輪宗弘［2009］「海軍の技術選択の失敗──航空機用ガソリンと石炭液化」特定領域
　　　研究『日本の技術革新──経験蓄積と知識基盤化──』第 5 回国際シンポジウム研
　　　究発表会論文集、2009年12月。

柳澤潤［2005］「日本におけるエア・パワーの誕生と発展　1900〜1945」『エア・パワー
　　　の将来と日本──歴史的観点から──』平成17年度戦争史研究国際フォーラム報告
　　　書。

山崎志郎［1990］「太平洋戦争後半期の航空機関連工業増産政策」『商学論集』第59巻第
　　　2 号、 1 -30頁。

山崎志郎［1991a］「太平洋戦争後半期における航空機増産政策」『土地制度史学』第33
　　　巻第 2 号、16-34頁。

山崎志郎［1991b］「太平洋戦争後半期における動員体制の再編──航空機増産体制をめ
　　　ぐって──」『商学論集』第59巻第 4 号、16-34頁。

山崎志郎［1995］「戦時工業動員体制」原朗編『日本の戦時経済　計画と市場』東京大
　　　学出版会、所収45-106頁。

山崎文徳［2009］「アメリカ民間機産業における航空機技術の新たな展開──1970年代
　　　以降のコスト抑制要求と機体メーカーの開発・製造」『立命館経営学』第48巻第 4 号、
　　　217-244頁。

山崎文徳［2011］「民間航空機における技術と産業の社会的発展──イノベーション論
　　　の技術論的検討を視野に入れて」『立命館経営学』第50巻第 1 号、87-105頁。

山崎文徳［2011］「民間航空機メーカーの技術競争力と分業構造の変化──ボーイング
　　　のシステム・インテグレータ化とシステムの一括外注化」『経営研究』第62巻第 1 号、
　　　49-79頁。

山本潔［1992］「戦時航空機生産についての一考察──“半流れ作業”方式について
　　　──」『社会科学研究』第44巻第 2 号、 1 -64頁。

由良富士雄［2011］作戦機の防弾装備における陸海軍の相違──航空運用理論を中心と
　　　して」『軍事史学』第46巻第 4 号、97-115頁。

由良富士雄［2012］「太平洋戦争における航空運用の実相──運用理論と実際の運用と
　　　の差異について──」『戦史研究年報』第15巻、65-941頁。

横井勝彦［2005］「再軍備期イギリスの産業政策──航空機工業を中心として──」『明
　　　治大学社会科学研究所紀要』第44巻第 1 号、47-65頁。

横井勝彦［2010］「アジア航空機産業における国際技術移転史の研究」『明治大学社会科学研究所紀要』第49巻第1号、45-65頁。

横山久幸［2004］「日本陸軍におけるエア・パワーの発達と其の限界――運用規範書を中心に――」『戦史研究年報』第7巻、1-21頁。

吉田正樹［1992］「戦時期航空機生産と代用鋼開発について」『三田商学研究』35巻第1号、57-66頁。

呂寅満［1999］「戦間期日本における「小型車」工業の形成と展開――三輪車を中心にして」『社会経済史学』第65巻第3号、295-314頁。

呂寅満［2001］「戦時期日本における「大衆車」工業の形成と展開――トヨタ自動車工業を中心に」『土地制度史学』第43巻第2号、36-55頁。

呂寅満［2002］「戦後日本における「小型車」工業の復興と再編――三輪車から四輪車へ」『経営史学』第36巻第4号、25-51頁。

和田一夫・柴孝夫［1995］「日本的生産システムの形成」山崎広明・橘川武郎編『「日本的」経営の連続と断絶』岩波書店。

和田一夫［1995］「日本における『流れ作業』方式の展開――トヨタ生産方式の理解のために」(1)『経済学論集』第61巻第3号、20-40頁。

和田一夫［1996］「日本における『流れ作業』方式の展開――トヨタ生産方式の理解のために」(2・完)『経済学論集』第61第巻4号、94-114頁。

G. S. Levenson, et al. [1972] Cost-Estimating Relationships for Aircraft Airframes, R-761-PR (Abridged), Rand.

Wright, T. P. [1936] "Factors affecting the cost of airplanes", *Journal of Aeronautical Sciences 3 (4)*: 122-128.

単行本

青木邦弘［2005］『中島戦闘機設計者の回想　戦闘機から「剣」へ――航空技術の戦い』光人社 NF 文庫。

青木謙知［1998］『通史　アメリカ軍用機メーカー』株式会社光栄。

赤城正一［1969］『日本の防衛産業　武装する財界』三一書房。

アメリカ合衆国戦略爆撃調査団編、正木千冬訳［1950］『日本戦争経済の崩壊：戦略爆撃の日本戦争経済に及ぼせる諸効果』日本評論社。

荒川憲一［2011］『戦時経済体制の構想と展開――日本陸海軍の経済史的分析』岩波書店。

J. D. アンダーソン著、織田剛訳［2013］『飛行機技術の歴史』京都大学学術出版会。

安藤良雄編著［1965］『昭和経済史への証言（上）』毎日新聞社。

安藤良雄編著［1966a］『昭和経済史への証言（中）』毎日新聞社。

安藤良雄編著［1966b］『昭和経済史への証言（下）』毎日新聞社。

飯島正義［1944］『ドイツの航空機工業』山海堂。

碇義朗［1995］『戦闘機 隼 昭和の名機その栄光と悲劇』光人社 NF 文庫。

碇義朗［1996］『航空テクノロジーの戦い 「海軍技術廠」技術者とその周辺の人々の物
　　語』光人社 NF 文庫。

碇義朗［2002］『さらば空中戦艦 富嶽』光人社 NF 文庫。

碇義朗［2006］『戦闘機 飛燕 技術開発の戦い』光人社 NF 文庫。

碇義朗［2007］『決戦機 疾風 航空技術の戦い』光人社 NF 文庫。

碇義朗［2007］『最後の戦闘機 紫電改』光人社 NF 文庫。

伊藤良平監修［1981］『日本航空史年表 証言と写真で綴る70年』日本航空協会。

植田浩史［2004］『戦時期日本の下請工業』ミネルヴァ書房。

牛山雅夫［1948］『富士産業株式会社の沿革』富士産業（株）。

宇田川勝［1987］『昭和史と新興財閥』教育社。

宇都宮中島会編［1989］『飛翔の詩』宇都宮中島会。

エコノミスト編集部［1978］『戦後産業史への証言三 エネルギー革命・防衛生産の軌
　　跡』毎日新聞社。

大島卓・山岡茂樹［1987］『自動車』日本経済評論社。

大谷内一夫訳編［1996］『ジャパニーズエアパワー 米国戦略爆撃団調査報告書 日本
　　空軍の興亡』光人社。

岡崎哲二・奥野正寛編［1993］『シリーズ 現代経済研究6 現代日本経済システムの
　　源流』日本経済新聞社。

岡村純ほか編［1953a］『航空技術の全貌（上）』原書房。

岡村純ほか編［1953b］『航空技術の全貌（下）』原書房。

奥田英雄・橋本恵子訳編［1986］『アメリカ戦略爆撃調査団・石油・化学部会報告 日
　　本における戦争と石油』石油評論社。

奥村喜和男［1940］『変革期日本の政治経済』ささき書房。

奥村正二［1975］『技術史をみる眼』技術と人間。

桂木洋二［1987］『てんとう虫が走った日 スバル360開発物語』グランプリ出版。

桂木洋二［2002］『歴史の中の中島飛行機』グランプリ出版。

桂木洋二［2003］『プリンス自動車の光芒』グランプリ出版。

加藤勇ほか編集［1986］『名古屋陸軍造兵廠史、陸軍航空工廠史』名古屋陸軍造兵廠記
　　念碑建立委員会。

ビル・ガンストン著、見森昭・川村忠男訳［1996］『世界の航空エンジン①レシプロ編』

グランプリ出版。

ビル・ガンストン著、川村忠男訳［1998］『航空ピストンエンジン──その進化とメカニズム』グランプリ出版。

嘉納吉彦［1956］『日本航空燃料史』養賢堂。

川崎重工業株式会社社史編さん室［1959］『川崎重工業株式会社社史（本史)』川崎重工業株式会社。

木村隆俊［1983］『日本戦時国家独占資本主義』御茶の水書房。

久保富雄ほか［2002］『軍用機開発物語2』光人社NF文庫。

工業調査会編［1936］『航空発動機図集』産業図書。

航空自衛隊編集［1986］『T-1教育25周年教育変遷史』第13飛行教育団。

航空情報編［1955］『日本軍用機の全貌』酣燈社。

子福田皓文［1980］『零戦開発物語　日本海軍全戦闘機全機種の生涯』光人社。

J. B. コーヘン著、大内兵衛訳［1950a］『戦時戦後の日本経済　上巻』岩波書店。

J. B. コーヘン著、大内兵衛訳［1950b］『戦時戦後の日本経済　下巻』岩波書店。

小山弘健［1972］『図説世界軍事技術史』芳賀書店。

小林吉次郎ほか［1943］『多量生産研究　上巻』兵器工業新聞出版部。

小林吉次郎ほか［1944］『多量生産研究　下巻』兵器工業新聞出版部。

坂出健［2010］『イギリス航空機産業と「帝国の終焉」　軍事産業基盤と英米生産提携』京都大学経済学叢書、有斐閣。

佐々木聡［1998］『科学的管理法の日本的展開』有斐閣。

佐藤千登勢［2003］『軍需産業と女性労働：第二次世界大戦下の日米比較』彩流社。

佐貫亦男［1988］『発想の航空史──名機開発に賭けた人々』朝日新聞社。

佐原晃［2006］『日本陸軍の試作・計画機　1943～1945』イカロス出版

R. J. サミュエルズ著、奥田章順訳［1997］『富国強兵の遺産──技術戦略にみる日本の総合安全保障』三田出版会。

沢井実［2012］『近代日本の研究開発体制』名古屋大学出版会。

産業学会［1995］『戦後日本産業史』東洋経済新報社。

下田將美［1949］藤原銀次郎述『藤原銀次郎回顧八十年』講談社。

G. R. シモンソン編、前谷清・振津純雄訳［1978］『アメリカ航空機産業発展史』盛書房。

正田喜久［2011］『中島飛行機と学徒動員』みやま文庫。

杉野尾宜生［2015］『大東亜戦争敗北の本質』筑摩書房。

大日本産業報国会編［1944］『戦時工場管理』皇国青年教育協会。

高石末吉［1973］『覚書終戦財政始末　第14巻　持株整理委員会の活動』大蔵財務協会。

高橋泰隆［1988］『中島飛行機の研究』日本経済評論社。

高橋泰隆［2003b］『中島知久平　軍人、飛行機王、大臣の三つの人生を生きた男』日本経済評論社。

玉城肇［1976］『日本財閥史』社会思想社。

通商産業省編集［1976］『商工政策史　第十八巻　機械工業（上）〔戦前編〕』商工政策史刊行会。

通商産業省編集［1985］『商工政策史　第十九巻　機械工業（下）〔戦前編〕』商工政策史刊行会。

通商産業政策史編纂委員会［1989］『通商産業政策史　第5巻──第Ⅱ期　自立基盤確立機（1）──』通商産業調査会。

通商産業政策史編纂委員会［1990a］『通商産業政策史　第6巻──第Ⅱ期　自立基盤確立機（2）──』通商産業調査会。

通商産業政策史編纂委員会［1990b］『通商産業政策史　第4巻──第Ⅰ期　戦後復興期（3）──』通商産業調査会。

通商産業政策史編纂委員会［1994］『通商産業政策史　第1巻──総論──』通商産業調査会。

土井武夫ほか［2007］『軍用機開発物語』光人社NF文庫。

東洋経済新報社［1950］『昭和産業史第1巻』東洋経済新報社。

戸部良一ほか［1984］『失敗の本質　日本軍の組織論的研究』ダイヤモンド社。

富永謙吾編［1975］『現代史資料39　太平洋戦争5』みすず書房。

豊田穣［2014］『中島知久平伝』光人社NF文庫（同［1989］『飛行機王・中島知久平』講談社改題）。

内燃機関編集部編［1943］『航空機の多量生産方式』山海堂。

長尾克子［1995］『日本機械工業史：量産型機械工業の分業構造』社会評論社。

長尾克子［2002］『工作機械技術の変遷』日刊工業新聞。

長尾克子［2004］『日本工作機械史論』日刊工業新聞社。

中川良一・水谷総太郎［1985］『中島飛行機エンジン史　若い技術者集団の活躍』酣燈社。

名古屋製作所25年史編集委員会［1983］『三菱重工名古屋航空機製作所25年史』三菱重工業名古屋航空機製作所。

西まさる［2015］『中島飛行機の終戦』新葉館出版。

西川純子［1997］『冷戦後のアメリカ軍需産業：転換と多様化への模索』日本経済評論社。

西川純子［2008］『アメリカ航空宇宙産業：歴史と現在』日本経済評論社。

日満財政経済研究会［1936］『航空機製作工業の研究』全6巻。

日産自動車株式会社調査部編纂［1983］『21世紀への道：日産自動車50年史』日産自動車。

日本機械学会［1949］『日本機械学会50年』日本機械学会。

日本興業銀行臨時史料室編 [1957] 『日本興業銀行五十年史』 日本興業銀行臨時史料室。

日本興業銀行年史編纂委員会編集 [1982] 『日本興業銀行七十五年史』 日本興業銀行。

日本航空宇宙工業界 [1987] 『日本の航空宇宙工業戦後史』 日本航空宇宙工業会。

日本航空宇宙工業会 [2003] 『日本の航空宇宙工業50年の歩み』 日本航空宇宙工業会。

日本航空学術史編集委員会編 [1990] 『日本航空学術史 (1910-1945)』 丸善株式会社。

日本航空協会 [1956] 『日本航空史 (明治・大正編)』 日本航空協会。

日本航空協会 [1979] 『日本航空史 (昭和前期編)』 日本航空協会。

日本航空協会 [1981] 『日本航空史年表 証言と写真で綴る七〇年』 日本航空協会。

日本ジェットエンジン株式会社 [1967] 『社史』 日本ジェットエンジン株式会社。

野口悠紀雄 [2010] 『1940年体制 さらば戦時経済増補版』 東洋経済新報社

野沢正編集 [1958] 『日本航空機総集 第1巻三菱編』 出版協同社。

野沢正編集 [1959a] 『日本航空機総集 第2巻愛知・空技廠編』 出版協同社。

野沢正編集 [1959b] 『日本航空機総集 第3巻川西・広廠編』 出版協同社。

野沢正編集 [1960] 『日本航空機総集 第4巻川崎編』 出版協同社。

野沢正編集 [1963] 『日本航空機総集 第5巻中島編』 出版協同社。

野原茂 [2009] 『日本陸軍戦闘機の系譜図』 枻出版社。

野村大度 [1944] 『航空機発動機の生産と生産管理』 山海堂。

橋口義男 [1944] 『航空機工業の能率増進』 山海堂。

林克也 [1957] 『日本軍事技術史』 青木書店。

原朗編 [1995] 『日本の戦時経済 計画と市場』 東京大学出版会。

兵藤二十八・別宮暖朗 [2007] 『技術戦としての第二次世界大戦』 PHP 文庫。

「深尾淳二技術回想70年」刊行会 [1979] 『深尾淳二 技術回想70年』。

富士重工業株式会社社史編纂委員会 [1984] 『富士重工業三十年史』 富士重工業株式会社。

富士重工業株式会社社史編纂委員会 [2004] 『富士重工業50年史 六連星は輝く』 富士重工業株式会社。

富士重工業株式会社社史編纂委員会 [2004] 『富士重工業50年史 資料集』 富士重工業株式会社。

富士重工技術人間史編集委員会 [1994] 『スバルを生んだ技術者たち』 富士重工株式会社。

富士精密工業株式会社 [1952] 『富士精密概況報告』。

防衛研修所戦史室 [1975] 『戦死叢書87 陸軍航空兵器の開発・生産・補給』 朝雲新聞社。

防衛研修所戦史室 [1976] 『戦史叢書95 海軍航空概史』 朝雲新聞社。

防衛研修所戦史室 [1979] 『戦史叢書99 陸軍軍戦備』 朝雲新聞社。

堀越二郎 [2003] 『零戦の遺産』 光人社 NF 文庫。

前川正男 [2000] 『中島飛行機物語』 光人社 NF 文庫。

前田裕子［2001］『戦時航空機工業と生産技術形成：三菱航空エンジンと深尾淳二』東京大学出版会。

前間孝則［1989］『ジェットエンジンに取り憑かれた男』講談社。

前間孝則［1991］『富嶽　米本土を爆撃せよ』講談社。

前間孝則［1993a］『マンマシンの昭和伝説（上)』講談社。

前間孝則［1993b］『マンマシンの昭和伝説（下)』講談社。

前間孝則［1994］『YS-11国産旅客機を創った男たち』講談社。

前間孝則［2004］『技術者達の敗戦』草思社。

前間孝則［2008］『何故日本は五〇年間も旅客機を作れなかったのか』大和書房。

前間孝則［2013］『日本の名機をつくったサムライたち』さくら舎。

松岡久光［1993］『みつびし飛行機物語』アテネ書房。

松岡久光［1996］『みつびし航空エンジン物語』アテネ書房。

松本秀夫［1998］『中島飛行機小泉製作所日誌』健友館。

満州航空史話編纂委員会編［1972］『満州航空史話』満州航空史話編纂委員会。

三島康夫・長沢康昭・柴孝夫・藤田誠久・佐藤英達［1987］『第二次大戦と三菱財閥』日本経済新聞社。

三菱重工業社史編さん委員会［1990］『海に陸にそして宇宙へ　続三菱重工業社史1964-1989』三菱重工業。

三菱重工業株式会社史編纂室［1956］『三菱重工業株式会社史』三菱重工業。

三菱重工名古屋［1970a］『往事茫茫——三菱重工名古屋50年の回顧第1巻』菱光会。

三菱重工名古屋［1970b］『往事茫茫——三菱重工名古屋50年の回顧第2巻』菱光会。

三菱重工名古屋［1971］『往事茫茫——三菱重工名古屋50年の回顧第3巻』菱光会。

三菱重工業株式会社名古屋航空機製作所［1988］『名航工作部の戦前戦後史——私と航空機生産・守屋相談役』。

三野正洋［2000］『日本軍の小失敗の研究　現代に生かせる太平洋戦争の教訓』光人社NF文庫。

三野正洋［2001］『日本軍兵器の比較研究　技術立国の源流・陸海軍兵器の評価と分析』光人社NF文庫。

三野正洋［2005］『続 日本軍の小失敗の研究　未来を見すえる太平洋戦争文化人類学』光人社NF文庫。

持株会社整理委員会［1951a］『日本財閥とその解体（1)』原書房、復刻版［1973］。

持株会社整理委員会［1951b］『日本財閥とその解体（2)』原書房、復刻版［1974］。

持株会社整理委員会［1951c］『日本財閥とその解体（別冊)』原書房、復刻版［1974］。

守屋学治［1944］「航空機の多量生産」『多量生産研究下巻』兵器工業新聞出版部。

屋口正一［2005］『橘花は飛んだ——国産初のジェット機生産——』元就出版社。

山崎志郎［2011］『戦時経済総動員態勢の研究』日本経済評論社。

山名正夫・中口博［1968］『飛行機設計論』養賢堂。

山村喬［1995］『ある特殊法人の崩壊　YS-11の悲劇』日本評論社。

山本潔［1994］『日本における職場の技術・労働史　1854～1990年』東京大学出版会。

山本峰雄ほか編［1962］『自動車ハンドブック』朝倉書店。

吉井匡明［1980］『ザ・会社シリーズ68　航空機の技術を自動車作りに生かす　富士重工業』朝日ソノラマ。

和田一夫［2009］『ものづくりの寓話』名古屋大学出版会。

渡部一英［1955］『巨人中島知久平』鳳文書林。本書での引用は同［1997］『日本の飛行機王　中島知久平』光人社 NF 文庫。

渡邉洋二［2010］『空の技術　設計・生産・戦場の最前線に立つ』光人社 NF 文庫。

T-1 開発記録編集委員会［2005］『日本最初の後退翼ジェット機 T-1 ——開発関係者の証言と追想——』富士重工業株式会社航空宇宙カンパニー。

Bingham, Victor [1998] *Major Piston Aero Engines of World War II* (Airlife Publishing).

Gunston, Bill [1999] *Development of Piston Aero Engines*, 2nd Edition (PSL).

Jane's [1946/1947] *Jane's Fighting Aircraft of World War II* (Jane's Publishing Company, Reprinted 1989 by Bracken Books).

United States Strategic Bombing Survey (USSBS) [1946] *Japanese Air Power.*

USSBS [1947a] *The Japanese Aircraft Industry.*

USSBS [1947b] *Mitsubishi Heavy Industries, LTD. Corporation Report No. I.*

USSBS [1947c] *Nakajima Aircraft Company, LTD. Corporation Report No. II.*

USSBS [1947d] *Kawanishi Aircraft Company, Corporation Report No. III.*

USSBS [1947e] *Kawasaki Aircraft Industries Company, Inc., Corporation Report No. IV.*

USSBS [1947f] *Aichi Aircraft Company, Corporation Report No. V.*

USSBS [1947g] *Japanese War Production Industries.*

USSBS [1947h] *Japanese Air Weapons and Tactics.*

USSBS [1947i] *Oil in Japan's War.*

White, Graham [1995] *Allied Aircraft Piston Engines of World War II* (Airlife Publishing).

資　料

JACAR（アジア歴史資料センター）Ref. A04030434200、持株会社整理委員会等文書・富士産業・株主総会関係（国立公文書館）。

参考文献一覧　305

JACAR（アジア歴史資料センター）Ref. A04030434400、持株会社整理委員会等文書・富士産業・第二会社関係（国立公文書館）。

JACAR（アジア歴史資料センター）Ref. A04030434600、持株会社整理委員会等文書・富士産業・第二会社関係1（国立公文書館）。

JACAR（アジア歴史資料センター）Ref. A04030434800、持株会社整理委員会等文書・富士産業・第二会社関係2（国立公文書館）。

JACAR（アジア歴史資料センター）Ref. A04030987100、持株会社整理委員会等文書・財閥役員審査関係資料・財閥関係役員審査委員会議事録（富士関係）13の9（国立公文書館）。

JACAR（アジア歴史資料センター）Ref. A04030995700、持株会社整理委員会等文書・財閥役員審査関係資料・会社関係資料綴（14）（富士系）27の14。

JACAR（アジア歴史資料センター）Ref. C01004722500、昭和14年「密大日記」第14冊（防衛省防衛研究所）−中島飛行機1936。

JACAR（アジア歴史資料センター）Ref. C01004722600、昭和14年「密大日記」第14冊（防衛省防衛研究所）」三菱。

大蔵省財政史室編［1981］『昭和財政史：終戦から講話まで、第17巻（資料1）』東洋経済新報社。

太田地区都市開発推進協議会、富士重工業（株）群馬製作所［1998］『中島知久平顕彰記念冊子』富士重工業（株）群馬製作所。

岡本和理［2001］『エンジン設計のキーポイント』
　　http://fgkai.web.fc2.com/olddays/okamoto012.html,2001.6、2012.4.5アクセス。

斉藤昇［1956-1963］『中島飛行機の思い出』輸送機工業社内報。

第三回行政査察事務処理委員会［1943］『第三回行政査察事務処理委員会第一回議事録』（1943.11.27）美濃部洋次文書7579。

第三回行政査察報告事務処理委員会［1943］『第三回行政査察実施後の状況に就いて』（1943.12.5）美濃部洋次文書7577。

東京大学付属図書館編［1991］『国策研究会文書目録』雄松堂出版。

中島飛行機太田製作所［1943a］『四発並ニ六発爆撃機の研究』中島飛行機。

中島飛行機太田製作所［1943b］『Z陸上攻撃機計画説明書』中島飛行機。

中島飛行機大宮製作所［1944］『工場現地指導指示ニ基ク現状報告書』中島飛行機。

中島飛行機株式会社武蔵野製作所［1943a］『業務分掌規定（附係長以上ノ職務規程)』美濃部洋次文書7513。

中島飛行機株式会社武蔵野製作所［1943b］『第三回行政査察拡販着眼事項ニ対スル資料』美濃部洋次文書7508。

中島飛行機株式会社武蔵野製作所 [1943c]『第三回行政査察ニ対スル一般説明資料』美濃部洋次文書7511。

中島飛行機株式会社武蔵野製作所 [1943d]『第三回行政査察ニ対スル特命調査事項（其ノ1）美濃部洋次文書7509。

中島飛行機株式会社武蔵野製作所 [1943e]『第三回行政査察ニ対スル特命調査事項（其ノ2）美濃部洋次文書7510。

日本航空機開発協会 [2013]『平成24年度版　民間航空機関連データ集』。

原朗・山崎志郎編集・解説 [1997]『軍需省関係初期資料』現代史料出版。

原朗・山崎志郎編集・解説 [1997]『軍需省関係法規解説』現代史料出版。

原朗・山崎志郎編集・解説 [1997a]『軍需省局長会議記録』[1]-[5]、現代史料出版。

原朗・山崎志郎編集・解説 [1997b]『軍需省関係政策資料』現代史料出版。

富士産業株式会社 [1948]『中島財閥について』JACAR（アジア歴史資料センター）Ref. A04030995700、持株会社整理委員会など文書・財閥役員審査関係資料・会社関係資料綴（14）（富士系）27の14、フィルム番号126-136。

富士重工業株式会社群馬製作所 [2001]『中島飛行機・中島知久平関連史料集』富士重工業群馬製作所。

藤原銀次郎 [1943]『報告書』（1943.10）美濃部洋次文書7593。

藤原銀次郎 [1943]『第三回行政査察実施概要』（1943.10.13）美濃部洋次文書7585。

藤原銀次郎 [1943]『各会社ニ就テノ査察経過』（1943.10.13）美濃部洋次文書7587。

藤原銀次郎 [1943]『第三回行政査察報告各班報告』（1943.10.13）美濃部洋次文書7599。

藤原銀次郎 [1943]『事務処理委員会報告書』（1943.12.13）美濃部洋次文書7594。

三菱重工業 [1941]『第49期報告書』。

三菱重工業 [1945]『第57・8期報告書』。

A. T. I. G Report No. 24 [1945] *Design and Development of Mitsubishi Aircraft Engines*, Air Technical Intelligence Group Advanced Echelon FEAF.

A. T. I. G Report No. 39 [1945] *Kawasaki Engine Design and Development*, Air Technical Intelligence Group Advanced Echelon FEAF.

A. T. I. G Report No. 45 [1945] *Nakajima Engine Design and Development*, Air Technical Intelligence Group Advanced Echelon FEAF.

THE STATE-WAR-NAVY COORDINATING COMMITTEE [1945] *United States Initial Post-Surrender Policy for Japan*（*SWNCC150/4*）.

WWⅡ Aircraft Performance, Japan, Archives of M. Willams, http://www.wwiiaircraftperformance.org/, Jan. 12, 2015 Access.

雑誌記事

赤沢璋一［1978］「執念の YS11開発」近藤完一・小山内宏監修、エコノミスト編集部編
　　『戦後産業史への証言三』毎日新聞社、所収312-329頁。

太田稔［1980］「九七戦設計のあれこれとメカニズム」『飛翔の詩』宇都宮中島会、所収
　　77-85頁（丸メカニック第25号から転載）。

木村秀政ほか［1968］「技術面から見た航空機工業の特質」『通産ジャーナル』通商産業
　　調査会／通商産業大臣官房報道室、第 1 巻第 4 号、30-42頁。

経済往来［1952］「富士工業株公開の波乱　旧中島飛行機は復活するか」『経済往来』第
　　4 巻第 4 号、181-185頁。

経済往来［1954］「復活した中島飛行機──合併はしたが前途は多難──」『経済往来』
　　第6巻第10号、162-165頁。

経済展望［1968］「中島飛行機の再現か　日産、富士重の提携」『経済展望』第40巻第22号、
　　40-43頁。

経済展望［1968］「航空機業界再編成の行く方」『経済展望』第40巻第33号、36-39頁。

財界展望［1955］「対談　富士重工業の発展力」『財界展望』第27巻第12号、33-35頁。

財界展望　小栗記者［1965］「一匹狼を宣言した富士重工業の去就」『財界展望』第 9 巻
　　第 4 号、26-29頁。

斉藤清史［1996］「質問趣意書に甦る中島飛行機──臨時軍事費特別会計・国営化・地
　　下工場──」『会計と監査』全国会計職員協会、第47巻第 7 号。

実業の世界［1961］「防衛庁に泣かされる富士重工業」『実業の世界』第58巻第 8 号、
　　110頁。

実業之日本社［1955］「中島飛行機の後裔　富士重工は再び翔けるか」『実業の日本』第
　　58巻第30号、80-82頁。

杉浦一機［2005］「戦前日本の航空機技術はトップ水準にあった」『エコノミスト』2005
　　年 8 月 9 日、86-87頁。

千賀鐵也［1978］「防衛生産の軌跡」近藤完一・小山内宏監修、エコノミスト編集部編『戦
　　後産業史への証言三』毎日新聞社。

通商産業省重工業局［1954］「航空機工業の現状」『軽金属』第10号、 3 -16頁。

東洋経済新報社編［1945］「財閥よ何処へ行く？　（三）中島飛行機の全貌」『東洋経済
　　新報』（2200号）1945年12月、557-559頁。

西口敏宏、ジグルン・カスパリ［1997］「世界の航空機産業と日本──カナダのボンバ
　　ルディエ社から日本が学べること──」『ビジネスレビュー』第44巻第 4 号、14-40頁。

野田豊［1966］「経営者に聞く──富士重工業副社長大原栄一氏」『野田経済』第1005号、

67-71頁。

前間孝則［2000］「日本の航空機産業はなぜ駄目になったのか」『草思』25-41頁。

丸［1964］「日本航空界の焦点・中島飛行機の秘密」『丸』第17巻第6号、219-233頁。

丸［1964］「名機隼を生んだ大メーカー中島飛行機の全貌」『丸』第17巻第6号、234-249頁。

守屋富治郎ほか［1957］「遷音速機の設計について（座談会）」『日本航空学会誌』第5巻第39号、100-114頁。

あとがき

　本書は筆者が2015年度に立教大学大学院に提出した博士論文「中島飛行機の産業技術史的研究」に加筆・改稿を加えたものである。戦後70年を過ぎた今、中島飛行機を知る人は少なくなった。中島飛行機がジャーナリズムの話題に上ることもほぼなくなった。富士重工業の名前を聞いて自動車のスバルを思い浮かべる人は多いが、中島飛行機と結びつけることのできるのは余程戦前の航空機産業に興味のある人であろう。ではなぜ、あらためて中島飛行機を研究対象としたのか。筆者の個人的な事情が関係しているのである。

　筆者の夢は空にあった。小学生の頃は、第2次世界大戦中にV2ロケットを開発し、戦後はアメリカに渡り宇宙開発の中心となったドイツのフォン・ブラウン博士に憧れた。その後興味は飛行機に移り、ロッキード社の設計者ケリー・ジョンソンをはじめとする、いわゆる主任設計者に憧れた。大学で航空工学を専攻するのは自然な流れであった。

　筆者が就職先を決定した1966年夏は、翌年から超音速練習機XT-2の国内開発が予定されていた時期で、富士重工業の勧誘句は、「戦後初の純国産ジェット機である中間練習機T-1を開発した会社であり、超音速機練習機の開発に参加できる」というものであった。大阪で育った筆者にとって、航空機部門のある宇都宮という北関東の地は遠かったが、超音速機の開発という魅力に捉えられて、富士重工業に就職した。希望通り航空機の開発部門に配属され、以降35年余りを技術者として多くの航空機開発プロジェクトに参画することができた。技術者の筆者にとって、富士重工業の航空（宇宙）事業本部は、中島飛行機がそうであったといわれるように、大変働きやすい場所であった。そこには、中島飛行機のDNAが残っていたといえる。本書が、中島飛行機に対して多少好意的だという印象を持たれるとすれば、筆者の中島飛行機に対する思い入れが若干あるかもしれない。

筆者は富士重工業の航空機事業の将来を左右する、防衛庁の航空機開発プロジェクトの提案書作成チームに二度参加した。最初は入社直後の1967年の、超音速練習機 XT-2 の提案書作成であった。三菱重工業との指名獲得争いであった。富士重工業は、遷音速域を飛行する中間練習機 T-1 を国内開発した実績はあったが、超音速機を扱った経験はなかった。一方三菱重工業は、F-86F 戦闘機に続いて超音速戦闘機 F-104 のライセンス国産を経験して、超音速機に関する技術データをロッキード社から入手していた。XT-2 開発のプライム・メーカーに三菱重工業が選定されたのは、ある程度予想できたことであったといえよう。三菱重工業に設置された設計チームには富士重工業の中核技術者が参加し、駆け出し技術者であった筆者はその一員に選ばれた。超音速機の開発に参加するという筆者の希望は実現したのである。

次は、1981年の中等練習機 XT-4 開発提案における川崎重工業とのプライム獲得争いであった。富士重工業は練習機の T-34 をライセンス生産し、また高等練習機 XT-2 のプライム争いで三菱重工業に敗れたとはいえ、中間練習機 T-1 を開発した経験から練習機メーカーであるとの自負を持っていた。したがって、提案書要求の発行される数年前から、膨大な研究費をかけて研究を続けていた。しかし、XT-4 は富士重工業からみれば T-1 の後継機であったが、川崎重工業にとってもライセンス生産した練習機 T-33 の後継機でもあった。生産機数は T-1 が66機、T-33が210機でビジネスとしては T-33 の方が大きかったのである。結果は川崎重工業がプライム指名を受けた。このプライム争いで負けたことは、富士重工業のその後の航空機事業の行方を決めてしまうほどの大きな痛恨時であった。以降、防衛庁のジェット機開発のプライム・コントラクターを獲得する可能性はほぼなくなったのである。富士重工業の敗因を分析するだけの能力を筆者は持たないが、技術力だけでなく、営業、企画、資材、生産、後方支援を含めた企業の総合力が問われたのであろう。内部にいた人間としては、富士重工業に対する「技術優先・唯我独尊」という評価も思い起こされるのである。関連して、前身の中島飛行機はどのような会社であったのか、興味がわいたのである。

あとがき　311

　技術者を卒業した後は、異分野への挑戦を志して歴史研究を目標とした。ま
ず、放送大学の大学院文化科学研究科文化情報科学群に入学した。研究課題は
筆者にとって技術的素養があり、かつ研究的に興味を持てる航空機産業史とし
た。五味文彦先生が研究指導責任者で、お茶の水女子大学の小風秀雅先生に直
接指導いただいた。修士論文では戦前の航空機産業と戦後の自動車産業の技術
的連続性について論じた。

　放送大学へ修士論文を提出して一区切りのつもりでいた筆者の背中を押して
下さったのは、小風秀雅先生であった。もうすこし研究を続けてはどうかと、
立教大学の老川慶喜先生をご紹介いただいたのである。老川先生には快く受け
入れていただき、日本経済史ゼミに2年間聴講生的な立場で参加させていただ
き、その後正規の大学院生となった。その頃には漠然とではあるが、中島飛行
機を博士論文の課題にしようと考えていた。老川先生には、経済史研究には全
くの門外漢であった筆者を丁寧に指導いただいた。節目、節目で、学会研究
会・年会での報告、研究論文の学会誌への投稿など、モチベーションも与えて
いただいた。立教大学の須永徳武先生の日本経営史ゼミにも参加させていただ
いた。須永先生には、筆者の研究課題に関連のある戦時経済に関する研究書を
テキストに選ぶというご配慮もいただいた。博士論文は主として老川先生にご
指導いただいた。2015年度から先生が跡見学園女子大学に移られてからも、細
部に至るまで助言をいただいた。仕上げの最後の1年は須永先生にもお世話に
なった。技術者をリタイア後に経済史研究を始めた筆者が、博士論文を完成さ
せ、本書を上梓することができたのは、こうした先生方の励ましとご指導のお
陰である。心から感謝申し上げる。

　　2016年4月

　　　　　　　　　　　　　　　　　　　　　　佐 藤 達 男

索　引

事項索引

あ行

アセンブリー・ライン方式 ············· 136, 167
液冷エンジン ············ 21, 29, 48, 171, 172, 198
オクタン価 ···················· 176, 185, 215, 216

か行

科学的管理 ···················· 10, 140, 141, 158
過給器 ································· 183, 191
稼働率 ································· 38, 39, 47
過度経済力集中排除法 ·················· 241, 250
火力 ············ 118, 120, 125, 126, 132, 134
企業再建整備法 ························· 241, 250
企業集団 ····························· 8, 9, 234
機体重量 ···················· 119, 166, 167, 233
気筒内径 ························· 175, 179, 202
行政査察 ································· 5, 13
競争試作 ········· 19, 21, 105-107, 111, 112, 181
協力工場 ·············· 9, 84, 85, 154, 228
金融機関再建整備法 ···················· 241
勤労度 ························· 160, 162, 170
空冷エンジン ············· 29, 171, 174, 178, 199
空冷星型 ················· 48, 50, 173-175, 198
軍需会社法 ····························· 5, 61
軍需動員 ····························· 6, 31
軍部ファシズム ························· 5, 93
軍用自動車補助法 ························· 42
軽戦（軽戦闘機）·········· 35, 113, 118, 122, 125
原価計算 ································· 97
原価調査（報告）················ 70, 91, 94
航空機製造事業法 ················· 20, 61, 252
航空機製造法 ··························· 252
航空機（用）材料 ····················· 4, 41
航空燃料 ························· 4, 36, 185
工作機械 ········ 29, 32, 39-41, 43, 48, 59, 79, 88,
　158, 215, 246
工場疎開 ················· 3, 148, 162, 169
構造重量 ········· 120, 128, 150-152, 167, 168
航続距離 ········· 36, 120, 124, 128, 135, 164

工程管理 ························· 140, 141
工廃率 ······························· 91, 94, 234
小型・軽量（化）········· 10, 37, 38, 41, 47, 49, 117,
　184, 190, 201, 214, 248
互換性 ································· 196
国営化 ··························· 8, 66, 67, 94
国家資本主義 ··························· 222
国家総動員法 ··························· 61

さ行

材廃率 ······························· 91, 94, 234
財閥研究 ································· 8
財務管理 ································· 91, 94
ジェットエンジン ················· 177, 179, 255
自重 ··························· 48, 128, 151, 168
下請企業（工場）····················· 84, 85
自動車製造事業法 ························· 43
習熟曲線 ························· 159, 165, 169
重戦（重戦闘機）······ 35, 111, 119, 121, 122, 130
上昇率 ························· 123, 128, 129
ジョブ・ショップ方式 ············· 136, 137, 141,
　162, 164
新旧勘定 ································· 241
新興財閥 ································· 8, 9
審査運転 ································· 194
人進方式 ································· 137
信頼性 ······ 7, 38, 47, 49, 117, 178, 182, 190, 191,
　193, 200, 202
水素添加装置 ··························· 216
水平最大速度 ············· 38, 120, 121-123, 132,
　133, 164
スーパーチャージャー ········ 187, 191, 192, 216
生産管理 ··················· 9, 92, 139, 149, 167
生産技術 ············· 10, 38, 170, 198, 253
生産システム ············ 7, 101, 136, 137, 141, 150,
　159, 162, 164, 167, 202, 214
生産能率 ············· 3, 12, 42, 80, 101, 150, 151,
　154-160, 162, 165, 167, 210-214, 233
制式化 ········· 101-105, 107, 109-116, 120, 121,

132-134, 163, 164, 166, 176, 248

整備性 ……………… 37, 39, 47, 166, 193, 201

設計技術 ……………… 10, 117, 198, 253

絶対国防圏 ……………………… 5, 33

戦時期 …… 1, 6, 15, 22, 28, 29, 43, 47, 49, 92, 93, 202, 227, 230, 235

戦時統制経済 …………………………… 7

戦時統制3法 ……………………………… 61

戦時補償特別措置法 ………………………… 250

前進作業方式 ………………………………… 7

戦争経済 …………………………… 3, 13

戦闘機換算重量 ………… 151, 152, 168, 233

全備重量 ……………… 63, 128, 131, 151, 168

戦略爆撃機 ………………………… 63, 131

戦略爆撃調査団報告（USSBS）……… 3, 5, 13, 36, 67, 126, 136, 142, 150, 164, 165, 167-169

戦略・用兵思想 …………………… 15, 34, 37

装甲板 …………………… 126, 127, 133

増産政策 ……………………………… 6, 93

総動員体制 ……………………………… 7

た行

ターボチャージャー ………………… 187, 191, 192

大艦巨砲主義 ………………………… 53, 60

耐久性 …………………… 37-39, 193, 202

第三回行政査察 …… 4, 12, 51, 77, 90-92, 94

貸借対照表 ………………… 225, 229, 235

太平洋戦争 …… 1-12, 18, 28, 31, 32, 35, 38, 43, 47, 49, 50, 53, 54, 62, 101, 103, 104, ……, 235, 247

タクト・タイム …………………………… 7

多量（大量）生産 …… 3, 7, 29, 34, 44, 63, 136, 142, 149, 164, 167, 170

単位工場 …………………… 149, 170, 208

朝鮮戦争特需 ……………………………… 252

テーラー主義 ……………………………… 203

テストセル ……………………………… 194

転換生産 …… 28, 104, 105, 111, 144, 147, 163, 175, 248

動員体制 ………………………………… 6

同族経営 …………………………… 8, 67

な行

流れ作業 …………………… 7, 158, 167

日中戦争 ……… 18, 22, 29, 43, 46, 47, 54, 60, 61, 70, 103, 111, ……, 225, 230

日本型金融資本 …………………………… 6

は行

半流れ作業 …………… 7, 141, 158, 167

飛行性能 ………… 37, 38, 49, 127-130

必勝戦策 …………………………… 65

プロダクション・ライン方式 …… 136, 137, 141, 142, 162, 164, 167

閉鎖的な経営 ………………… 213, 219, 234

防弾装甲 ……………………………… 35

防弾装備 …………………… 35, 126, 128

防弾タンク …………… 35, 126, 128, 135

放漫経営 ……………… 82, 87, 94, 248

ま行

満州事変 …… 18, 20, 43, 54, 60, 103, 106, 112, 136

密大日記 …………………………… 70

美濃部洋次文書 ……………… 5, 13, 98

民有国営（化）………… 2, 66, 96, 247

命令融資 …… 14, 62, 81, 94, 199, 221, 227, 228, 230, 235

や行

要求性能 ……………… 34, 38, 117, 122, 179

翼面荷重 …………………… 119-122, 164

ら行

ライセンス生産 …… 103-105, 171-173, 177, 197, 198, 253, 254, 257

離昇馬力 ……… 120, 175, 185, 186, 190, 192, 214

人名索引

あ行

麻島昭一 …………………………… 8, 95, 98

跡部保 …………………… 149, 170

鮎川義介 ……………………………… 43

荒川憲一 ……………………………… 193

索　引　315

新山春夫 ‥‥‥‥‥‥‥‥‥‥‥ 217
粟野誠一 ‥‥‥‥‥‥‥‥‥‥‥ 39
安藤良雄 ‥‥‥‥‥‥‥‥‥‥‥ 4
飯野優 ‥‥‥‥‥‥‥‥‥‥‥ 224
石川茂兵衛 ‥‥‥‥‥‥‥‥‥‥ 55
石川輝次 ‥‥‥‥‥‥‥‥‥‥‥ 55
伊藤音次郎 ‥‥‥‥‥‥‥‥‥‥ 20
井上幾太郎 ‥‥‥‥‥‥‥‥‥ 58, 59
井上好夫 ‥‥‥‥‥‥‥‥‥‥‥ 217
岩崎小弥太 ‥‥‥‥‥‥‥‥‥‥ 67
上田茂人 ‥‥‥‥‥‥‥‥‥‥‥ 217
植田浩史 ‥‥‥‥‥‥‥‥‥‥‥ 7
宇野博二 ‥‥‥‥‥‥‥‥‥‥‥ 44
遠藤三郎 ‥‥‥‥‥‥‥‥‥‥ 66, 96
大河内暁男 ‥‥‥‥‥‥‥‥‥ 11, 199
太田繁一 ‥‥‥‥‥‥‥‥‥‥‥ 245
大和田繁次郎 ‥‥‥‥‥‥‥‥‥ 105
岡本和理 ‥‥‥‥‥ 197, 199, 200, 224, 249
奥井定次郎 ‥‥‥‥‥‥‥‥‥‥ 55
奥平禄郎 ‥‥‥‥‥‥‥‥‥‥‥ 38
奥村喜和男 ‥‥‥‥‥‥‥‥‥‥ 96
奥村正二 ‥‥‥‥‥‥‥‥‥‥‥ 41

か行

川西清兵衛 ‥‥‥‥‥‥‥‥‥ 48, 58
神戸精三郎 ‥‥‥‥‥‥‥‥‥‥ 223
岸太一 ‥‥‥‥‥‥‥‥‥‥‥ 20
北謙治 ‥‥‥‥‥‥‥‥‥‥‥ 251
栗原甚五 ‥‥‥‥‥‥‥‥ 55, 60, 249
郷古潔 ‥‥‥‥‥‥‥‥‥‥‥ 170
コーヘン, J. B. ‥‥‥‥‥‥‥‥‥ 3
小口彦七 ‥‥‥‥‥‥‥‥‥‥‥ 243
小谷武夫 ‥‥‥‥‥‥‥‥‥ 200, 217
小山悌 ‥‥‥‥‥‥‥‥ 105, 224, 236

さ行

作田壮一 ‥‥‥‥‥‥‥‥‥‥‥ 96
佐久間一郎 ‥‥‥‥‥‥ 55, 60, 96, 170
佐々木源蔵 ‥‥‥‥‥‥‥‥‥‥ 55
佐々木聡 ‥‥‥‥‥‥‥‥‥‥‥ 10
佐貫亦男 ‥‥‥‥‥‥‥‥‥‥‥ 215
渋谷巌 ‥‥‥‥‥‥‥‥‥‥ 255, 258
澁谷隆太郎 ‥‥‥‥‥‥‥‥ 4, 91, 93
関根隆一郎 ‥‥‥‥‥‥‥‥ 199, 213, 217

た行

高石末吉 ‥‥‥‥‥‥‥‥‥‥‥ 242
高橋泰隆 ‥‥‥‥‥‥‥‥ 8, 46, 141
建部宏明 ‥‥‥‥‥‥‥‥‥‥‥ 97
田中二郎 ‥‥‥‥‥‥‥‥‥‥‥ 194
田中正利 ‥‥‥‥‥‥‥‥‥‥‥ 199
堤正利 ‥‥‥‥‥‥‥‥‥‥‥ 200
徳川好敏 ‥‥‥‥‥‥‥‥‥‥ 18, 59
戸沢栄一 ‥‥‥‥‥‥‥‥‥ 243, 249
戸部良一 ‥‥‥‥‥‥‥‥‥‥‥ 34

な行

内藤子生 ‥‥‥‥‥‥‥‥‥ 49, 254
中川良一 ‥‥‥‥‥ 176, 183, 200, 215, 223, 224
中口博 ‥‥‥‥‥‥‥‥‥‥ 36, 37
中島乙未平 ‥‥‥‥‥‥ 60, 68, 239, 251
中島喜代一 ‥‥ 60, 61, 66, 67, 81, 94, 219, 220, 245, 249
中島源太郎 ‥‥‥‥‥‥‥‥‥‥ 251
中島知久平 ‥‥ 2, 9, 12, 48, 51-55, 58-60, 63-68, 73, 91-95, 199, 214, 219, 220, 223, 245-249
中島門吉 ‥‥‥‥‥‥‥‥‥‥‥ 60
野村清臣 ‥‥‥‥‥‥‥‥ 63, 243, 250

は行

濱田昇 ‥‥‥‥‥‥‥‥‥‥‥ 140
林克也 ‥‥‥‥‥‥‥‥ 4, 18, 39, 48
疋田康行 ‥‥‥‥‥‥‥‥‥‥‥ 5
日野熊蔵 ‥‥‥‥‥‥‥‥‥‥‥ 18
深尾淳二 ‥‥‥‥‥‥‥ 14, 178, 200
藤生富三 ‥‥‥‥‥‥‥‥‥ 95, 232
藤原銀次郎 ‥‥‥‥‥‥‥‥ 4, 77, 98
古川由美子 ‥‥‥‥‥‥‥‥‥‥ 13
堀越二郎 ‥‥‥‥‥‥‥‥‥‥‥ 182

ま行

前田裕子 ‥‥‥‥‥‥‥‥‥‥‥ 11
前間孝則 ‥‥‥‥‥‥‥‥‥‥‥ 217
松岡久光 ‥‥‥‥‥‥‥‥‥‥‥ 183
美濃部洋次 ‥‥‥‥‥‥‥‥‥‥ 13

や行

山崎志郎 ‥‥‥‥‥‥ 6, 30, 67, 92, 93

山本潔 ················ 7, 136, 158, 167, 170	**Alphabet**

山本潔 ················ 7, 136, 158, 167, 170
由良富士雄 ································· 35
吉田孝雄 ···························· 223, 251

わ行

和田一夫 ·································· 7
渡部一英 ······························ 60, 95

Alphabet

Fedden, Roy ··························· 199
Hives, E. W. ·························· 199
Mead, G. J. ··························· 199
Rentschler, F. B. ················ 199, 213
Royce, F. H. ·························· 199
Wright, T. P. ························· 169

企業、組織名索引

あ行

愛知航空機 ············ 21, 28, 106, 110, 111, 157
愛知時計電機 ·························· 20, 21
赤羽飛行機製作所 ························· 20
石川島航空工業 ·························· 20
石川島飛行機製作所 ···················· 20, 105
イスパノ・スイザ ····················· 17, 177
伊藤飛行機研究所 ························· 20
宇都宮製作所 ··············· 137, 147, 156, 169
太田工場 ············ 54, 61, 70, 88, 89, 136
太田製作所 ······ 61, 78, 136, 137, 139, 146-148,
155, 157, 159, 162, 169
大宮航空工業 ···················· 77, 87, 228
大宮製作所 ·························· 62, 203
大谷製作所 ·································· 62
荻窪製作所 ·························· 41, 202

か行

海軍機関学校 ························ 52, 53
海軍航空技術廠（空技廠）········ 39, 110, 114,
131, 144, 147, 164, 248
海軍航空廠 ································· 29
海軍航空本部 ···················· 61, 97, 215
川崎航空機 ········ 2, 10, 21, 28, 29, 31, 105-107,
119, 163, 195, 253-258
川崎重工業 ························ 250, 252
川崎造船所 ·························· 10, 252
川西航空機 ···· 67, 95, 110, 116, 119, 157, 164
企画院 ··································· 61
九州飛行機 ································ 20
熊本製作所 ······························ 141
黒沢尻製作所 ························ 62, 169
軍需省 ········· 4-7, 33, 62, 78, 88, 89, 96

小泉製作所 ······· 61, 78, 136, 137, 146-148, 155,
157, 159, 162, 169
興和紡績 ·························· 222, 236
国政研究会 ································ 60
国家経済研究所 ·························· 60

さ行

商工省 ································· 7, 96
昭和飛行機 ···················· 20, 144, 252
新三菱重工業 ·········· 244, 251-255, 258
新明和工業 ·························· 252, 254
住友金属 ···················· 14, 50, 72, 77
住友財閥 ·································· 14
政友会 ··································· 60
占領軍 ································ 3, 239

た行

第1軍需工廠 ··········· 10, 51, 54, 66, 94, 229
ダイムラー・ベンツ ·············· 21, 48, 214
ダグラス ·························· 110, 114
大刀洗飛行機 ······················ 20, 21
立川飛行機 ·························· 21, 28
田無鋳鍛工場 ···························· 61
多摩製作所 ····· 62, 85, 88, 203-205, 211-213
帝国飛行協会 ······················ 55, 95
東亜燃料工業 ···························· 215
東京瓦斯電気 ······················ 20, 42
東京工場 ········ 54, 61, 70, 71, 174, 202
東京製作所 ·························· 61, 202
東京富士産業 ······················ 243, 246
豊田自動車 ·························· 45, 50

な行

中島航空金属 ·········· 61, 77, 78, 222, 236

中島コンツェルン ……………………… 8, 221
中島財閥 …………………… 8, 54, 62, 221
中島商事 ……………………………… 59, 219
中島飛行機 …… 1-3, 5-12, 15, 20, 22, 28, 29, 31-
　33, 37, 38, 41, 47, ……, 234, 235, 251, 252,
　254
名古屋航空機製作所 ………… 70, 78, 97, 141
日産自動車 …………………… 45, 50, 249
日本興業銀行（興銀）……… 8, 62, 199, 227, 236
日本航空工業 …………………………… 20
日本ジェットエンジン ……………… 255, 258
日本飛行機 ……………………………… 252
日本飛行機製作所 ………………… 48, 58
ノースアメリカン …………………… 253

は行

浜松製作所 ……………………… 62, 203
半田製作所 ………… 62, 90, 137, 147, 156, 169
ビーチクラフト ……………………… 253
日立航空機 …………………… 21, 29, 157
富士産業 …… 63, 221, 228, 239-247, 250, 251
富士重工業 ………… 10, 223, 249, 251, 253-255,
　257, 258
富士精密工業 ………………… 217, 242, 249
富士飛行機 …………………… 20, 21
ブリストル …………… 16, 173, 199, 255
ボーイング …………… 16, 107, 257

ま行

三島製作所 ……………………… 62, 169

水島製作所 ……………………………… 141
三鷹研究所 ………………… 62, 78, 169
三井財閥 ……………………………… 14
三井物産 ………… 14, 59, 62, 63, 73, 97, 227
三菱航空機 …………………… 20, 178
三菱コンツェルン …………………… 67
三菱財閥 ………………………… 3, 14, 230
三菱重工業 …… 1-3, 7, 8, 11, 12, 20, 22, 28, 29,
　31-33, 47, ……, 243, 247, 248, 251, 253
三菱内燃機 …………………… 20, 105
武蔵製作所 ………… 41, 62, 88, 162, 203
武蔵野製作所 ……… 6, 61, 62, 85, 88, 203
持株会社整理委員会 ………… 221, 225, 227, 232,
　236, 239, 243, 244

ら行

陸軍航空廠 ……………………………… 29
陸軍航空本部 …………………… 31, 97, 118
ロールス・ロイス …………… 11, 17, 191, 199
ローレン ……………………………… 17, 172
ロッキード …………………… 16, 253

Alphabet

GHQ ………………… 221, 239-241, 246, 249, 250
Pratt & Whitney ………… 17, 49, 171, 173, 178,
　181, 185-189, 192, 199, 201, 202, 209, 213
Wright Aeronautical …… 17, 171, 173, 174, 179,
　181, 185-189, 196, 197, 217, 201, 209, 213

主要機種名（機体）索引

1式戦闘機「隼」………… 50, 113, 117, 119, 122,
　124, 125, 128, 130, 146, 163, 164, 175, 193,
　213, 248
1式陸攻 …………114, 116, 117, 131-135, 148,
　149, 164
2式戦闘機「鍾馗」…… 113, 118-120, 122-124,
　128, 130, 147, 163
3式戦闘機「飛燕」………………… 119, 163
4式重爆「飛龍」………… 115, 134, 135, 164
4式戦闘機「疾風」…… 113, 119, 120, 123-125,
　128, 130, 146, 147, 163, 168, 193, 248
5式戦闘機 ……………………… 119, 163

91式戦闘機 ………………… 105, 106, 112
95式艦戦 ……………………………… 107
95式戦闘機 ……………………………… 106
96式艦戦 …………………… 110, 112, 116
96式陸攻 …… 48, 114, 116, 131, 147, 164
97式艦攻 …………………… 112, 114, 147
97式司偵（司令部偵察機）………………… 148
97式重爆 …… 111, 112, 115, 131, 135, 144, 146,
　164, 181, 193
97式戦闘機 …… 75, 107, 111-113, 117, 119, 122,
　125, 139, 146, 163, 166
99式襲撃機 …………………………… 115

100式司偵（司令部偵察機）……… 115, 141, 148, 149, 192, 216
100式重爆「呑龍」……… 113, 115, 131, 133, 146, 147, 164
橘花 ……………………………………… 114
月光 ……………………………… 114, 119, 147
彩雲 ……………………… 38, 39, 49, 114, 147, 148
深山 ……………………… 114, 131, 133, 135, 164
零戦 ……… 50, 110, 116, 117, 119-128, 130, 135, 144, 147-149, 159, 163, 164, 175, 182, 193, 202, 214, 248
中間練習機 T-1 ……………………… 249, 254
天山 ……………………………… 114, 147, 182
中島式5型 ……………………………… 58, 104
富嶽（Z機）…………… 63, 65, 131, 177, 220

雷電 ………… 116, 119-121, 124, 126, 128, 148, 164, 193
烈風 ……………………………… 116, 183
連山 ………………… 114, 131, 133-135, 164
B17 …………… 24, 117, 127, 131, 135
B24 …………………… 24, 117, 131
B29 ………… 24, 63, 131-133
F4F …………………………………… 119
F4U …………………………………… 119
F6F ……………………………… 119, 124
P-36 …………………………………… 119
P-40 …………………………………… 119
P-47D ………………………………… 119
P-51D ………………………………… 119, 124

主要機種名（エンジン）索引

火星（A10）……… 179, 181, 182, 186, 189, 193, 201, 202, 209
金星（A8）………… 178, 179, 181, 182, 189, 193, 200-202, 208, 209, 216
寿（NAH）………………174, 179, 199, 202
栄（NAM）……… 128, 175, 176, 181, 182, 186, 189, 193, 200-202, 205, 208, 214, 216
ジュピター ……………………………… 173, 174
瑞星（A14）……… 178, 179, 181, 182, 202, 216
ハ5（NAL）……… 111, 175, 179, 181, 193, 202
光（NAP）………………………174, 175, 202
誉（NBA）……… 37-39, 116, 135, 176, 177, 181-

184, 186, 188-191, 193, 199-203, 205, 208, 209, 212, 214, 215, 216, 248
護（NAK）…………… 175, 181, 186, 202, 205
J-3 ……………………………… 255, 258
JO-1 …………………………………… 255
R-1340 ………………………………… 179
R-1820 ……………………………… 173, 179
R-1830 ……………………………… 181, 209
R-2600 ………………………………… 181
R-2800 ………………………… 181, 187, 188
R-3350 …………… 181, 187, 188, 201, 217

【著者略歴】

佐藤達男（さとう・たつお）

1944年12月12日、大阪府にて出生
1963年3月大阪府立北野高等学校卒業
1967年3月京都大学工学部航空工学科卒業
2010年3月放送大学大学院文化科学研究科修了、学術修士
2016年3月立教大学大学院経済学研究科博士後期課程修了、経済学博士
1967年4月富士重工業株式会社入社、航空機開発に従事
2001年9月富士重工業株式会社を定年退職
2008年6月富士エアロスペーステクノロジー株式会社を常務取締役で退任
（兼務）1993-1999年度 筑波大学基礎工学類非常勤講師
（兼務）2003-2014年度 帝京大学理工学部非常勤講師

中島飛行機の技術と経営

2016年4月25日　第1刷発行	定価（本体6500円＋税）

著　者　佐　藤　達　男

発行者　栗　原　哲　也

発行所　株式会社　日本経済評論社

〒101-0051　東京都千代田区神田神保町3-2
電話　03-3230-1661　FAX　03-3265-2993
info8188@nikkeihyo.co.jp
URL：http://www.nikkeihyo.co.jp

装幀＊渡辺美知子　　　　印刷＊文昇堂・製本＊誠製本

乱丁・落丁本はお取替えいたします。　　Printed in Japan
© SATO Tatsuo 2016　　ISBN978-4-8188-2424-9

・本書の複製権・翻訳権・上映権・譲渡権・公衆送信権（送信可能化権を含む）は、
㈱日本経済評論社が保有します。

・ JCOPY 〈㈳出版者著作権管理機構　委託出版物〉
本書の無断複写は著作権法上での例外を除き禁じられています。複写される場合は、
そのつど事前に、㈳出版者著作権管理機構（電話03-3513-6969、FAX03-3513-6979、
e-mail: info@jcopy.or.jp）の許諾を得てください。

高橋泰隆著

中島飛行機の研究

四六判　二五〇〇円

ゼロ戦など数々の名機を製作した中島飛行機は、西の三菱と並ぶ巨大航空機会社であった。多くの資料を駆使してその実態と創立者中島知久平の素顔に迫る。

高橋泰隆著

中島知久平

—軍人、飛行機王、大臣の三つの人生を生きた男—

四六判　二二〇〇円

隼やゼロ戦など数々の名機を製作した中島飛行機の創始者・中島知久平は、軍人として、企業家として、政治家として近代日本を動かした人物のひとりである。

鉄道史叢書⑧　高橋泰隆著

日本植民地鉄道史論

—台湾、朝鮮、満州、華北、華中鉄道の経営史的研究—

A5判　八五〇〇円

台湾鉄道、朝鮮鉄道、そして満鉄に代表される中国東北部の鉄道が日本の進出によってどのように形成されていったか。またその経営はどのようになされていたか。

坂上茂樹著

鉄道車輌工業と自動車工業

A5判　二五〇〇円

自動車工業の草創以降今日に至るまで、鉄道車輌工業と自動車工業の間にいかなる技術的接点が形成され、いかなる点に相互の影響が看取されるのか、産業技術史的に解明する。

老川慶喜著

近代日本の鉄道構想

A5判　二五〇〇円

井上勝、田口卯吉、犬養毅、佐分利一嗣、南清などの鉄道構想を検討し、明治期日本の経済発展と鉄道との関係を考察する。

（価格は税抜）　　　日本経済評論社